日本の農山村を識る

市川健夫と現代の地理学

犬井正　編

古今書院

山形県朝日村田麦俣の多層民家の調査

左端は市川健夫先生．1980 年 8 月撮影．

Geographical Recognition on Japanese Rural areas with Fieldwork

Edited by Tadashi INUI

Kokon Shoin Ltd., Tokyo, 2020

はしがき

本書『日本の農山村を識る―市川健夫と現代の地理学』は、二〇一六年に他界した市川健夫と編者犬井　正との間で生前交わされた対話を基として、風土と人間のかかわりを究明する地理学や、現代日本の農山村の課題を明らかにすべく編まれたものである。序章の「市川地理学との対話」は、私的なエピソードにすぎないと受け取られかねないのではという危惧を覚えながらも、フィールドワークを中核とした風土と人間の関係を究明する市川地理学の学風を描き出すことを目的とした。

第二次世界大戦後の日本において、本来、風土(自然環境)と人間の関係の究明を目指す科学である地理学は、「環境決定論」であるとの批判を恐れ、風土論に積極的に取り組む地理学者が少なくなった。さらに地理学は、戦後、科学の専門分化と空間論や地域論、計量化の台頭のなかで、学問としてのアイデンティティを失いかけてきた。そうしたなかにあっても、市川健夫はフィールドワークを中心として、風土と人間との関係を敢然と研究し続けた。市川健夫の研究領域はきわめて広く、かつ多角的、総合的であり、学際的である。ひとくちに総合的とか学際的と言うが、そのような研究の達成には、大きな努力と能力が不可欠である。市川は日本社会や日本文化の深層を風土との関係で見るときに、「照葉樹林文化論」や「黒潮文化論」だけでは事足りず「ブナ帯文化論」や「青潮文化論」を合わせ、文化複合という視点でとらえ直す必要があるという重要な問題提起をしている。

今日、一人ひとりの研究領域が狭隘になり、高度に専門化していくなかで、視野がますます狭くなりつつある。風土とのかかわりを視点とした総合的、学際的な見方の重視は、地理学にとって失ってはならない道なのではないだろうか。

人類の生存基盤である自然資源を、現世世代だけでなく次世代も持続的に利用できる社会を築いていくためには、水と農地や森林など「みどり」の環境に満ちた農山村、あるいは豊かな自然生態系の保全が不可欠である。市川地理学が示しているように、本質や全体像をとらえながら、歴史的時間によって鍛えられ、地域の風土に適した伝統的な環境保全アプローチを見直すことが求められている。里山などにみられる伝統的で持続的な生態系管理技術、細々ではあるが生産現場に伝承されている伝統的自然管理技術、トータルな視点の利いた地域生態論的知識など、日本やアジアの知恵や知識や技術の現代的な視点からの見直しと活用が必要である。いずれにせよ、固定的な常識や定説にとらわれず、時間的にも空間的にも多様な視角から列島の風土と社会・文化の多様性を今後も考えていく必要性を受け止め、次代の地理学者とともに今後も研究の歩を進めていかなければならないと考えている。

現代の日本の農山村を識るための第1章〜第11章の論考は、編者の犬井より若い世代で、直接、間接に市川地理学の影響を受けるとともに、編者犬井との「学縁」をもつ十一人の気鋭の方々に、執筆していただいた。

菊地俊夫の「赤城山北西麓S農場の輸送園芸農業における水平的分業システム」は、市川地理学の原点でもある高冷地研究について、首都圏外縁部に位置する群馬県利根郡昭和村を対象にして、現代の高冷地における輸送園芸農業の動向と課題を明らかにしている。従来、農業地域を維持・発展する戦略は、規模拡大や生産性の向上であったが、S農場の輸送園芸農業は従来の方法と異なる戦略で、企業的経営システムの構築とその地域貢献により発達を遂げていることを明らかにしている。

池　俊介の「入会林野の観光的利用の展開―蓼科高原白樺湖の事例―」は農村域の村落共有空間として機能し

てきた旧入会林野の観光地化をテーマに、長野県の白樺湖周辺を対象に、農業空間から農村空間そして観光地化への過程について、入会林野の果たした役割に焦点を当て詳細に記述している。

呉羽正昭の「スキー場と日本の農山村」は、高度経済成長期に日本の積雪地域の農山村がスキーリゾート地として変貌してきた自然的・社会的基盤を明らかにしている。一九八〇年代に爆発的に拡大したスキーブームも最近の二〇年間で衰退・停滞の一途をたどった。ただし、近年のスキーリゾートの回復傾向のなかで、積雪地域の山村振興問題とその課題を丹念なフィールドワークを基にして描き出している。

北﨑幸之助の「戦後開拓地を再考する」は、政治的色合いの濃い背景をもつ「戦後開拓地」という条件不利地域の農業に焦点を当てて、最近の動向とその問題点を指摘している。当初の役割を終えた戦後開拓地は、現代的な視点からの見直しが不可欠で、持続可能な農業や環境保全型農業へと歩みを進めている実態を論じている。

山本　充の「日本における小型鳥類の狩猟」は、列島の各地で行われてきた小型鳥類の鳥猟という慣行の存在を明らかにしながら、農村が田畠を耕作し農業に携わる自給的農民だけが暮らしてきた場だけではなく、多様で複合的な暮らしをする人びとが住む場として成り立っていたことを描き出している。また、小農=貧農という位置づけではなく、創意と工夫に満ちた生活をし、農地の少ないことを悔やみ、苦しい生活を送っているというイメージとは異なった視点から農山村を素描している。「農村とは何か」を考えさせられる論考である。

大竹伸郎の「田んぼダムによる治水効果と生物多様性」は、水田稲作農業の食糧生産とは異なった面である生物多様性や洪水防止機能をはじめとして、農業の多面的機能に焦点を当て、現代農業と農村のレーゾンデートルを論じている。

高柳長直の「六次産業化による農村地域の内発的発展」は、外部の力を援用しながら六次産業化を図っている京都府和束町の茶産地を事例として、農山村経済の内発的発展の意義と課題について現地調査を踏まえながら考察している。和束町の茶産地の取り組みを事例として、六次産業化が成功するための論点が示されている。

宮地忠幸の「農と食と地域を結ぶ都市農業」は、都市のなかに残存あるいは創設された都市農業について、丹念なフィールドワークに基づきその実態と課題について明らかにした。特に税制面や消費者との連携など、東京都練馬区を事例にしながら農と食と地域を結ぶ交流と協働の実態と課題を丁寧に描き出している。

秋本弘章の「埼玉の食の名産　せんべいとうどん」は、埼玉県の名産とされる「せんべい」と「うどん」を取り上げ、その風土や歴史的な基盤とのかかわりを検討するとともに、現代的な意義について検討している。今日ブームになっているご当地ものの食の名産には原材料調達の基盤が失われているものがあることを明らかにしている。

中島明夫の「鴇色に染まった佐渡」は、長い間、佐渡島に暮らし、トキの野生復帰とその定着のために熱いまなざしを向け、佐渡島の環境保全型農業や農村のあり方などトキを軸とした新しい農業や地域振興に立ち向かっている姿を明らかにし、ＮＰＯ活動の取り組みの難しさとやりがいを描き出している。

小原規宏の「日本農村の変化とまちおこし」は、農村を「成長する人文景観」というとらえ方をするドイツと対比し、茨城県内の農村地域の振興や「農業の六次産業化」に取り組んでいる状況を報告している。環境問題や地域振興への取り組みは、多くの人々にアプリオリに支持されがちである。しかし、それが、単にイベント的取り組みではなく、地域にとって真に有効な取り組みであるのか、持続的発展という将来へ向けた方向性を有しているのか、といった検証が不可欠であることを指摘している。

地球環境問題や原発事故にさらされた今、人間と風土の関係をトータルに見ながら地域に即して明らかにすることの重要性が明確になった。そしてフィールドワークに根ざした地域の研究は、地理学が拠って立つところの最後の砦であると筆者には思えてならない。虚心に地域の実態を観察し調査するならば、私たちは今後さらに多くの地理学研究の地平を見い出すことができよう。そしてそれらの問題群に光を当てて、一つずつ正面から向き合って努力を続けていかなければならない。

二〇二〇年一月二五日

長年過ごした緑滴る獨協大学キャンパスを望む研究室にて

犬井　正

目次

吉野林業地のスギの山林
1985 年 8 月撮影.

武蔵野のクヌギ・コナラの平地林
1980 年 12 月撮影.

1

序章　市川地理学との対話

フィールドワークでの市川先生との対話
栃本集落にて，1977 年 6 月 12 日撮影.

市川地理学との対話

―市川健夫の地理学　一九七五年～二〇一六年―

犬井　正

巨星墜つ

日本の地理学界に、ひときわ強烈な輝きを放っていた巨星が堕ちた。市川健夫先生の訃報に接し、万感の思いが込み上げると同時に、大きな空洞ができたような虚脱感が私をとらえた。誰でも一定の年齢になると、自分のこれまでの来し方に大きな影響を与え、今ある自分に教導してくれた人が、一人はいると思っているのではないだろうか。私にとって市川健夫（いちかわたけお）先生は、まさしくその一人である。

市川健夫先生は一九二七年九月、長野県上高井郡小布施（おぶせ）町に生まれた。一九四八年に東京高等師範学校を卒業し、県内で教職に就きながら学位論文を書かれた。その後、東京学芸大学教授、信州短期大学学長、長野県立歴史館館長などを歴任された。二〇一六年一二月七日、郷里の小布施町でご逝去された。享年八九歳。

常々、市川先生から教えを受けた者は、「市川健夫は不世出の地理学者である」と畏敬してきた（青木・白坂 二〇一七）。しかしご自身では少々卑下して「フィールドワーク好きの地理屋」と称され、「地理をやれば、人生二倍楽しくなる」を口癖にされていた。死んだ時の戒名は、「地理学院巡検居士」とすることに決めていると、生前に冗談めかして言っていたほどフィールドワークが先生の研究の中核となっていた。

「市川地理学」の特徴

市川先生の研究は、フィールドワークにおける聞き取り調査に根ざした地域研究であり、事実に即して地理を追求するという独特な視点と分析方法から、「市川地理学」と称しても過言ではない。ここで、市川地理学の学問上の評価や位置づけを行うことは私の任ではないが、市川健夫先生から直接教えを受けた私と、先生との間でなされた対話を通して、市川地理学の特徴を提示したい。

地理学は混沌とした現代社会の諸現象のなかから空間的秩序を追究する科学であり、フィールドワークをベースにして地域に即して人間と自然との関係を究明することにあると私は考えている。地域研究を重視することは、一般性や法則性を求める姿勢とけっして矛盾するものではない。しかし、理論的枠組みでの把握や観念論的把握、あるいは性急に一般性あるいは法則的傾向を求める地理学者からは、フィールドワークを重視した地域研究は、地域への埋没であると批判され、

写真1　湧水を利用して洗濯をしている婦人から聞き取り調査中の市川先生
小金井市国分寺崖線にて，1976年7月撮影.

第二次世界大戦後おろそかにされてきた傾向にある。フィールドワークを中核とした研究方法は、本来、自然と人間の関係をその中心課題に据えてきた地理学の本道にせまるものであり、将来に継承すべき有効な研究方法である。ここでは、野外調査、地域調査、現地調査、聞き取り調査、臨地研究、巡検などをすべてフィールドワークとする。

私が市川健夫先生と出会ったのは、一九七五年の初夏であった。私はその二年前に東京学芸大学大学院の修士課程を修了した後、東京都立清瀬高校の社会科地理の教諭として奉職していた。当時、高校一年生の志賀高原で実施する校外学習の計画立案と、ガイドブックづくりを担当していたため、東京学芸大学地理学教室の資料室に出向いて、志賀高原に関する資料を探していた。その時に、地理学教室の助手であった白坂蕃（しらさかしげる）先生から声をかけていただいたので、来室の理由を説明すると、それならば打ってつけの先生がいらっしゃると、市川先生をご紹介くださった。それが市川先生との初対面であった。

市川先生は、私の在学時の指導教官であった松村安一（まつむらやすかず）先生（一九〇九～二〇〇二）の定年退職による後任者として、長野県政史料室から東京学芸大学に赴任してこられた。私は緊張しながら、大学院の時に農業・農村地理学を専攻していたことや、現在、東京都立高校で地理の教員をしていて、校外学習のために志賀高原の資料を探しにきていることなどをお話しした。市川先生は志賀高原の話だけでなく、かつてご自身も長野県の高校で教鞭をとっていたことや、その時に出版した『高冷地の地理学』をご紹介くださった。また先生は、東京学芸大学の地理学教室で教えら

写真 2　市川先生が学位論文をまとめて出版した『高冷地の地理学』

れていた「経済地理学」や「日本地誌」の講義の話などをしてくださった。

先生の主著である『高冷地の地理学』（令文社　一九六六：写真2）は、県立高校の教員の時に東京教育大学に提出した学位請求論文「日本の中央高地における高冷地農業の諸類型」をもとに、書籍として出版したものである。日本の屋根と称される中央高地の高冷地に根ざした生業の分析と、その地域を成り立たせている仕組みから、高冷地の地域構造を明らかにしたものである。そしてその地域構造をより明確にするために、多くの地域や、さまざまな地理的事象との広範な比較を基礎として記述されている。また、地域性にあった営農をすることで、地域農業が進化を遂げていく過程を明確にし、自給自足で良しとする農業では進展がないことを指摘している。後述する秋山郷（あきやまごう）[1]の研究とともに、自然を舞台として生活している現地の人々からの徹底した聞き取り調査を重視しながら記述していくという、市川先生独自の研究方法に基づくものである。

市川先生のお話を聞き、著書を読ませていただいた後、私は当時の都立高校教員に認められていた週一日の研究日を利用して、「先生の講義を非公式に聴講させていただけないか」伺ってみた。市川先生にはすぐに快く認めていただき、月曜日に開講されていた「日本地誌」の講義を聞かせていただくことになった。これがその後四〇年以上もの長きにわたって、市川先生に直接ご指導を受けるきっかけになった。

講義が終わってからも研究室や地理学事務室などで、農業地理学の最新の研究動向などを話してくださった。先生が長野県の高校で勤務していた時に、週末になると高校生を引き連れて、長野と新潟

（1）**秋山郷**　信州と越後の国境に位置する豪雪地域の山村で、現在の新潟県中魚沼郡津南町（越後秋山）と長野県下水内郡栄村（信州秋山）にまたがる中津川流域の名称。平家の隠田百姓村や、戦国時代の新田氏の落人定住説など起源には諸説がある。

の県境に位置する秋山郷[1]の長野県下水内郡栄村にフィールドワークに出かけていたことをお話くださり、その成果をまとめられた『平家の谷—信越の秘境秋山郷』（令文社　一九六一）を私にくださった。ご自身には厳しい市川先生だが、私に限らず他人には優しく接していたことが印象的であった。しかし、この優しさの背後には、後になってからわかったのだが、厳しい指導が待ち受けていた。

市川地理学へのいざない

私が東京学芸大学に提出した卒業論文は、東京都西多摩郡桧原村（ひのはらむら）を研究対象にした林野の利用と所有に関する論文であった。指導教官であった松村安一先生が、その後加筆修正してくださり、松村先生が当時関係していた徳川林政史研究所[2]の一九七一年度紀要に、「山村における組共有地の変遷」（松村・犬井　一九七二）として掲載された。修士論文の一部も同様に、徳川林政史研究所の一九七二年度紀要に「東京都秋川流域における共有林野とその構造」（松村・犬井　一九七三）が掲載された。東京学芸大学の大学院の修士課程を修了したものの、単著論文を公刊していなかった私には、「自分一人で早く論文を書くこと」を市川先生から強く言われた。

その後、先生からは論文を書く際の基本である「五分法」という論文構成法や修辞法に至るまで、手取り足取り教えていただいた。五分法というのは、東京文理科大学・東京教育大学の教授であった青野寿郎（ひさお）（一九〇一～一九九一）から市川先生が指導を受けたというもので、序論・本

（2）**徳川林政史研究所**　東京都豊島区目白にある公益財団法人徳川黎明会に所属する我が国唯一の民間林業史研究機関。全国各地から収集した江戸時代の林野関係史料、尾張藩や尾張徳川家に伝来した古文書・記録類など多数所蔵。

（3）**大滝村栃本**　秩父郡大滝村は二〇〇五年秩父市に合併した。埼玉県の最西端に位置し、荒川の最上流域で幼年谷のV字谷が刻まれている。その最奥地に位置する急傾斜地の栃本集落には江戸時代に、江戸と甲州を結ぶ秩父往還の関所が設置された。一九九八年に山梨県方面と結ぶ雁坂有料道路が開通。

論・結論を五章で構成するのが原則であるということを指している。序論では、本論での研究目的や方法、意義について述べる。本論での章立ては原則的に三章とし、最大でも四章としてこれを超える場合には二つの論文とするのが良い。柱が五つ以上になると論点がぼけてしまう恐れが出てくるからである。「とかく論文をまとめていると調査した結果を何でも書きたくなってしまうが、研究目的に沿って資料を絞り、論旨をまとめることが重要である」と常々先生から教えられた。先生の著書『フィールドワーク入門　地域調査のすすめ』（古今書院　一九八五）にも五分法のことが記されており、その他、フィールドワークの結果をレポートや論文にいかにしてまとめるかが、詳しく書かれているので参照されたい。

私が市川先生に同行した最初のフィールドワークは、一九七七年六月十一〜十二日（土・日）の一泊二日で、秩父山中の大滝村栃本[3]（写真3）の急傾斜地農業の調査だった。栃本の農家に着くと、さっそく地形や地質、畑地の土質と傾斜度、気候と天気俚諺（りげん）[4]、土地利用や農作物、養蚕、畝（うね）立ての方向（横畝・縦畝）、農事暦、農機具、食文化などありとあらゆることをすさまじいまでに聞き取って、フィールドノートに記録していく姿にあっけにとられた。例えば、鍬の柄と刃の角度、それと畑の傾斜度との関係、柄の長さや材質と入手先、鍬の刃の入手先などである。聞き取り調査をする目の付け所の豊かさと、その背後にある市川先生の博覧強記ぶりに驚くばかりであった。その聞き取り調査の様子から、市川先生は「聞き上手」なのだと思った。とにかく、相手がもっている

写真3　栃本集落の急傾斜地
1997年6月12日撮影．

（4）**天気俚諺**　天気や気候に関する地域の言い伝えで、これらは農作業など生活に大きな影響を与えるので、とくに晴や雨に関する天気の諺が多い。「トビが鳴くと晴」、「アマガエルが鳴くと雨」など動物の生態に結びついたものが多い。

ものを余すことなく引き出してしまう「見事な聞き手」であったことは間違いなかった。

市川先生からは、「記憶というのはあいまいなものであるから、必ず見るもの聞くものは、フィールドノートに記録しておきなさい」と常々言われた。先生が愛用したフィールドノートは、B5判の大学ノートだった。ノートには、調査先でいただいた名刺はもとよりパンフレット、時には旅館などの割りばしの袋まで、携帯用のノリで貼っていた。それまで、私は手帳タイプの方眼紙入りのフィールドノートを使っていたが、その後は先生に見習って大学ノートに換えた。もちろん、スティックタイプのノリや、付箋も持ち歩くことにしている。

先生は記録する手段としてフィールドノートの他にカメラも愛用していたが、それは高級な一眼レフのカメラではなく、軽くて手軽な自動焦点のコンパクトカメラであった（写真4）。ノートを手放さずに写真が撮れることが重要だったのであろう。

市川先生は「風土が語っているものをどれだけ聞き出せるか？　フィールドワークでは聞き取りをする側に膨大な知識がないと、その土地に刻まれたおもしろさを土地の人々から引き出すことはできない。だからたくさんの知識を自分に蓄えなさい」、と口癖のようにおっしゃっていた。さらには「その集落の生業に結びついた社会的特徴をつかんでおけば、外国であろうと別の土地を訪れても同じ生業を営んでいる集落なら、その社会構造を予測できるようになる」と言われた。そして「大切なことは、フィールドワークで収集したデータを統計処理して分析することにある」

写真4　フィールドワーク中の市川先生
栃本にて, 1997年6月12日撮影.

と教えられた。
この時の私のフィールドノートから、栃本集落の急傾斜地農業を素描すると次のようである。当時、私の聞き取り調査とその記録が不十分であったことが今さらながらに明らかになってしまう。

秩父中・古生層山地の急傾斜地に立地する大滝村栃本集落は、標高六八〇〜七七〇メートル、傾斜度十二〜二五度の山地斜面が常畑に供されていた。激しい土壌浸食を防ぐために、畑の畝は横畝にされており、ところどころに畦畔茶や桑、コウゾなどの永年作物が植えてあった。常畑の耕土は厚くて六十センチメートル程度の砂土であり、小石混じりであった。主食用の大麦や小麦が冬作で、夏作には燕麦、大豆、コンニャク、桑、野菜、イモ類などが栽培されていた。周囲のコナラの林（柴山）で、冬に採取した落ち葉堆肥を常畑に入れ地力の維持をはかっていた。有機質肥料を毎年、施さないと、畑は砂ばかりになり、保水力や地力が減退してしまう。かつて農間余業として養蚕が盛んであったが、一九七五年ごろ養蚕は消滅した。東京大都市圏に近いにもかかわらず、奥秩父の栃本には、伝統的な山村の土地利用や生活が維持されていた。その反面、集落の若年層の人口減少による耕作放棄地も目立っており、過疎化の進行がみられた。

写真5　傾斜地農業の農機具
左三人は学生. 栃本にて, 1997年6月12日撮影.

写真6　急傾斜地での鍬の操作
栃本にて, 1997年6月12日撮影.

栃本でのこのフィールドワークは、当時の私に多くの収穫をもたらし、卒論の研究対象地であった東京都桧原村を、新たに東京の近郊山村という視点で農林業の変化と課題について書くことができた（写真7）。これが私の最初の単著論文となった「秩父山地における近郊山村の農林業の変化」（犬井　一九七九）である。当初、論文の題目は形式地域である自治体名を冠した「東京都西多摩郡桧原村における農林業の変化」としたが、先生から「この論文の題目では地域の特性が明確に出ていない」という指摘を受けて直した。「論文の題目をはじめとして、丹念なフィールドワークをしていると、地域の特性にぴったりとした言葉が浮かんでくるものだ」という先生の指摘が、今でも脳裏に焼きついている。

また、手書きの原稿に繰り返し、繰り返し朱を入れてくださった。朱が入らなかった頁はほとんどなかったので、当時、コピー機やワープロなどが普及していなかったため、最初から原稿用紙に手書きで書き直さなければならなかった。誤字脱字は言うに及ばず、助詞や接続詞の使い方をはじめ、データがなく事実に基づかない部分や、冗長な文章、主語述語が抜けていないかなど、ほとんど跡形もないほどに朱が入った原稿が、市川先生との間を何度も往復した。その間に、自分の書いた元の文章に戻ることも間々あった。

難解な用語を使って地域事象の説明を誤魔化そうとする個所が見つかると、「複雑な地域の事象を、平易な言葉でわかりやすく説明できるのが本当の学者なのだ」と諭された。「いつまでにここを訂正して持ってきなさい」と言われても、その期限に応えることができないと、一週間後

写真7　東京の近郊山村桧原村のシクラメン栽培の施設
手前の施設は夏季の冷涼な山地の気候を利用して東京都内の園芸農家から受託したシクラメン栽培用の棚，1978年3月撮影

の夜には必ず自宅に電話が掛かってきて、すぐに市川先生の武蔵小金井のご自宅に呼び出され、お小言をいただいた。最初のころは、一本の論文が完成するのには、二〜三回の論文の往復は普通であった。先生は学生の卒業論文でも博士論文でも、誰に対しても指導には同じように力を込めて指導されていた。市川先生のこうした優しさに耐えきれず、市川先生のもとを去る者も少なからずいた。「去る者は追わず、来る者は拒まず」が、市川先生流の指導の姿勢だったように思う。「来る者」には、徹底的に物の見方や、考え方を指導してくださった。ともすれば易きに流れがちな私には、真剣に怒ったり注意してくれたりする人が常に身近にいたことが、研究を途中で放棄せず、曲がりなりにも今日まで研究を継続できたものと感謝に堪えない。

　市川先生がフィールドワークに根ざした地理学にのめり込んだのは、いつの頃だったのだろうか。それは一九五三〜六四年まで勤められた、ご自身の母校の長野県立須坂西高校（現・須坂高校）の教諭時代に求めることができる。当時の高校は土曜日も授業があったので、フィールドワークに出るのは土曜の午後からで、盆も正月もなく、あちこちに出かけていた。まさに寸暇を惜しんでフィールドワークに没頭していた。市川先生は、聞き取り調査を始めるとなかなか終わらないので、フィールドワークで訪ねた農家からは、「市川が来ると仕事にならない」と、居留守を使おうとする者もいたほどだったと、苦笑されながら述懐されていた。そうして集められたデータが、千曲川沿岸の地割慣行地(5)の土地割（市川　一九五二）、長野盆地のリンゴ地帯の形成（市川　一九五六）、秋山郷栄村の地域研究（市川　一九六八）、信州の峠の研究（市川　一九七二）を

（5）**地割慣行**　割替慣行とも言われ、共有地を一定期間ごとに割り替える制度。近世に起源をもち、かつて日本の各地に分布していた。明治の地租改正期や、第二次世界大戦後の農地改革を機に多くの地域で廃止。しかし、農地改革後も水害常襲地域などの一部で存続していた。

はじめとして数多の著作物になっている。

さらに、前述したように高校教員時に理学博士の論文を書き、それを『高冷地の地理学』（市川　一九六六）として出版されていた。当然のことではあるが、市川先生は県立高校で担任ももち、学校内の校務分掌（ぶんしょう）もきちんと果たしていた。しかし、入学試験や校内の定期試験などの出題や採点はしたけれども判定会議には出ずに、フィールドワークに出かけてしまったこともあったという。それは、同僚や校長先生に大目に見ていただいていたからこそできたことである。県立長野高校に籍を置きながら長野県総務部吏員として県政史の編纂を五年間担当していた時にも、フィールドワークは欠かさなかったという。

市川先生のこうした研究姿勢は、先生の尊敬する三澤勝衛（みさわかつえ）（一八八五～一九三七）の影響が色濃い。三澤は長野県生まれで、義務教育しか受けていないが、長野県内の初等・中等教育の教員をしながら独学で、地理学研究と地理教育に優れた研究を残していることで知られている。一九一五（大正四）年に文検（ぶんけん）[6]に合格し、文部省師範学校中学校高等女学校の地理科免許状を取得した。一九二〇年には旧制諏訪中学校（後の諏訪清陵高校）の地理の教員となり、長野県内各地でフィールドワークを精力的に行い、諏訪中学校在職中に数多くの研究論文や著書を発表して、地理学界のみならず世間の注目を集めた。代表的な著作には『新地理教育論』（古今書院　一九三七）、『風土産業』（信濃毎日新聞社　一九四一）などがある。また、三澤の教え子で、後に著名な学者に成長したものは、地理学の分野をはじめ、数多く存在する。「三澤先生は五二歳という若さで亡くなられた

（6）**文検**　「文部省師範学校中学校高等女学校教員検定試験」の略称。一八八四（明治十七）年から、戦後の一九四八（昭和二三）年まで行われていた。

（7）**寒天製造（写真8）と凍み豆腐（写真9）**　高冷地や寒冷地で冬季の日中の晴天と夜間の乾燥と低温を利用して、「乾燥冷凍法」によって寒天や豆腐などの保存食を製造する。

ため、存命中に直接、教えを乞うことはできなかったが、現在の長野県立諏訪清陵高校内に設けられている三澤文庫には、何度となく足を運んだ」と市川先生は述懐されていた。

地理学研究と地理教育は三澤にとって一貫したもので、「生活の場＝郷土」の観察を基盤として考察した。これは、風（風や大気・自然環境）と大地（土地・生産基盤）の関係から風土性の解明をめざすものであった。矢澤大二編『三澤勝衛著作集』全三巻（みすず書房 一九七九）には、三澤が行ったフィールドワークによる観察、聞き取り調査、観測、測定結果が具体的に、かつ豊富に示され、製糸業や寒天製造（写真8）、凍み豆腐(7)（写真9）など風土を巧みに利用して生産費を節減し、有利な産業を興すことを強く進めた「風土産業」を具体的に記述している。三澤にとって風土産業とは、地域活性化のための地域性を活用した産業なのである。

三澤勝衛は、一九二九年に辻村太郎（一八九〇〜一九八三）と、田中啓爾（一八八五〜一九七五）の両帝大助教授の指導のもと、地理学評論に「八ヶ岳山麓の景観型」を書いた。それから三四年後の一九六三年には、市川先生が「八ヶ岳山麓の土地利用と農業経営」を同誌に書いている（斎藤 二〇〇六）。

その後、市川先生も高校の教員をしながら、休日にフィールドワークと研究を続けて多くの著作を書いてきた。しかし、恩師の田中啓爾から研究の焦点を「高冷地の研究に絞るように」と指導され、中央高地の高冷地研究に専心されたという。市川先生は三澤と同じ

写真8　寒天製造
長野県茅野市にて，1990 年 12 月撮影.

写真9　凍み豆腐製造
長野県諏訪盆地にて，1990 年 12 月撮影.

く、我が国の地誌学（地域研究）を確立したといわれる田中啓爾に師事したことや、徹底したフィールドワークに基づきながら研究を進めてきた三澤に対して、特別な親近感と尊敬の念をいだいていたことは想像に難くない。

私は一九八八年度に地理教育で科学研究費補助金の「近代日本における地理教育の変遷」（研究代表者・西沢利栄）の分担研究者になった時に、迷わず市川地理学の源流である三澤勝衛を選び、諏訪清陵高校に附設されている「三澤文庫」を訪れた。そこで三澤勝衛が作成し、実施したわら半紙に謄写版刷りの定期考査問題紙の束を発見した。それを基礎資料にして「三澤勝衛作成の地理定期考査問題の分析　―近代日本における地理教育の実践の一断面―」を書くことができたのが想いだされる（犬井　一九八八d）。

当時、高校の仕事に追われてフィールドワークに出られず、なかなか地理学の論文が書けなかった私には「良い教師になろうと思っているならば、研究者にはなれない」、「研究にもっと時間をあてて、論文を書くように」と、何度となく市川先生から注意された。また、「忙しい人ほど時間はつくれるもので、時間がある人には時間がつくれない」と、含蓄のあることも言われた。

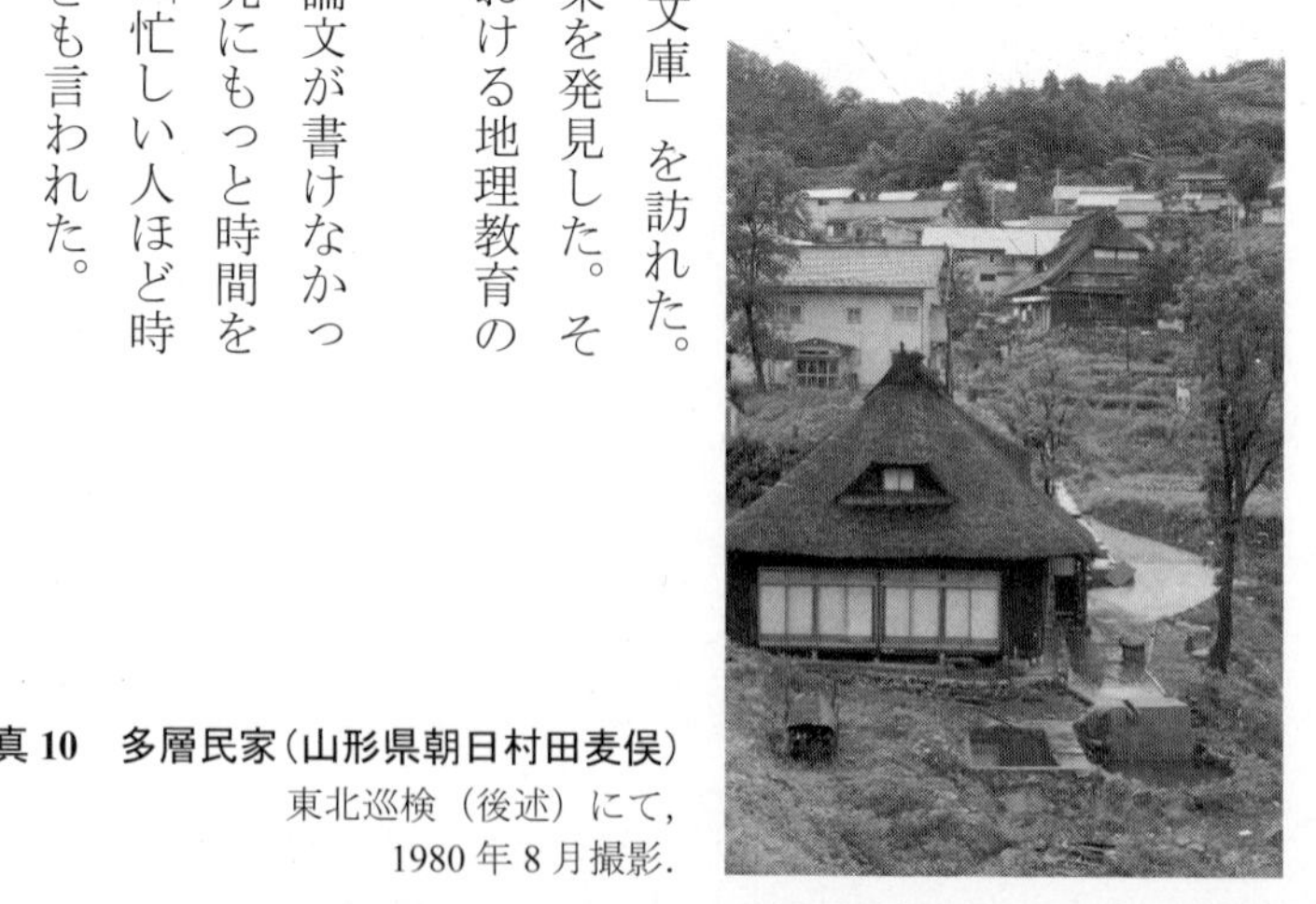

写真 10　多層民家（山形県朝日村田麦俣）
東北巡検（後述）にて,
1980 年 8 月撮影.

フィールドワークに根ざした市川地理学

市川先生は「文字になっていないことを発見することに一番興味があったので、一貫して徹底的なフィールドワークを行っていた」という。「フィールドに出て、自分自身の目と耳で確かめ、自分で考えたことこそが本物だ」という考えを貫いた。

一九七三年に東京学芸大学に赴任してから『雪国地理誌』（銀河書房　一九七五）、『日本のサケその文化誌と漁』（NHKブックス　一九七七）、『雪国文化誌』（NHKブックス　一九八〇）、『日本の馬と牛』（東京書籍　一九八一）、『風土の中の衣食住』（東京書籍　一九八二）、『フィールドワーク入門　地域調査のすすめ』（古今書院　一九八五）など、フィールドワークをもとにした単著の単行本を、まるで堰を切ったかのように次々に出版された。

私は「なぜ、こんなにも多岐にわたったテーマで、業績を次々に形にすることができるのですか」と、先生に訊ねてみた。

「現地調査の大切さというのは、無意識に自分たちの文化の中で暮らしている人々を、ある一定の知識をもって見て、分析することにある。歩いて、見て、聞いて発見したことが、それまでの発見とつながると、また新たな論理を生むことができる。そうすれば常に新しいアイデアが浮かぶので、私は研究上のスランプに陥ったことは、ほとんどない」という応えが返ってきた。このことは、「フィールドワークによって、先生ご自身の常識を相対化することを可能にする認識の変化がうまれ、多元的な見方が身についていくようになるという効果が生じてくる」ということなのではないかと理解した。さらに、「年間一〇〇～一二〇日間はフィールド調査に出かけていたし、研究の成果は次々と発表してきたので、全盛期には四百字詰め原稿用紙で年間三〇〇〇

写真 11　鮭の魚道（山形県最上川）
左側の狭い水路が魚道.
東北巡検（後述）にて，1980 年 8 月撮影.

枚は執筆していた」と事もなげに述懐されていたのが想い出される。とにかく、市川先生の関心やアイデアは、フィールドワークの所産なのである。

その頃の私といえば、都立清瀬高校で社会科地理の教鞭をとりながら、小金井市史、東久留米市史の編纂委員を務め、関東山地や武蔵野の農業と林野の諸相について細々ながら調査・研究を続け小文を書いてきたが、まともな地理学の論文執筆は遅々として進まなかった。そのうえ、ライフワークとなるような自分の研究テーマを見いだすこともできなかった。清瀬高校教員として六年目が過ぎた一九七九年に、東京都の小・中・高等学校の教員には東京都教員研究生という一年間勤務先の学校を離れて、派遣先の大学などで研究や研修ができるという私にとって魅力的な制度があることを知り、さっそく受験をしてみた。高倍率であったが、運よく合格をした。合格したのは六〇人、大半の教員は小・中学校の教員で、高校の教員はそのうち四人のみであった。これで一年間、高校を離れ研究に専念できる機会が得られると思ったのも束の間、当時、東京都教育委員会は、教育研究生に大学で自由に研究させるのではなく、目黒にあった都立教育研究所内での研修を中心とした幹部候補生の指導主事を養成するように方針転換をしていることが後でわかった。研究に没頭できる時間が確保できるようにと、市川先生の受け入れの許可をいただき、東京学芸大学地理学教室の市川研究室への派遣希望を出した。研究所の研究部長の面接を経て、大学派遣の許可が下り、一年間、市川先生からご指導をいただけるという願いがやっとかなった。卒論を書いた以後も東京都の奥地の西多摩郡を中心とした山村で、農林業の調査を細々と続けていた。しか

写真 12　吉野林業地のスギ，ヒノキの山林
用材林生産が目的．
1985 年 8 月撮影．

写真 13　武蔵野のクヌギ，コナラの平地林
農用林としての役割．
1988 年 2 月撮影．

し、交通の便が悪く足しげく通えない山村や山林の研究から、東京近郊の平地農村に残存する森林、すなわち平地林(へいちりん)を農業や都市化との関係で調べることにした。市川先生と相談して、研究テーマを「近郊農村における平地林利用の変容」とし、フィールドワークを基に研究を進めることにした。

しかし、当時、平地林という用語は一般的に使われておらず、学術用語としても定着しているわけではなかった。したがって、各種統計書類から直接、量的な把握ができるわけではなかった。現在でも法務局や市町村の役所の土地台帳には、平地であっても森林といえば山林と表記されている。加えて、当時、ジャーナリストの足田輝一(一九一八〜一九九五)が著した『雑木林の博物誌』(一九七七 新潮選書)が発刊されると、「雑木林(ぞうきばやし)」が着目されブームになっていた。私も流行の雑木林という語を用いて研究を進めたかったが、市川先生は「雑木林ではなく、山林(山地林)に対置させて、平地林として研究を進めるべきだ」と言われた。その時、雑木林という語を用いないほうが良い理由については、先生は話されなかった。「その答えを見つけるべく研究を深めなさい」ということなのだと私は了解したが、その答えが出せるまでに多くの年月を要することになった。

山林と対置して、「低標高でかつ緩傾斜の土地に介在する森林」と平地林

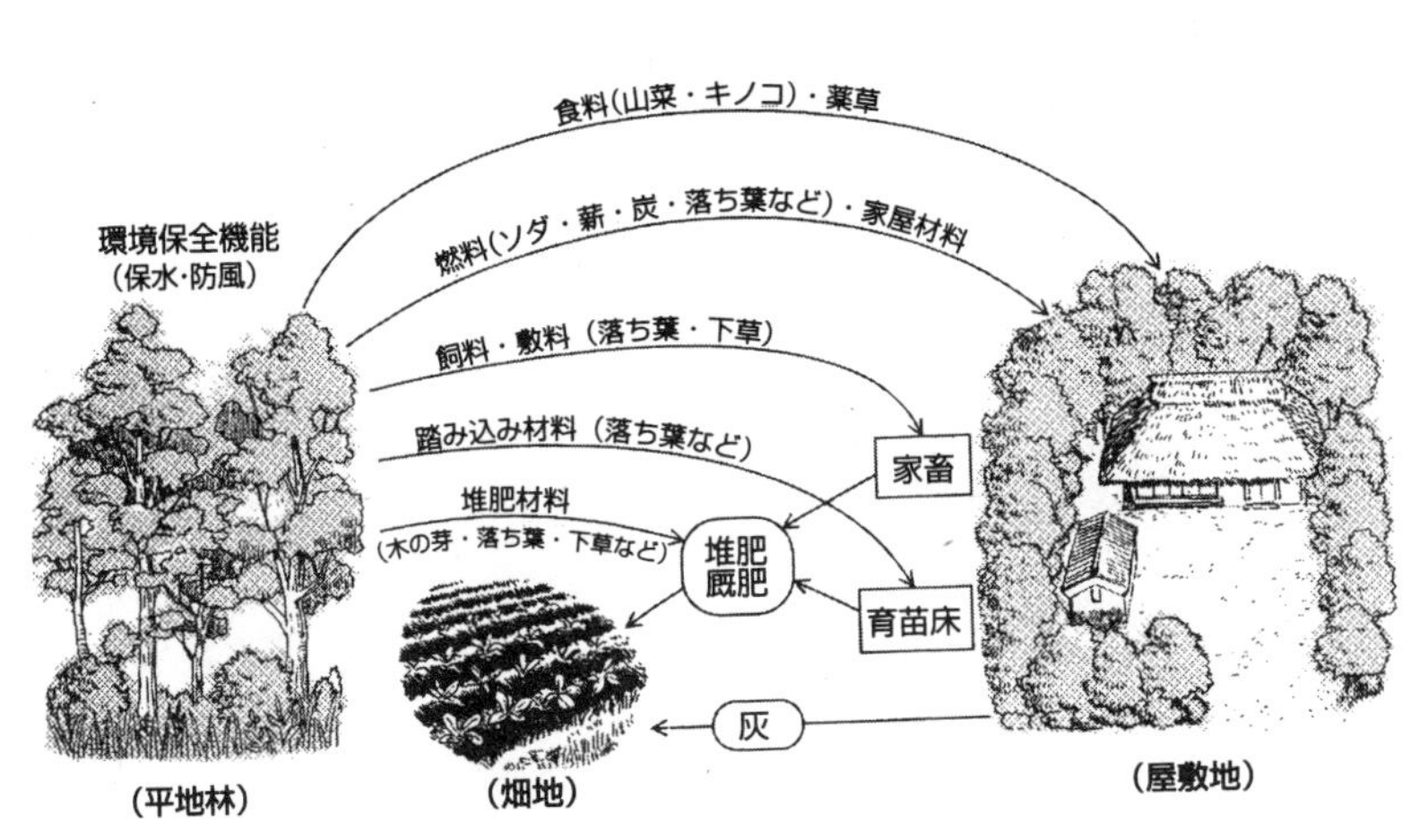

図1 農用林としての平地林

畑地・屋敷地との関係に注目. 犬井(1996)による.

を定義し、建築用材の生産を主目的にする山林に対して、農用林(8)としての機能を有する平地林の特性をフィールドワークによって明らかにすることにした。研究対象地域は、首都三〇キロメートル圏内で他所より多くの平地林が残存しており、さつまいも栽培と野菜の栽培が盛んな近郊農業地域の三富(さんとめ)新田(9)のなかから、埼玉県入間郡三芳町の上富地区（上富新田）を選定して平地林研究を進めた。三芳町は当時自宅があった東京都東久留米市から比較的近く、足しげくフィールドワークに通うことができるようになった。

この頃、市川先生は「ブナ帯文化論」を提唱して研究に没頭されていた時期だった。一九八〇年の七月一三日〜二三日の十一日間、東北のブナ・ミズナラ林帯の調査に出かけるということを市川先生から聞きつけた。東京都教員研究生の私は、夏期休暇期間中は派遣先の大学から、目黒の都立教育研究所に呼び戻され、教育研修を受けなければならなかった。しかし、市川先生の調査・研究に是非とも同行したかったので、「地域調査の方法を習得するために、この調査旅行に同行したい」と研究所に申し出て、その間の都立教育研究所詰めを免除されることになり、市川先生との濃密な時間を共有できるという貴重な機会を得た。この間は市川先生と「ブナ帯文化論」の共同研究者であった筑波大学の斎藤功（一九四二〜二〇一四）、東京学芸大学の白坂蕃の両先生と一緒に、東北のブナ・ミズナラ林帯を巡る調査に同行することができた。

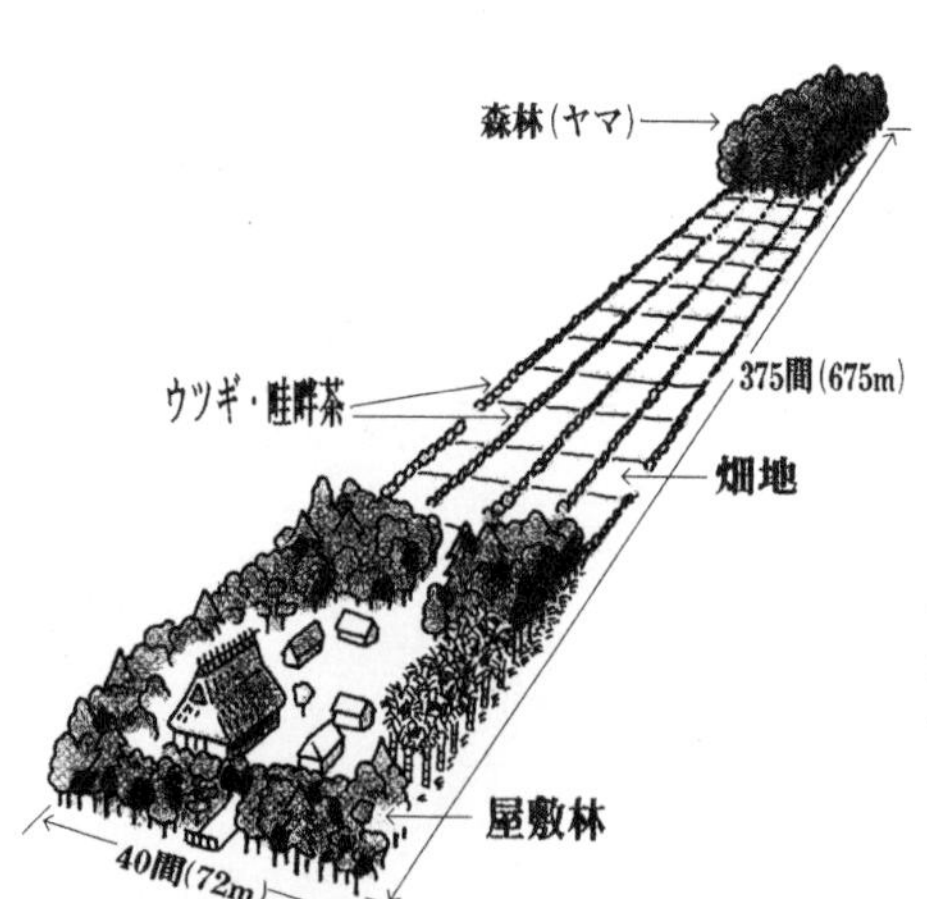

図 2　上富新田の短冊形地割（模式図）
犬井（2002）による.

（8）**農用林**　建築用材の供給を主目的にするのではなく、農業生産や農家生活に必要な各種資材を供給する他に、防風や保水など環境保全機能も果たす森林。

（9）**三富新田**　一六九四（元禄七）年に北武蔵野に拓かれた川越藩営新田。平地林を含む開発当初の短冊形地割（図２）が現在も残存。埼玉県入間郡三芳町の上富新田、所沢市の中富新田、下富新田を合わせて三富新田と呼ぶ。

途中、日本生態学会の第二七回学術大会が弘前大学であり、「照葉樹林文化とブナ林帯文化」のシンポジウムが組まれていて、市川先生はゲストスピーカーとして日本生態学会に招聘されていた。その日は私たちも生態学会に参加し先生の講演を聞かせていただいた。

この十一日間の私のフィールドノートは、大学ノート二冊に及んでいた。全行程筑波大のジープを利用し、調査個所と調査の概要は以下のようである。

①七月一三日（日）：早朝、筑波大学を出発し、東北自動車道で山形県の月山を目指す。

②七月一四日（月）～一五日（火）：山形県西川町役場商工観光課西川町志津、姥沢でブナ林の開発と月山スキー場、スキーと出羽三山の登山の入込客と観光圏、焼畑でのカブの栽培法、熊の「巻き狩り」などの狩猟・採集と食文化などの聞き取り調査。月山、姥ヶ岳の雪代と農事暦、ヤマブドウを原料にしたワイン製造に関する聞き取り調査。

③七月一六日（水）：朝日村総務課、田麦俣の多層民家（写真10）、温海（あつみ）町産業観光課と一霞集落の二軒の農家から焼畑での「温海かぶ」栽培方法と利用法聞き取り調査（写真14・15）。

④七月一七日（木）：山形県最上郡鮭川村産業課で聞き取り調査。最上川漁業協同組合サケの採卵・孵化と鮭による観光地化計画（写真11）、鮭神社、鮭石などの信仰の有無の聞き取り調査。製炭と、きのこ採取と、出稼ぎに依存していた村の経済が、エノキダケのオガクズ栽培の成功により激変し、出稼ぎも解消。秋田県雄勝郡稲川町（現・湯沢市）役場商工課にて栗駒岳のブナ材を利用した木工品製造（川連（かわつら）漆器の汁椀と仏壇製造：写真16）、

写真16　ブナ材による汁椀作り（秋田県稲川町川連）
東北巡検にて，1980年8月撮影.

↑写真14　焼畑（山形県温海町）
↑写真15　焼畑で栽培された温海かぶ
東北巡検にて，1980年8月撮影.

漆掻きと漆器製造者佐藤伊右衛門氏からの聞き取り調査。夜は秋田県仙北郡田沢湖町乳頭温泉郷の湯治客用の蟹場温泉に宿泊。宿の主人から湯治場の変化と山菜取りについて聞き取り調査。

⑤七月一八日（金）：秋田県田沢湖町役場観光課にてスキー場開発や、湯治場から温泉観光地化への聞き取り調査。阿仁町役場農林畜産課でのマタギ(10)についての聞き取り調査と馬の林間放牧（写真17）と肉牛肥育についての聞き取り調査。秋田県阿仁町根子の阿仁マタギS氏宅（写真18・19）で狩猟採集方法、獲物の種類、猟犬のマタギ犬などに関する聞き取り調査。秋田県比内町E農家で水田転作によるトンブリ（ほうき草の実）生産の聞き取り調査（写真20）。

⑥七月一九日（土）：秋田県平賀町役場経済課、農協での聞き取り調査にて戦後開拓地の高冷地野菜導入による変容の調査、青森県鰺ヶ沢の漁師民宿泊。午後は弘前大学においてブナ林帯シンポジウムに出席。市川先生は「ブナ帯

写真 17　馬の林間放牧（秋田県阿仁町）
東北巡検にて，1980 年 8 月撮影.

写真 18　阿仁マタギ（山立）
東北巡検にて，1980 年 8 月撮影.

写真 19　マタギの免許状
東北巡検にて，1980 年 8 月撮影.

（10）**マタギ**　古くは山立（やまだち）とも呼ばれ、東北地方・北海道から北関東、甲信越地方の山岳地で伝統的な方法により、集団でクマやカモシカ、サル、ウサギなどの狩猟をする者を指す。とくに秋田県の阿仁マタギは有名。その起源は平安期にまで遡り独特な宗教観や生命倫理をもつ。近年、伝統的なマタギはごく一部に限られている。

文化論」を第二七回日本生態学会で、地理学者として講演。
⑦七月二〇日（日）：休日なので役所での聞き取り調査は休み。石器時代から縄文晩期の亀ヶ岡遺跡の青森県木造町亀ヶ岡考古館見学。十三湖を経て、津軽半島の竜飛岬を経て蟹田からフェリーで下北半島の脇野沢に渡り青森県脇野沢村へ。
⑧七月二一日（月）：脇野沢村教育委員会で北限のニホンザルやカモシカによる被害状況の聞き取り調査を行い「人と野生動物との共存の道」について教育委員会のS氏や農民と意見交換。恐山（写真22・23）を経て青森県東通村尻屋へ。
⑨七月二二日（火）：尻屋崎でウニの身剥きをしていた漁民のM氏からウニ漁と尻屋崎で放牧

写真 20　転作物のトンブリ収穫（秋田県比内町）
東北巡検にて，1980 年 8 月撮影.

写真 21　菜種の収穫（秋田県比内町）
東北巡検にて，1980 年 8 月撮影.

↑写真 22　恐山大祭
東北巡検にて，1980 年 8 月撮影.

←写真 23　恐山のイタコ信仰
東北巡検にて，1980 年 8 月撮影.

写真24　短角牛の放牧（尻屋崎）
東北巡検にて，1980年8月撮影.

写真25　軽米で使われていた踏み鋤（岩手県軽米）
東北巡検にて，1980年8月撮影.

している短角牛（写真24）の聞き取り調査。岩手県九戸郡軽米町産業課に到着、ヤマセ（太平洋からの夏の偏東風である冷風）の影響の聞き取り調査と、粟、稗を中心とした雑穀畑作農業と踏み鋤（写真25・26）に関して聞き取り調査をした。一八四七（弘化四）年に軽米の地頭であった淵沢圓右衛門（一七九二?〜一八七一）が著した『軽邑耕作鈔』(11)を含む『日本農書全集2』（一九八〇 農文協）を産業課で購入し、その後、紹介されたT氏と安家の0氏から馬の林間放牧（写真27）の聞き取り調査。岩手県安家の郵便局長の0氏から国有林内の牛の放牧の聞き取り調査。全日程を終了し筑波大学に無事帰着。

市川先生と調査旅行をした一九八〇年の夏は、第二次世界大戦後最大級の冷水害の年であっ

写真26　踏み鋤による耕作
東北巡検にて，1980年8月撮影.

(11)『軽邑耕作鈔』軽米の豪農・在郷商人であった淵沢圓右衛門が一八四七（弘化四）年から書き始め、軽米に適した農業を研究した農業技術書であり、農業経営書でもある。江戸期の東北三大農書の一つで、畑作経営を主体としたもので、南部地方における唯一の貴重な農書。寒冷な気候による凶作と飢饉への対応として主食のヒエと救荒作物の大根に力点が置かれている。

た（写真28）。良質米で高いレベルにある東北各地の稲作に大打撃であった。オホーツク海高気圧が高まり、太平洋からの偏東風のヤマセに起因する冷害である。地元ではヤマセをケカチ風（飢渇風）と呼び、飢饉をもたらす風として知られており（市川一九九九）、この年はこれが強く、長く吹いていた。

本来ブナ・ミズナラ林帯文化である東北や北海道にまで、照葉樹林帯のイネが持ち込まれ、ブナ帯の農耕文化は照葉樹林文化に席巻されてしまった。その結果、現代の日本人は稲作に限らず衣食住などの日常生活に至るまで、亜熱帯的な照葉樹林文化を強く志向している。脈々と受け継いできた東北地方のブナ・ミズナラ林帯の文化の伝統は、第二次世界大戦後の高度経済成長期以降「照葉樹林文化」の陰に追いやられてしまった。冷害によるイネの被害をみるまでもなく、ブナ・ミズナラ林帯で広くみられるようになった照葉樹林帯の農耕文化が、その風土に適合していないという自明の理を、改めて認識しなければならなかった。東北六県のブナ・ミズナラ林帯地域には、狩猟採集、漁労、農耕、木工、食文化、民俗芸能などの独自の地域文化や知恵が細々ながらも伝承されていることが今回の旅でも理解できた。こうした知恵や地域文化を渉猟し発掘するだけでなく、今の時代に応用する術が必要になってくるのではないかと強く思った。

十一日間という、先生と合宿しながらの長旅だったが、ブナ・ミズナラ林帯の文化複合の調査内容もさることながら、市川地理学や市川流のフィールドワークの技法を

写真 27　馬の放牧（安家）
東北巡検にて，1980 年 8 月撮影.

写真 28　冷害の年
東北巡検の年は，冷水害の年だった.
宮城県庁にて，1980 年 8 月撮影.

存分に、目の当たりにすることができた。調査期間中、市川先生は暴飲暴食を慎み、朝は六時に起床し、足三里や腹部にお灸をすえて、細かく刻んだ熊の胆を白湯で飲み、体調を整えられていた。そして、午前六時半から始まるＮＨＫ総合テレビの「明るい農村」という番組を見るのが日課であった。「明るい農村」は、一九六三年にスタートした番組で毎週月曜日から土曜日まで放映しており、当時は高度経済成長のまっただ中で、この番組は大きな転換期を迎えていた日本の農業と農村の姿を伝えていた。農村から都市への労働力の移動、すなわち農村の過疎化が急速に進行した時期である。さらにその後、減反、経済摩擦、農産物の輸入自由化など日本の農村は大きく揺れ動き、番組名のような「明るい」という状況だけではなかったが、農業の抱える課題を取り上げるとともに、近代化や食の流通・安全など、農業や漁業の明るい将来にむけたさまざまな取り組みを伝えていた。ＮＨＫ総合テレビの「明るい農村」が、市川先生の知恵袋の一つであったのは確かであったと思う。これ以降も、市川先生と日本各地を何度も調査旅行をさせていただいたが、先生と同室となると必ず早朝に起きて「明るい農村」を一緒に見ることになり、疲れがたまってくる旅の後半には、先生と同室になるのには閉口した。私は帰京したら市川先生の真似をして「明るい農村」を見ようと決意したものの、あいにく三日坊主で終わってしまった。

　また、市川先生は「爪をかける」という、フィールド調査の秘技も教えてくれた。今回の東北の調査行でも一度「爪をかけた」ことがあった。Ｋ町の役場の閉まる五分前ごろに滑り込みで産業経済課に到達したとき、相手の課長さんは退庁の準備に入る頃合いであった。こんな時間に何

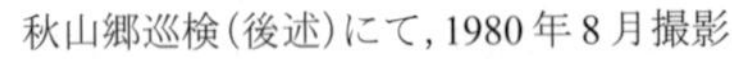

写真 29　水田の「ぬるめ」（長野県栄村）

秋山郷巡検（後述）にて，1980 年 8 月撮影.

の用かと不満顔の相手に、市川先生はものともせずに話しかけた。すると少し経つと、相手の方は市川先生の話に乗ってきて、さまざまな資料を出してくれたり、どこを尋ねたらもっと詳しく話をしてくれる人がいるなどと紹介までしてくれたりした。気がつくと、退庁時間を優に一時間半は過ぎていた。役所などでの聞き取り調査は、通常は平日午後四時を過ぎると相手に迷惑かと考えて遠慮し、せいぜい午後四時半が限界である。ところが市川先生は「平日ならば五時五分前、土曜日は十二時五分前なら大丈夫だ」という。「爪をかける」と言うのは、「勤務時間を過ぎてしまえば駄目であるが、何とか勤務時間内に担当者に会うことができれば大丈夫である」という市川先生流の名人芸で、だれもがまねできる技ではない。

　市川先生は調査に出るときには、常に入念にその土地のことを調べてから出かけていたので、地元の人々よりもその土地の歴史や地理をよく知っていた。初対面の相手でも、市川先生は彼らの仕事のうえで必要としている知識などをさりげなく話して、相手に「この先生はこの土地に必要な知識を、私たちに与えてくれる人に違いない」と思わせてしまう。市川先生は「聞き上手」であるとともに、「聞かせ上手」でもあった。そこで人々は短時間で、すっかり市川ファンになってしまう。そして、飛び込みで調査をする場合を除いて、先生は調査先に必ず事前にお願いの手紙を出し、帰ってからは礼状を必ず出していた。

　市川先生と同僚であった東京学芸大学名誉教授の自然地理学者の山下脩二が、市川先生とフィールドワークをされた時に、「爪をかける」体験をしたことを最近の月刊地理の論考のなかで触れている。山下（二〇一八）は「そのためには豊富な知識と優れた話術が必要なことは言うまでもなく、さらに人間的な魅力を兼ね備えて初めて可能になることである。普通の人には真似はできないし、真似すべきことではないことはもちろんである」と警告している。

ブナ帯文化と農耕文化複合論

市川先生の学術上最も重要な業績の一つになっているのは、「ブナ帯文化論」である。これまで日本の深層文化に関する定説は、第二次世界大戦後、京都学派による「照葉樹林文化論」であった。稲作を中心に養蚕、綿作、茶や柑橘類の栽培、麹菌による味噌や酒の醸造、馴れ鮨（鮓）、納豆、竹細工や漆器の製造、鵜飼い漁業などが照葉樹林農耕文化の要素になっている。ヒマラヤから中国の雲南省にかけての「東亜半月弧」に起源をもつ照葉樹林帯の東端に位置していたことから、照葉樹林を基層とする照葉樹林文化が、日本の深層文化であるという考え方が主流になっていた。これに対して市川先生が提唱したのが、中央高地の山地から東北地方にかけては、ブナ・ミズナラ林（ブナ帯）の下での「ブナ帯文化」が成立していたというものである。ブナ帯文化の詳細については、市川健夫・山本正三・斎藤功著『日本のブナ帯文化』（朝倉書店 一九八四）や、梅原猛・市川健夫・四手井綱英他著『ブナ帯文化』（思索社 一九八五）、市川健夫著『ブナ帯と日本人』（講談社 一九八七）などに譲ることにするが、ここでは若干解題してみたい。

日本では、中央高地から北関東・東北地方・北海道南部にかけて、ブナ・ミズナラ林帯（ブナ帯）を中心とする森林が広く分布している。この地域は世界有数の降雪をみるという厳しい条件を除けば、人間の活動には最も快適な気候環境を有し、豊富な森林資源にも恵まれている。ブナやナラは薪炭材・建築材・家具材などといった用途をもつだけでなく、田畑を潤す水源涵養林としての大きな機能を果たしてきた。そこには縄文時代以来、ブナ帯独特の農耕文化・生活文化が育まれていた。コメの代わりに粟や稗や高粱などの雑穀を作り、クルミやクリやドングリなどの堅果類を食糧化し、サケの漁労が行われていた。繊維作物も大麻や苧麻（ちょま）、シナノキの内皮などを用いた。ブナ林の林床には、チシマザサ（根曲り竹）やヤマブドウ、アケビ・ゼンマイなどの植物が自生し、竹細工・蔓（つる）細工の原料や山菜などを供給してきた。ブナの風倒木や切り株にはナメコなどのキノコ類が大量に発生し、これも貴重な食料源となっていた。これらの地域は、畑作が中心の高冷地や寒冷地で、稲作より大量の肥料が必要になるため、馬産地帯とも重なっている。

ここまでブナ帯文化を解題してくると、フィールドに注ぎ込んできた市川先生のこれまで全てのエネルギーが、ブナ帯文化論に収斂していることに気づかされる。すなわち、先生の研究の原点でもある中央高地の積雪地域の生活様式、粟や稗などの雑穀食文化、サケや馬と牛など、先生が研究対象にした森羅万象のすべてが、ブナ帯の農耕文化複合として整然とおさまっていることがわかる。日本列島というスケールで日本の深層文化

写真 30　アワ（長野県飯田市上村下栗）
遠山郷巡検（後述）にて，1988 年 11 月撮影.

写真 31　シコクビエ（長野県飯田市上村下栗）
遠山郷巡検にて，1988 年 11 月撮影.

をみるならば、西南日本の照葉樹林帯的事象と、東北日本のブナ・ミズナラ林帯的事象の文化複合の両者から見ることが、必要であるというのが市川先生の論点である。同じような地理的事象が、あっちにもある、こっちにもあると並べ立てているだけのようにみえるが、けっしてそうではない。気の遠くなるような種々さまざまなことがらの間に、市川先生が張り巡らしている「文化複合」という網の上に整然とおさまっているのである。それぞれの地域にはそれぞれの風土(自然生態系)と、それと関連した人々の生活様式があり、それらを全体として把握しながら異なる地域の風土と生活様式を比較するという立場である。

ところで照葉樹林文化論の方は、一九九〇年代に入ると照葉樹林文化の主要な文化要素とみなされていた稲作の起源地が、照葉樹林文化の核心部と想定されてきた「東亜半月弧」ではなく、長江中・下流域であることが、考古学の発掘調査やイネの葉緑体DNAによる遺伝子分析の結果から信憑性が高いことが判明してきた(田畑 二〇〇三)。そのため、照葉樹林文化論そのものが成立しなくなったとの見解もみられるようになった。一方で、田畑(二〇〇三)は、照葉樹林文化論の核心地域でのフィールドサーヴェイを中心とした補強調査を進め、照葉樹林文化論の再構築をはかっていることを明らかにしている。

次に日本海をめぐる新文化論として市川先生らが提唱した「青潮(あおしお)文化論」も、ブナ帯文化論に続いて日本列島スケールで、日本の風土と文化をとらえ直した文化複合論とみることができる(市川編 一九九七)。太平洋岸の黒潮による文化論だけでなく、日本海側の青潮による文化の複合と

写真 32　石置き屋根（長野県飯田市上村下栗）
遠山郷巡検にて，1988 年 11 月撮影.

して日本文化をとらえ直さなければいけないという主張である。日本海沿岸は青潮（対馬海流）に乗って北上した事象と、北からの白潮（リマン海流）に乗って南下した事象の複合である。つまり文化複合である。暖流や寒流はその時代の気候によって左右される。温暖な時期は南から暖流が強くなり、寒冷な時期は北からの寒流が強くなる。生物も対応して生活圏を変動させている。結果、文化も重なり合っている。それが市川先生の言う文化複合論である。なお、青潮文化論をベースにして青潮文化と地理教育とのかかわりを視点に、戸井田克己が『青潮文化論の地理教育学的研究』（古今書院 二〇一六）を著している。

市川先生はフィールドで目にするものすべてに関心をよせていた。つまり可視的世界が研究の対象で、あくまで可視的事象から地域を広く把握することにあったとみることができる。本文だけでも一〇〇〇頁を超える浩瀚の書『信州学大全』（市川 一九九九）や、市川健夫著作選集『日本列島の風土と文化』全4巻（市川 二〇一〇）に余すことなく示されており、繰り返しになるが、森林の在り方や、風、水、雪と人々の生業・生活とのかかわりが、風土の大きな枠組みのなかでとらえられている。さらには民家や道具・農具、牛や馬、サケ・ブリなどの存在形態や分布の特色、さらには丸餅と切り餅の違いや、カブやネギなどの野菜から鮨や味噌などに至る、私たちの生活のなかの詳細が縦横に記されている（市川 一九九三）。そして、これらの事象は、あっちにもある、こっちにもあるという単なる比較ではなく、対置させて考察することに特徴がある。したがって「博識」や「博覧強記」などという類いではなく、世界や日本列島といった枠組みのな

写真 33　わさび畑（長野県穂高町）
安曇野調査（後述）にて，
1988 年 8 月撮影.

かで、具体的例示として明確に位置づけられている。さらに、市川先生の記述は、さまざまな地理的事象が可能な限り数値で具体的に示されているのが特徴である。気温や降水量や標高などは風土の説明には当たり前であるが、例えば日本の時代ごとの人口数、木々の落ち葉や落枝などが腐植土になる単位面積当たりの重量、作物の作付面積や収量、収穫高、黒潮や青潮のプランクトン量の数値などが、常に具体的に示されている。

こうした自然と人間の関係の市川地理学を「地域を這いずりまわる古臭い地理学」で、「雑学にすぎない」と一刀両断する者もいる。しかし、市川地理学は特定地域や特定な地域事象だけに埋没することはけっしてなかった。そうした点では、市川地理学はより狭くより深く、を追求する現代科学の方向とは真逆であると、前述の山下脩二が「市川健夫の地理学―フィールドワークに根差した地域の文化複合論へ」（山下 二〇一八）のなかで、以下のように指摘している。私も全く同感なので、引用させていただく。

つまり見える世界が研究の対象で、あくまで見える事象から地域を把握することにあったとみることができる。地域は地理学が拠って立つところの最後の砦とも思える。地域は見えている世界のようで、見えない世界とも言える。近代科学の発展はもっぱら見えない世界を追求することによって成し遂げられたとも言える。ギリシャ以来デカルトの客体と主体という二項対立の思想が支配してきたし、そのことで現代科学が発展した。しかし、地理学で対

写真 34　日本最高積雪地点の碑
（新潟県栄村）
栄村最北端の JR 飯山線森宮之原駅にある.
1945 年 2 月 12 日, 積雪 7.85 m を記録した.
秋山郷巡検にて，1980 年 8 月撮影.

象とする地域には主体も客体もないのではないか。自然地理学では現象を把握する前提として、つねにスケールが問題になる。例えば大気現象では、一〇m／s（空間対時間が一〇m：一秒）で一般化される。しかし、瞬時に情報が地球をめぐってしまう時代において地域にとってはローカルもグローバルもないのではないか！ 特定事象に没入することのなかった市川の方法は現代科学の方向とは正反対であった。

市川の地理学を「雑学」と批判することは簡単である。しかしながら、「知は力なり」と述べたベーコンを持ち出すまでもなく、知（知ること）の集積が現代文明を築いてきたのであり、ＩＴ技術の発達により個人と社会との間で知識の集積を共有しやすくなっている。つまり、人間社会が均質化する時代に、人類の新しい知的レベルの方向を示しているというのは考えすぎであろうか。

人々を魅了する市川地理学

市川先生は自分の調査・研究だけでなく、長野県をはじめ各地の教員研修生を東京学芸大学の市川研究室に受け入れて指導してきた。さらに、長野県内の教員の指導や教員有志の同好会の現地研修などにも積極的に参加し、講師として県内の地理や歴史を解説することにも労を厭わなかった。これによって私をはじめどれだけ多くの人が地理学ファン、そして市川ファンになったことだろうか。

一九八〇年の八月二〜三日に、長野県上高井郡の小・中学校の教員による上高井地歴同好会夏期研修会「秋山郷臨地講習会」があり、市川先生が講師を務めるのでそれに参加しないかと先生から誘っていただいた。東北地方の長期の調査の直後だったが、市川先生の研究の原点でもあり、先生の処女作『平家の谷―信越の秘境秋山郷』（市川　一九六一）の舞台となったところなので喜んで参加した。その時のフィールドノートを読み返してみる。

八月二日（土）の朝五時半に私は東京都東久留米市の自宅を車で出て、十一時に栄村小赤沢についた。市川先生は三三人の参加者とともにバスで午前八時に須坂駅前を出発し、飯山市西大滝の魚道を見学し、津南町大割野風俗博物館見学をして、十二時頃に小赤沢に到着した。着後昼食をとった後に、市川先生の案内のもと、巡検が以下のように開始された。①集落をめぐり、深雪地域の家づくりや雪囲いなどの見学。②秋山郷民俗資料館、焼畑跡地を経て栄村最奥地の切明まで行き景観観察。小赤沢に戻り、宿泊する民宿秋山館へ。③夕食の後、旧・秋山小学校へ移動し一九時半〜二一時半まで地域の人たちと懇親会。地元の人から「秋山のよさ節」、「熊曳歌」が披露され、熊の捕獲方法など村人の狩猟採集文化についての聞き取り調査。④八月三（日）七時半起床、朝食後、九時から十一時まで焼畑見学―火入れ式（裏表紙、写真35）、焼畑農法の特徴と二日間のまとめをした。昼食の後、市川先生一行を見送り、私は小赤沢を十二時半に車で出発し帰途についた。市川先生はバスで参加者を引率し、途中、新潟県中魚沼郡津南町の妙法育成牧場に寄り、預託された乳牛の育成を見学し、飯山、中野を経て小布施駅前で午後三時半に解散した

写真35　焼畑の火入れ（長野県栄村）
秋山郷巡検にて，1980年8月撮影.

という。一泊二日の車中も、マイクを握り絶え間なく解説をしていたそうである。現地では、ハンドマイクを片手に解説を続けていた市川先生の姿が昨日のように想い出される。

前述したように市川先生には研究に訪れた地域について「地域へのそこはかとない愛情があり」、それが市川地理学の魅力をつくっているのに相違ないとあらためて確信した。この催しは、二〇〇九年「秋山郷常民大学」と名前を変えて一般にも公開され、毎年八月上旬に定期的に開催されるようになった。毎夏、村人たちの協力を得て学術展示林として焼畑を実施するとともに、多くの参加者や村民に市川先生は話題を変えて講義をされてきた。その内容は平易で、必ず秋山郷の風土と生業と食文化に関連させながら説明されていたことを、市川先生のもとで「秋山郷常民大学」を支えてきた白坂蕃先生からも聞いていた。

もう一つは、一九八八年八月一〇日（水）に、長野県教育センター主催で「地域と教材開発」という長野県下の小・中・高等学校を対象とした講座の巡検に参加してはどうかというお誘いを市川先生から受けたのが想い出される。市川先生は、「日本の屋根」と称される中央高地にある平地林（写真36）を、私に見せておきたかったのだと思う。午前九時に南松本駅前集合で、午後四時半同駅前解散というタイトなスケジュールであった。八月一〇日（水）の朝九時に南松本駅前集合だったので、前日の夜、市川先生の小布施のご自宅に泊めていただいた。夕飯は奥様の手料理をごちそうになり、先生自慢の新しくつくられた書庫を見せていただいた。そこには、先生の知識の源泉になっている2万冊を超える書籍や史資料が収蔵されていた。

写真36　安曇野の平地林
（長野県穂高町，現・安曇野市）
この平地林は別名「天蚕林」と呼ばれている．安曇野調査にて，1988年8月撮影．

この時のフィールドノートを見返すと、見学個所は①穂高神社、②アルプガーデン、③穂高町天蚕センター[12]、④肉牛肥育農家伊藤宅、⑤穂高町老人保健センター、⑥穂高町郷土博物館で刈敷と「コンペト車（写真37）」[13]など見学、⑦有明天柞蚕試験場、⑧有明紬塚田織物工場であった。この時のフィールドワークが下敷きになり、後に詳しく再調査したのが、『里山と人の履歴』（犬井 二〇〇二）の第Ⅲ章「中山間地域の里山：信州安曇野」として陽の目をみた。

そしてこの巡検の最後に、この間の私の平地林研究の進捗具合を市川先生に報告をした。「平地林の地域的差異を考察するためには、定性的分析と定量的分析が必要ですが、前者は進んでいるのですが、後者については統計的把握ができなくて足踏み状態です」と報告をした。その時に、市川先生から明治二〇年代（一八八〇年代）の「長野県勧業年報」の数頁のコピーが私に手渡された。その時のフィールドノートと共に、いただいたコピーは今も大切に保管してある。それには、府県別の菜種、甘藷、蘆粟（ろぞく）（サトウキビ）、葉煙草などの特用農産物に関する統計が記されていた。そのとき先生は「かつて、この統計書の森林の項目のなかに、確か平地の森林というのが載っていたのを見た記憶があるから、当たってみなさい」と教えてくれた。市川先生の記憶が正しければ、一八八〇年代、すなわち日本の産業革命以前には、森林が山地と平地に分かれて記載されて

写真37　刈敷を田に敷き込むコンペト車
穂高町郷土博物館の展示．安曇野調査にて，1988年8月撮影．

(12) **天柞蚕**　屋内で桑の葉を餌料にして飼育され、純白の繭を作るのが家蚕。それ以外の絹糸虫を総称して野蚕という。日本源産の天蚕や、大陸の野生種であった柞蚕はこれに属す。屋外でクヌギやコナラの葉を食べて育つ。不染性の丈夫な絹糸を作る。「生糸のダイヤ」といわれ、高価で取引された。収穫量は自然条件に左右されるため、家蚕にとって代わられた。

(13) **刈敷とコンペト車**　刈敷または「カッチキ」と呼ばれるものは、春先に芽生えた若葉や小枝を採取し、水田や畑に緑肥としてそのまますき込むもの。コンペト車は刈敷を水田にすきこむ際に、金平糖の葉の形状をした車をつけて馬に牽かせるための安曇野地方の農機具。

いる統計が存在していたことになる。これまでどう探しても見つけることができなかった平地林が記載されている統計書に出会えるかもしれないということなので、市川先生の話に私は驚いた。帰京したらさっそく日本全国の明治二〇（一八八〇）年代の各府県の「勧業年報」や「府県統計書」に当たってみようと思った。さすがに、帰りの列車では、新しい課題の発見に興奮を隠せなかった。ご自分の研究で多忙ななかであっても、私の研究にまで関心を払っていてくれる先生の心配りには、感激至極であった。

市川先生の研究スタイルはこれまで述べてきたように、フィールドワークにおける聞き取り調査に根ざした地域研究であると断言しても過言ではない。しかし、調査者が必要とする情報だけを現地の人々から取り出して深淵な論文や専門書を書き、調査地や住民には何にも還元しないよ

写真 38　クヌギの葉で育つ天蚕
安曇野調査にて，1988 年 8 月撮影.

写真 39　天蚕飼育林
安曇野の平地林（前々頁）は天蚕林と呼ばれ，天蚕飼育が行われている.
安曇野調査にて，1988 年 8 月撮影.

写真 40　天蚕繭の収穫
安曇野調査にて，1988 年 8 月撮影.

写真 41　天蚕製品販売店
（長野県穂高町）
安曇野調査にて，1988 年 8 月撮影.

うな「略奪的調査」とは一線を画していた。

市川先生の著わした『平家の谷―信越の秘境秋山郷』のまえがきには「本書は秋山郷の歴史や文化を、多くの人々に正しく知っていただくためのガイドブックである」と記されており、一般の人でも読めるように全体が平易な文章で書かれている。さらに秋山郷では「釜炒り茶」をよみがえらせ、「栃餅」や「秋山蕪（かぶ）」の復活を早くから提案され、信越国境にまたがる隔絶山村であった秋山郷は、今や「生きている民俗博物館―秋山郷」として過疎化する山村の多いなか、多くの人が訪れている。そして、前述の「秋山郷常民大学」を含む伝統農法の焼畑を基礎とした、「農と民俗の文化観光村」として全国に情報発信する村になっている。

また市川先生は、一九七二年に発刊した『信州の峠』（市川 一九七二）のあとがきで、「峠は単に自然景観が美しいばかりでなく歴史と詩情に富む。峠旅行は私たちに大きな収穫を与えてくれるに違いない」とし、長野県峠会の設立を提唱していた。これがきっかけになり同好者が集まり市川先生を顧問に迎え、松本市に本拠を置く「信州峠会」が一九七四年に結成された。以後、『信州の峠』をテキストにしながら、峠行を楽しんでいるという。原則として峠行は、月一～二回、日曜日または祝日に行い、これまで四〇年間で約六七〇回の峠行を重ねてきているという。市川先生も年に一回は必ず峠行に参加して、同好の士と親交を深めていた。

他にも先生が、「日本のチロル」と命名し（写真42）、全国的に注目されるようになった南信州の遠山郷（とおやまごう）（下伊那郡南信濃村・上村（かみむら））(14)での振興策を想い出す。遠山郷は、現在、「天空の村」

写真 42　日本のチロルの碑文（長野県飯田市上村下栗）

「遠山郷下栗の里を日本のチロルと命名する」東京学芸大学教授 市川健夫, と記されている. 遠山郷巡検にて, 1988 年 11 月撮影.

として多くの観光客が訪れるようになり、山腹急斜面にへばりつくような上村下栗の景観（写真43）や、中央構造線（メディアンライン、写真44）や南アルプスの眺望などだけでなく、市川先生が力を入れて紹介したアワ（写真30）、ヒエ（写真31）、タカキビなどの雑穀や、ソバ団子、山茶、山肉（写真45）などの食文化も、観光客の大きな魅力になっている。遠山郷とともに、天龍村、阿南町の一〇〇〇メートル以上の高地で産出する山茶は、「赤石銘茶」として商品化がされている（市川 一九八六）。また、天龍村坂部（さかんべ）では、照葉樹林帯のユズやミカンが栽培されており、ユズを使った伝統的な「柚餅子（ゆべし）」が復活し商品化されているが、これらも、もちろん市川先生の発案によるものである。市川先生は長野県文化財審議会委員や会長も長く務めており、「伝統食の文化財指定」を全国に先駆けて打ち出し、「手打ちそば（そば切り）」「野沢菜漬け」「スンキ漬け」(15)「焼き餅（おやき）」「御幣餅（ごへいもち）」など最初に五種類を

写真 43　遠山郷下栗の遠景（長野県飯田市上村下栗）
遠山郷巡検にて，1988 年 11 月撮影．

写真 45　遠山郷の商店の看板
山肉，毛皮，山茶を売っている．1988 年 11 月撮影．

写真 44　中央構造線の谷
遠山郷巡検にて，1988 年 11 月撮影．

(14) **遠山郷**　長野県南部の天竜川の支流遠山川に沿って広がる山間地。古くは旗本の江儀遠山氏の領地であった。現在の行政区画上は、飯田市南信濃と飯田市上村に位置する。中央構造線に沿った谷間と南アルプスの急斜面に集落が立地している。上村下栗は標高八〇〇～一〇〇〇mの尾根、最大斜度三八度の南東斜面に民家や耕地が点在する山村。

(15) **スンキ漬け**　長野県木曽地方の伝統的な乳酸菌による発酵食品。伝統野菜の赤カブを利用した無塩発酵漬物。木曽地方のなかでも旧・開田村や大滝村のような高冷地でないと、茎が硬くなったり、酸味が強くなったりするなど、味や食感の良いものはできない。

選定し、以後、徐々に拡大させていった。これをきっかけに伝統食や郷土食での「地域おこし」が長野県内外各地で盛んになってきたが、これも市川先生のフィールドワークに基づいた提案が元になっている。さらに先生の出身地であり二〇一〇年には名誉町民にもなられている小布施町では一九七五年に刊行された『小布施町史』や、二〇〇四年発刊の『小布施町史　現代編』をそれぞれ監修されたのをはじめさまざまな産業振興策や文化振興策にかかわってこられた。小布施町は、今や年間一三〇万人もの人が訪れるまでに発展している。

一九九四年に長野県千曲市にオープンした長野県立歴史館（写真46）の初代館長となられた市川先生は、一九九六年に私が表敬訪問をした折に館内を案内してくださり、設立にあたり「三際主義」を提唱したことを聞かせてくれた。つまり、「学際主義」「国際主義」「民際主義」の三原則であるという。「一つの学問の枠にとらわれず、民俗学、地理学、考古学、歴史学などの広い視野をもつことが重要」で、また「長野県の歴史を単線的に描くのではなくて、市民や民間団体による国の枠を超えた交流や国際的な位置づけも大切なことである」と力説していた。また、開館に当たり、「常民共栄」というスローガンを、先生自らが墨書して掲げた額を見せていただいた。その言葉には、「展示方法についても一般の人にもわかりやすい展示を心がけ、親しまれる歴史館を目指し、わかりやすい一般向けの講座を開講することでリピーターを増やしていきたい」という強い思いが込められていたのだ。歴史館に移築した古民家の南向きの前庭に、ナンテン（南天）を植えたと嬉しそうに案内していただいた。「ナンテンは母屋の裏側に植える人が多いが、これ

写真 46　長野県立歴史館
長野県千曲市．1996 年 3 月．

は間違いだ」という。それは「尊敬する三澤勝衛先生が、信州では熱帯性植物の一つであるナンテンは南側に植えるべしと、ちゃんと書いているんだ」と解説してくださった。

市川先生は研究で得た知識や知恵を惜しみなく地元や市井の人々にも還元し、「どうしたら地域が良くなるか」を地域住民とともに常に考えようとしていた。そして、それらが地域の生活のなかで必ず活かされることへと繋がっていた。そうしてみると、市川先生はある種「文化伝播者」としての役割も担っていたかのように思える。なによりも研究した地域や人々に、そこはかとない優しいまなざしを、市川先生は常に注ぎ続けていた。それが多くの人々を魅了する市川地理学を作り出す所以に他ならない。

市川地理学と宮本民俗学 そして南方熊楠

一九七〇年代中頃から、私は民俗学者宮本常一（一九〇七〜一九八一）が率いた日本観光文化研究所、通称「観文研」に出入りをしていた。そこには、高度経済成長に沸く一九六五〜一九七〇年代半ばの日本、とりわけ急速に姿を変えていく農山漁村の風景や暮らしのなかに秘められた豊かさや知恵を探し求めて、ひたすら現地を歩き続けていた多くの若者がいた。地理学界を超えた人々との出会いにより、私の研究にとって大きな刺激となった。私は宮本常一の晩年に出会ったこともあり、直接お話を伺ったのは数回しかなかった。しかし、観文研には宮本に心酔した若者であふれていたので、旅をして現実の世界を見、生身の人間とその生活を記述し、世の中に発信する術などさまざまなことを学ぶことができた。私が執筆した「関東の平地林—農の風景」は、『あるくみるきく』二六三号（犬井 一九八八ａ）に掲載された。しかし、残念なことにこれを最終号として、『あるくみるきく』という月刊誌は、宮本が一九八一年に他界されたこともあり、諸般の事情で廃刊になり、同時に観文研も閉鎖されることになった。ところが二〇一一年に農山漁村文化協会から、幻の月刊誌となった『あるくみるきく』を地域別、テーマ別に編んだ昭和日本の風土記集に姿を変え、双書『宮本常一とあるいた昭和の日本』として刊行され、その第十三巻『関東甲信越③』に、「関東の平地林—農の風景」が再録された（犬井 二〇一一）。『忘れられた日本人』の著者宮本常一と薫陶を受けた若者たちが活写」と書かれた宣伝用の本の帯を誇らしげに感ずるとともに、『忘れられた日本人』(15)に感激した若き日の新しいものへの渇望と、背伸びした当時の姿を改めて見つめ直すことができた。

宮本常一は柳田国男と並び称される民俗学者であり、日本各地のフィールドワークを続け、庶民の観点と足でデータを集め、そのデータに裏づけられた生活者目線での観察眼によって記述した、おびただしい著作物を世に出した。しかしそれらの業績に対するアカデミズムの世界からの評価は、柳田国男への評価とはかなり違っていた。ノンフィクション作家の佐野眞一は、『旅する巨人 宮本常一と渋沢敬三』（文藝春秋 一九九六）のなかで、「よく、宮本の学問には体系がない、方法論がない、といわれる。確かに宮本の著作には論考なのか随筆なのかわからない

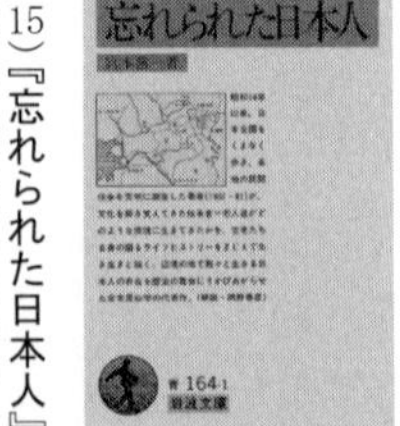

(15)『忘れられた日本人』辺境の地で黙々と生きる古老などの日本人の存在を、歴史の舞台に浮かび上がらせた宮本民俗学の代表作。一九六八年に未來社から出版された後、一九八四年に岩波書店から文庫本化されている。

文章が多く、その意味で宮本を一つの学問領域に限った専門学者と定義することを困難にさせている。いわゆるアカデミズムの世界での宮本評価が低いのは、たぶんそのためである」（佐野一九九六）と書いている。宮本の学風に対するアカデミズムからの論評は、前述した「地域を這いずり回る古臭い地理学」や「雑学にすぎない」という市川先生の学風に対する一部の論評と通底するものを私に感じさせた。

現代の科学研究ではとかく狭く、深く掘り下げるということが重要視されている。グローバル化やダイバーシティが叫ばれている時代にあっても、科学的な営為というのは狭い範囲に限定しての議論に陥る傾向にあるように思える。それに対して一つの事象や一つの地域だけにこだわっていない市川地理学や宮本民俗学は、逆に広範な地域を等しく何重にも比較することを可能にしたのではないだろうか。

また、「単なる雑学者にすぎず、学問としての理論がない」と、長い間、正当な評価をされなかった和歌山県出身で、生涯在野の研究者を貫いた南方熊楠（みなかたくまぐす）（一八六七～一九四一）の存在が、私の脳裏をよぎる。私は南方熊楠について、これまで系統的に研究をしてきたわけではないのだが、ここで少しだけ南方熊楠にも触れておきたい（表1）。

南方熊楠は慶応三（一八六七）年に生まれ、明治から昭和の初めまでにイギリス、アメリカなど世界を舞台に、天文学から博物学、生物学、民俗学、生態学に至るまで、一つの分野にとどまらず幅広い分野の研究を行ってきた。そうした多岐にわたる関心や業績が、一つの学問分野に限っ

写真 47　南方熊楠記念館観覧券
南方自筆のメモとスケッチに南方熊楠の肖像写真が配されている．2019 年 7 月 26 日観覧．

た専門学者と定義するのが困難であるとされ、当時のアカデミズムからは、受け入れられなかったのであろう。しかし、南方は、在野の研究者でありながら、一九二九年に粘菌（変形菌）に関する研究で、昭和天皇にご進講をされている。それ以外にも、まさに地を這いずり回るようにして植物やキノコ類、コケ類、地衣類、昆虫などの多くの標本や図譜や記録を残している。南方は個々の生物の分類学的研究に終始していたのではなく、生育環境や分布領域などを含めた植物相全体に注目していたことが、近年の研究で明らかになっている。

こうした多岐にわたる研究とともに、南方は明治政府が進めようとした神社を一町村一社に統合する神社合祀に対し強く異を唱えた。南方は神社がなくなれば、伝承されてきた民俗が絶え、取り巻く鎮守の杜とそこに棲む動植物もなくなると考え、「合祀は天然風景と天然記念物を亡滅させる」とし、神社合祀に強く反対し、関係者に積極的に働きかけた。一九一八（大正七）年には、神社合祀は廃止された。

一九六五（昭和四〇）年、南方熊楠記念館が和歌山県白浜町に設立され、南方の顕彰事業が緒についた。しかし、著作物にいたっては、没後十年経ってから、やっと乾元社から『南方熊楠全集』（一九五一～五二）が刊行された。その後、一九七三年になって平凡社から新たに『南方熊楠全集』の現代語による刊行が開始された。さらに、その後、国内外の学者や知識人との書簡や、南方熊楠の遺した日記の翻刻作業なども進み、膨大な未発表の資料の刊行が進められてきた。そうした

表 1　南方熊楠略年譜

1867 年	和歌山市に生まれる．
1888 年	東京大学予備門（現・東京大学教養部）を中退し渡米．ミシガン州立農学校などで学ぶ．
1892 年	渡英．大英博物館などで学ぶ．
1893 年	英科学誌ネイチャーに「東洋の星座」を掲載．
1900 年	帰国し，和歌山市内に住む．熊野・那智山を中心に植物採取開始．
1904 年	和歌山県田辺市に定住し，民間伝承の調査開始．
1909 年	神社合祀反対，自然保護の論陣を張る．
1917 年	自宅の柿の木で新種の粘菌を発見．後に，ミナカテルラ・ロンギフィラと命名される．
1929 年	昭和天皇南紀僥倖に際し，ご進講．
1941 年	死去

南方熊楠記念館展示資料より作成．

ことを背景に、鶴見和子による『南方熊楠―地球思考の比較学』（講談社学術文庫　一九七八）に端を発し、松井竜五の『南方熊楠―複眼の学問構想』（慶應義塾大学出版会　二〇一六）に至る南方熊楠に関する本格的な研究や評伝が数多く刊行された。その結果、南方は植物の保全から人間の文化に至るまで、さまざまな分野を関連づけて研究を進め、行動していたことが明らかになっている。そして、南方熊楠の業績は、「博学」や「雑学」といった範疇にとどまるようなものではけっしてなく、市川健夫や宮本常一と同様に確固たる独自の目的意識に支えられたものであったのだと、再評価されるようになってきた。

個々の要素に分解し、それらを深く掘り下げるような現代科学や学問の方法だけでは、物事は理解できない。関係性こそが大事であるという南方熊楠の先見的な思考は、人間と風土との関係性を重視している市川地理学とも共通するもので、まさに二一世紀の科学に求められているものではないだろうか。このことが逆に、未来への挑戦である科学という営為に対して、一つの答えを突き付けているのではないか。

科学史を専門にする野沢聡は、科学とともに未来を拓くためには今こそ「文化としての科学」という考え方に立ち「これまで人類が積み重ねてきた膨大な知見を元にして、未知なるものへの挑戦が求められている」（野沢　二〇一六）としている。ＩＴ技術の発達により人間社会が均質化し、要素還元主義の学問や科学の時代である今だからこそ、市川地理学や宮本民俗学さらには南方熊楠の業績は、人類の新しい知的レベルの方向を指し示している。フィールドワークに根ざした市川地理学や宮本民俗学、そして南方熊楠の業績は、「人類が、文化や文化史という視点で世界をとらえるために編み出された方法」なのであるというのは考えすぎだろうか。それが取るに足らない不要な雑学で、学問ではないと切り捨てるのは簡単ではあるが、それはあまりにも近視眼的、効率主義的発想で、大げさに言えば歴史修正主義の一つに他ならない。

平地林と雑木林

一九八〇年に東京都教員研究生の身分から、再び都立清瀬高校の教員に戻った私は、教科指導、生活指導、進路指導など高校でのさまざまな仕事と、地理学研究の両立が難しくなり、隔靴掻痒の日々が続いた。その頃、地理教育は「地名物産地理」「暗記もの」などと揶揄され、その本来の人文科学としての性格を失わせ、人格形成とのかかわりが乏しいものとなっていることに私は飽き足らなかった。東京学芸大学の斎藤毅先生が提唱した「世界像形成」をキーワードの一つとする発生論的地理教育に興味をひかれ、これが地理教育に新しい方法論を示しうるのではないかと考えていた。そして斎藤毅先生のご指導の下、古今書院から『現代の世界像―国際理解のための世界地誌―』（斎藤・犬井編　一九八五）が、私の初の単行本として世に出た。また、一九八〇～八三年の間、ＮＨＫ教育テレビ高等学校講座地理講師を併任していたこともあり、地理教育と二足の草鞋を履くことになり、地理学研究に十分な時間が割けなくなってしまっていた。地理学研究から地理教育へと、少しずつ移ろいつつある自分の気持ちの変化も感じていた。それでも東京都教員研究生の時の三芳町上富地区の平地林を対象とした研究を悪戦苦闘しながらも、地理学評論に投稿した。フィールドワークによる聞き取り調査を主体とし、学術用語として定着していなかった平地林と農業の関係をとらえたこの論文には、編集委員会から多くの意見や注文が寄せられた。しかし、市川先生の懇切丁寧なご指導と励ましがあって「武蔵野台地北部における平地林の利用形態」(犬井 一九八二) として地理学評論に掲載された。その後は、七年間、東京都東久留米市の一軒の農家に毎週のように通いつめ、作付体系と農業経営を分析した「都市農業地域における露地野菜栽培の存在形態」(犬井 一九八五) を著すことができた。

地理学や地理教育の研究業績が多少できてきた私は、市川先生からも大学教員の募集に応募を何度となく薦められた。しかし、芳しい結果は得られなかった。「大学という世界は業績が勝負だから、腐らずに業績を積むように」と市川先生からは励まされ続けていた。そんな時に、勤務先の清瀬高校の校長先生から薦められるままに、東京都教育委員会の指導主事の試験を受験した。一次試験に合格し、面接の通知が届いた。同時に、東京学芸大学を定年退官し獨協大学に赴任され

写真 48　武蔵野の平地林のある景観
1980 年 3 月撮影.

ていた山鹿誠次先生から、「獨協大学の併設校の校長職に就くことになり、獨協大学で後任ポストを募集するので、応募するように」との連絡をいただいた。自分自身は管理職には向いていないと思っていたので、東京都教育委員会には指導主事の面接に行くのを躊躇なくお断りして退路を断った。市川先生に獨協大学への推薦状を書いていただき、一九八六年に獨協大学教養部の専任講師として奉職することができた。市川先生からは、「大学教員としての最大の目標は学位を取得し、教授になることであり、学内行政には目もくれず犬井地理学の確立を目指して研究すべし」と念を押された。

同時に市川先生は、東京高等師範学校の同窓であり、ブナ帯文化などの共同研究を行ってきた筑波大学の山本正三先生に私を紹介してくださり、山本先生から直接ご指導いただける機会ができた。一九六六年の九月に市川先生が著した『高冷地の地理学』を、いち早く一九六七年の「月刊地理」一月号の書架欄に書評を書き、「本年度の地理学界の大きな収穫である」（山本一九六七）と、賛辞を送ったのが山本先生であった。

山本先生にご紹介下さった時に、市川先生からは「学位論文を書きあげるまでは、平地林だけに焦点を当て、ほかのテーマにけっして手を出してはいけない」と釘を刺された。前述したように、同様の忠告を市川先生も、恩師の田中啓爾から受けていた。

山本先生も市川先生に負けず劣らずのフィールドワーカーで、現地指導を含め四年間の長きにわたるご指導をいただき、地域生態論的方法によりこれまでのフィールドワークをベースとした研究を「関東平野の平地林」としてまとめるようにと助言をいただき、理学博士の学位取得の機会もいただいた。地域生態論というのは地域の地理的現象を考えるのに、環境条件だけでなく人間活動の全般、とくに生産活動や人々の生活による環境改変の様相を、景観の観察によって理解しようとするものである。環境の多角的利用と生業の関連に注目することによって、地域の生態的遷移を明らかにする方法である。都市化、工業化、観光化やグローバリゼーションの影響も重要な観点である。山本先生のいわれる地域生態論的方法は、市川地理学と同根であると安心した。

前述したように、一九八八年八月に安曇野の巡検に出かけた帰り際に、市川先生に教えていただいた「勧業年報」や「府県統計書」を手掛かりに、当時の総務庁統計局の統計図書館に所蔵されている明治二〇（一八八〇）年代に刊行された全国の「府県統計書」に当たってみた。市川先生の記憶違いでないといいのだが、と思いつつ東京都新宿区若松町にある統計図書館を訪ね、書庫に入れてもらうと、明治初年からの各府県のおびただしい数の古びた統計書が並んでいた。

まずは埼玉県からと思い、表紙の破損した明治二十年の埼玉県の統計書の頁をめくると、「第六十四　民林の段別及山番人」という項目があり、そこに目をやると市川先生の記憶通りに、民有の林野が郡別に山地と平地の森林、そして草山の三つに分けて記載されているのが目に飛び込んできた（表2）。これを目にしたときは飛び上がるほどの感激と、市川先生への感謝の念が込み上げてきた。埼玉県だけでなく現在の四七都道府県のすべてを調べてみると記載がないのは八県だけであった。幸い関東地方についてはすべて記載されていたのでこれを集計してみると、当時の関東地方一府六県には約二五万町歩の平地林が存在していた。これによって産業革命期前の一八八〇（明治二〇）年代の関東平野の平地林の数的把握ができた（犬井　一九九二）。平地の森林の概念規定がどこかに書いてあるのではないかと思い、この統計書の雛形となった一八七四（明治一七）年に内務省が出した「府県統計書様式ヲ定ム」を『法令全書』から探し出した。しかし、

表2　1887（明治20）年の埼玉県旧郡別民林の統計

第六四　民林ノ段別及山番人

郡名	總段別	森林 總數	森林 山	森林 平地	草山	山番人ノ數
北足立	五、一〇七、八〇〇〇	五、一〇七町、八〇〇〇	―町	五、一〇七町、八〇〇〇	―町	六
新座	一、七二七、八〇〇〇	一、七二七、八〇〇〇	一九、八〇〇〇	一、七〇八、〇〇〇〇	―	八
入間	九、九七七、九〇〇〇	九、九〇九、二〇〇〇	三、八八二、七〇〇〇	六、〇二六、五〇〇〇	六八、七〇〇〇	二八
高麗	七、一一五、〇〇〇〇	七、一〇八、七〇〇〇	三、三八二、〇〇〇〇	三、七二六、七〇〇〇	六、三〇〇〇	七
比企	七、四三八、三〇〇〇	七、四三八、三〇〇〇	四、二六〇、六〇〇〇	三、一七七、七〇〇〇	―	三三
横見	三〇二、一〇〇〇	三〇二、一〇〇〇	二一〇、四〇〇〇	九一、七〇〇〇	―	九
秩父	三八、九〇六、四〇〇〇	三六、七九五、六〇〇〇	三六、一四四、〇〇〇〇	六五一、六〇〇〇	二、一一〇、八〇〇〇	―
兒玉	二、五二〇、一〇〇〇	二、二二三、九〇〇〇	一、二〇八、一〇〇〇	一、〇一五、八〇〇〇	二九六、二〇〇〇	一一
賀美	五九六、五〇〇〇	五九六、五〇〇〇	〇、五	五九六、〇〇〇〇	―	―
那珂	九九九、一〇〇〇	九九九、一〇〇〇	七四八、三〇〇〇	二五〇、八〇〇〇	―	―
大里	五〇三、三〇〇〇	五〇三、三〇〇〇	八八、九〇〇〇	四一四、四〇〇〇	―	四
幡羅	八二一、三〇〇〇	八二一、三〇〇〇	―	八二一、三〇〇〇	―	一〇
榛澤	三、六二七、三〇〇〇	三、五九〇、〇〇〇〇	三九二、九〇〇〇	三、一九七、一〇〇〇	三七、三〇〇〇	四
男衾	二、九〇七、〇〇〇〇	二、九〇六、八〇〇〇	一、三五九、四〇〇〇	一、五四七、四〇〇〇	〇、二〇〇〇	五
北埼玉	四一七、五〇〇〇	四一七、五〇〇〇	―	四一七、五〇〇〇	―	一三
南埼玉	一、二一二、八〇〇〇	一、二一二、八〇〇〇	―	一、二一二、八〇〇〇	―	二
北葛飾	九一、一〇〇〇	九一、一〇〇〇	―	九一、一〇〇〇	―	―
中葛飾	三三三、八〇〇〇	三三三、八〇〇〇	―	三三三、八〇〇〇	―	―
合計	八四、六〇五、一〇〇〇	八二、〇八五、六〇〇〇	五一、六九七、六〇〇〇	三〇、三八八、〇〇〇〇	二、五一九、五〇〇〇	一四〇
明治十九年	八五、一九三、三〇〇〇	八二、六八〇、四〇〇〇	五一、七八六、三〇〇〇	三〇、八九四、一〇〇〇	二、五一二、九〇〇〇	一七〇
仝十八年	八五、一六八、四〇〇〇	八二、六五四、五〇〇〇	五一、七六一、〇〇〇〇	三〇、八九三、五〇〇〇	二、五一三、九〇〇〇	一七七
仝十七年	八五、二九一、三六〇八	八二、七七六、二六二九	五一、七八七、八七二二	三〇、九八八、三九〇七	二、五一五、〇九〇九	一五六
仝十六年	八五、二八六、六六〇八	八二、七七一、八二一八	五一、七八八、〇二二三	三〇、九八三、七九二五	二、五一四、八三二〇	一四二

残念ながらそれには平地の森林の概念規定までは書かれてはいなかった。

なぜ一八八〇年代に政府が、統計項目に平地林を採用していたのだろうか。その頃は日本も産業革命をようやく迎えようとする時期だったので、政府もまだ薪炭材や堆肥材料や牛馬の飼料などを供給していた平地林や草山の重要性をよく把握していたから、統計書でこのような森林の扱いをしていたのであろうと考えた。産業革命の進展にともない以後、全国の農村で有機質肥料から無機質肥料への依存が強くなっていき、その結果、農林業センサスや都道府県の現在の統計書類などからは、平地林の語は消えてしまったのではないかと解釈した（犬井 一九九三）。

日本全国の市町村の税務課や法務局にある土地台帳には、その土地が平地であっても、森林に覆われていれば地目名はすべて「山林」と表記されている。日常的にも平地の森林も山林と呼び、平地林とは呼ばない。そして、元来、平地林は慣習的用語で明確な概念規定もなかったために、賦存量も統計的に把握することができなかった。したがって平地林を「低地、台地、丘陵および、山地の山麓緩斜面に存在する森林」と規定し、一九六〇年以来公刊されている「世界農林業センサス」をデータとした。平地林の条件を満たす土地、すなわち標高三〇〇メートル以下の低地で、かつ傾斜度十五度未満の緩傾斜地が総面積の七五パーセント以上を占めている市区町村を抽出した。そして、そこに賦存する森林をすべて平地林とみなし、森林面積を集計して平地林面積を算出した。そして、平地林の保有規模、樹種構成、林野率、賦存量などを計量分析した結果、関東平野の平地林は、クヌギ・コナラ林やアカマツ林からなる農家保有の平均一ヘクタール前後の零細な森林であることが明らかになった。また年代の異なる地形図を用いることによって、関東平野で平地林が残存しているのは、首都近郊地域と首都圏外縁部の畑作地域であることを明らかにした。そのなかから典型的な地域を抽出して詳細なフィールドワークを行い、高度経済成長期以前の平地林の伝統的利用形態を考察し、営農と農家生活と平地林の間には有機的な関係があることを明らかにした。

地形図から作成した関東平野の平地林の分布図を見ると、平地林は平野に一様に分布しているわけではない。平地林の分布は、関東平野の総面積の約八割を占める相模原、武蔵野、下総、常陸、那須野原といった洪積台地や丘陵と見事に一致している。関東平野のなかでも、水田稲作が卓越している荒川、多摩川、利根川などの流域の沖積低地にはほとんど平地林がない。沖積低地の土壌は、有機質が多く含まれ地力が豊かである。さらに、水田稲作は灌漑水自身と、それに運搬されてくるシルトからも、イネの生育に必要な栄養素が絶えず供給される。水田稲作では、一反歩（一〇アール）当たり収量一石（一五〇キログラム）程度の水準ならば、無肥料での収穫が可能である。それに対して関東平野の台地や丘陵は、洪積層の礫や砂の上に火山灰層の関東ロームが厚く堆積している乏水地である。加えて、表層の黒ボク土(16)は黒色を呈しているものの、酸性で地力の低い土壌である。そのため台地面の開発は進まず、江戸時代に入っても、多くは湧水帯に立地した古村の入会秣場として用いられ、粗放的な利用が続いていた。広大な台地面が畑作新田として、本格的に開発が進められたのは江戸時代中期以降であった。台地上は有機質に乏しい地力の低い土壌で覆われ、そのうえ畑作農業には、水田農業のように土壌養分の喪失を絶えず補

(16) **黒ボク土** おもに火山灰を材料とし、粒子が細かいために風化が進み塩基類や珪酸の一部が溶脱し、水酸化アルミニウムに富んでいる。表層にはススキ、ササなどのイネ科草本植生の根茎が分解してできた黒い腐植層が発達しているが、腐植は水酸化アルミニウムと結合しやすい。

うメカニズムが組み込まれていないので、畑作農業を維持するには落葉樹を主体とした平地林を育成し、落ち葉で堆肥をつくり、多量の有機質肥料を畑地に投入することが不可欠であった。このように分布図と可能となった計量分析を手がかりにして、関東平野に平地林が多くみられる理由を検討すると、広大な洪積台地が存在するという自然条件と、開発の歴史が新しく、しかも畑作が中心であったという社会・経済的条件によることが明らかになった。

その後、首都圏の外縁地域の那須野原や、首都近郊の市街化調整地域を取り上げて、フィールドワークによって平地林利用の変容の事例研究を行い（犬井 一九八八b、一九八八c）、これまでに発表したいくつかの平地林に関する論文をベースにして、学位論文にまとめることができた。一九九〇年三月に筑波大学へ提出した学位論文“A Geographical Study on the Use of the Plain Forests in the Kanto Plain”の邦訳を主体とし、『関東平野の平地林』（犬井 一九九二）を出版することができた。

また、平地林研究の端緒になった埼玉県入間郡三芳町から二次林文化を視点にした『人と緑の文化誌』（犬井 一九九三）を出すことができた。さらに一九九五年の環境庁編の『環境白書 総説 豊かで美しい地球文明を』（環境庁編 一九九五）には、拙著『関東平野の平地林』が引用され、平地林という用語を使い一九六〇～一九九〇年代の一〇年ごとの四期の平地林の減少率が算出されていた。そして、東京西郊の都市化による平地林面積の減少にともなって、平地林が孤立し、断片化している状況を明らかにしている。その結果、生態系に大きな影響を及ぼしていると、警

写真 49　冬季の落ち葉かき
1980 年 12 月撮影.

鐘を鳴らしていた。平地林という用語が、政府の刊行物で初めて用いられたのではないだろうか。

また、山本正三他編の『人文地理学辞典』（朝倉書店　一九九七）に、「平地林」が項目として選定され、山本先生の推薦により執筆することができた。さらに、市川先生が東京学芸大学を定年退官するときに記念出版物として刊行した、市川健夫編『日本の風土と文化』（古今書院一九九一）に、「平地林をめぐる人と農」を著すことができた。そのなかで「平地林は雑木林なのだろうか」という一節を書いた。市川先生から平地林の地理学的研究を進めるにあたって、前述したように「雑木林という語を使わずに、平地林として研究を進めるべきだ」と強く言われたが、その理由にやっとたどり着くことができた。雑木林の語感は、そこで暮らす農民がいだいている必要不可欠な森林という感覚とは全く違っていることがわかった。「丹念なフィールドワークをしていると、地域の特性にぴったりとした言葉が浮かんでくるものだ」「現地調査の大切さというのは、無意識に自分たちの文化のなかで暮らしている人々を、ある一定の知識をもって見て、分析することにある」という先生の至言が頭に浮かんでくる。

そのことを含めて、平地林の地理学的研究の私なりの一つの到達点を、この論考で示せたのではないかと思っているので、少し長いが引用する。

武蔵野の平地林は農民にとっては大切な生産手段であった。しかし、明治時代以前はクヌギ・コナラ林からなる武蔵野の平地林は、農民以外の人々からはさほど関心を引くような林野ではな

写真 50　平地林からの恵み
三芳町上富にて 1980 年 4 月撮影．カヤで葺かれた屋根，軒下に積まれた薪，醸熱材の落ち葉が入れられたサツマイモの苗床，堆肥材のために積まれた落ち葉など平地林との結びつきが読み取れる．

かった。日本では「美林」といって人々に尊ばれてきたのは、高級建築材として育林されてきた針葉樹のスギやヒノキの山林であった。ところが、明治中期以降になると武蔵野の平地林は「雑木林」として一般の市民からも親しまれるようになってきた。

東京の西郊、多摩の流れに到るまでの間には幾個の丘あり、谷あり、幾条の往還は此の谷に下り、此の丘に登り、うねうねとして行く。谷は田にして、概ね小川の流れあり、流水に稀に水車あり。丘は拓かれて、畑となれるが多きも、其処此処には角に劃られたる多くの雑木林ありて残れり。余は斯の雑木林を愛す。

この文章は徳富蘆花が明治三三（一九〇〇）年に著した『自然と人生』のなかの「雑木林」の一節であり武蔵野の「農の風景」をみごとに描写している。足田輝一氏によれば、この一文が明治の文芸作品において「雑木林」という言葉を初めて使い、雑木林の持つ美しさを描いた最初のものであるという。この他にも国木田独歩の『武蔵野』を始めとして、自然主義文学者の文芸作品のなかで、武蔵野の平地林のある美しい田園景観が生き生きと描写されていた。すなわち、武蔵野のクヌギ・コナラ林からなる平地林を、雑木林として新たに風景価値を評価したのは、日本の産業革命期に当る二〇世紀初頭の自然主義文学者達であった。

写真 51　初夏の美しい平地林内の道
三芳町上富にて，1980 年 4 月撮影.

こうした文芸作品の影響を強く受けて落葉広葉樹の親しみ易さに共感した一般市民は、以後、武蔵野の平地林を「雑木林」と呼ぶようになったのである。確かに一年中、凛としてそびえ立つ杉や檜よりは、春は新緑、夏は緑蔭、秋は紅葉、冬は落葉と四季折々趣のある姿を見せてくれる落葉広葉樹の方に親しみがわく。しかし、何と言っても雑木林に冠された「雑」の字は雑巾、雑用、雑役、雑草等と同様に、農民が平地林に対して抱いている「重要・不可欠」という感覚とは程遠い感じを与えることは否めない。農民ではなくいわば傍観者として美しい平地林を見た文学者も、おそらく平地林が農民にとって重要な生産の場であるという理解にまでは達することなく、「雑木林」という語を用いてしまったのであろう。しかし武蔵野の農民にとって、平地林は単なる観賞用で、美しいだけの雑木林などではない。農民は平地林をけっして雑木林とは言わず「ヤマ」と呼んでいる。ヤマというのは起伏量の大きな山地の地形を意味しているのではなく、勿論、森林を意味しているのである。この呼び方は武蔵野だけに限らず、全国的に共通している。

学位論文を提出してからの私は、日本林学会の雑誌『森林科学』の〈日本史の中の森林〉という特集号に寄稿した「関東地方の平地林の歴史と利用」（犬井 一九九六）を除けば、平地林研究の呪縛から解き放たれたかのように平地林研究と距離をおいた。

一九九〇年にはトンガ共和国のアグロフォレストリー(17)の調査、一九九一年からは中国での日中地方誌史の研究、一九九二年の夏から一九九四年の春までイギリスミッドランズのレスター

(17) **アグロフォレストリー** Agroforestryは、樹木を植栽し、樹間で家畜・農作物を飼育・栽培する農業形態。樹木は、材木や果実の供給だけではなく、土壌の保水、土壌流出の防止、樹木の古枝枯れ葉や家畜排泄物の土壌への還元などの生態系サービスを供給する面においても重要。伝統的な形態から、天然資源管理と貧困緩和の鍵となる科学的手法にまで進歩している。

大学地理学教室で、ＥＵの共通農業政策であるＣＡＰ（Common Agricultural Policy）下のイギリス農業と農村の土地利用の変化についてなど、主として海外での農村研究をした。その後もベトナムやエクアドルのマングローブ域や、ブラジルアマゾンの熱帯林域といった、まったく日本と異なる地域において現地調査を実施した。こうした経験によって、地球的規模の視点で林野と人間の関係性を把握しなければならないという問題意識を内在化することができた（菊地・犬井二〇〇六）。これまでの平地林研究も、持続可能性や人間活動と自然との関係性を重視し、新たに里山という視点に立ち、研究をとらえなおした（犬井二〇〇二、二〇〇五、二〇一七）。このことは市川先生や山本先生の教えから、必然的に導き出された結果でもあると思っている。

一九九一年に文部省による大学設置基準の大綱化に沿って、勤務していた獨協大学では組織改編が行われた。教養部が廃止され、私は経済学部に移籍することになった。教養部所属の時は、「地域調査法」という教職課程の科目のなかで、福島県西郷村の戦後開拓地の集落を対象に学生とともに毎夏、訪れて地域調査を行っていた。経済学部では、講義科目の「経済地理学」と、ゼミナールの「経済地理学演習」を担当し、大学院経済学研究科も担当することになった。経済地理学演習では、学生とともに合宿をしながらフィールドワークを続けた。沖縄県の西表島、鹿児島県の与論島、北海道の士幌町と清水町、青森県の弘前市、新潟県の佐渡市、東京都小笠原村などの地域調査を三〜四年単位で行ってきた。例えば、北海道の士幌町では農家に分宿し、農作業を体験しながら農業経営の聞き取り調査を行い、寒冷地における大規模畑作農業経営を調査し、報告書を作成し、地元の方々の前で学生が調査結果を報告する報告会を開いてきた。

学生とともに調査し研究した地域は、私の研究テーマに関連させて『里山と人の履歴』（犬井二〇〇二）としてまとめた。ゼミの学生には、四年生になると必ずフィールドワークに基づいた卒業論文を課し、日本の農村空間の諸相と課題を学生とともに真剣に学んだ。市川先生や山本先生からいただいた学恩に比すれば微々たるものに過ぎないが、学生に少しでも還元できるならばとの思いから、学生に真剣に向き合ってきた。時折、「今、学生に得意げに話している内容は、市川先生から教えていただいたことではないのか」と気づくことがある。そんな時には市川先生の教えが、私のなかに多少なりとも生きているのだと思うことにしている。

教え子のなかには大学院に進学し、農業・農村地理学の専門家も輩出することができた。自然と人間の関係を究明する地理学のすそ野が広がることに、少しは貢献できたのではないかと思っている。市川先生からいただく毎年の賀状には、数年前から「犬井地理学の完成を早く目指しなさい」と、書かれてあり叱咤激励され続けてきた。この点については、古希を過ぎ定年をむかえた今も、不肖の弟子として市川先生の期待に応えることができずにいることに内心忸怩（じくじ）たる思いでいる。

これまで、みてきたように、市川地理学は「対置」と「比較」をキー概念にして、フィールドワークによって地域をとらえる文化複合論であると特徴づけることができる。しかし、それはいわば市川健夫先生の名人芸によるものであり、必ずしも一般的、理論的に確立された方法論にまでに到達してはいない。市川地理学の頂は、私の眼前にあまりにも高く聳え立っているので、その頂を登り詰めることは不可能に近いと思われるが、市川先生の教えを受けた者の一人として、市川地理学の方法論の一般化、理論化をめざしていかなければならないと考えている。そしてフィールドワークに根ざし、自然と人間の関係を究明する市川地理学を、次世代に伝えていくという役割が、私にはあるのではないかと思っている。

市川地理学との対話から現代社会を読む

市川地理学との対話はそろそろ終りにするが、この対話は市川地理学の方法やありようにとどまらず、生きる世界や価値観の選択肢もけっして一つではないと私に気づかせるきっかけになった。それは、私自身や現代を問い直す行為につながっているのだと、気づくことができた。自然と人間、都市と農村、開発と環境などといった現代の諸問題は、もはや固定的な図式化を基にした認識の枠組みに頼っていては解決ができない。そして、自然や文化に関する課題には、複雑で動的な生態系としてとらえる視点を持ち合わせておく必要があると、私は思っている。さらには、主体としての研究者自身の立ち位置をも含みこんだ形でしか、対象とされる社会の研究や考察は、成立しえないのではないかと思っている。

第二次世界大戦後の高度経済成長期以降、首都圏といわず日本の各地は都市部に限らず農山漁村に至る国土の隅々まで、科学技術で裏打ちされた「都市的基盤」によって支えられ、便利で快適な生活が送れるようになった。私たちが便利で快適と感じている今の生活は、自然資源の大量消費によって支えられている。すなわち、食料や医薬品などに用いる生物資源とともに、土壌、地下資源、水、大気といった非生物資源を大量に使うことによって維持されている。その結果、自然を再生不可能なペースで破壊し続けている。農林水産業といった第一次産業でさえ、その資源こそ自然に依存しているが、農業機械や農薬、化学肥料、飼料に至るまで機械化や化学化がすすめられ、多くを現代の科学技術に依存しており、農山漁村での暮らしも都市的なライフスタイルを目指してきた。

しかし二〇一一年三月一一日におきた「東日本大震災」により、私たちは現代の科学技術と、それによって築いてきた都市的基盤の脆弱さに気づかされた（写真52）。人間の英知を積み重ねてきたはずの都市や原子力発電所といえども、それを一瞬のうちに破壊しつくす自然の大きさを私たちはあらためて知り、現代の科学技術や従来の固定的な価値観に基づいて築かれた都市的基盤について再考していく機会にもなった。それは都市的基盤整備がいまだ不十分なためなのか、または、総合的な全体像を把握することができない要素還元主義の学問や科学技術によって造られてきた都市そのものに欠陥があるからなのだろうか。一般に、現代の自然科学や学問では対象をより小さな要素へと分解し、要素ごとの特性を

写真52　3.11の大津波で壊滅的な被害を受けた宮城県女川町
2011年4月撮影.

分析し続けることでいずれは、それが集大成され一つの大きな全体の構造の解明が図れるであろうという前提で、研究が進められてきたはずである。しかし、個々別々の狭い領域の研究には限界があり、むしろ初めから総合的なアプローチをすることが重要なのではないだろうか。

大地震や大津波や原子力災害などで、現代の科学技術の限界が明らかになった今、エネルギーの利用やライフスタイルの転換が求められている。効率性や経済性、快適性や利便性を追い求めることに汲々とするのではなく、未来を見据えて社会の在り方や価値観を問い直し、環境と共生し持続可能な社会を構築すべきであると、強く思わざるを得ない。人間の力で自然はいかようにも改造し、管理できるという過信のもとで、多くの災害や環境問題が生じた。その反省に立って、私たちは生物多様性や持続可能性の尊重という知恵にたどり着いたはずだ。環境問題は地球的規模で考える必要があり、風土との共生を前提とした持続的発展は、二一世紀における世界共通の課題なのである。

人類の生存基盤である自然資源を、現世世代だけでなく次世代も持続的に利用できる社会を築いていくためには、水と農地や森林など「みどり」の環境に満ちた農山村、あるいは自然生態系の保全が不可欠である。市川地理学が示しているように、本質や全体像をとらえながら、歴史的時間によって鍛えられ、地域の風土に適した伝統的な環境保全アプローチを見直すことが求められている。里山などにみられる伝統的で持続的な生態系管理技術、細々ではあるが生産現場に伝承されている伝統的自然管理技術、トータルな視点の利いた地域生態論的知識など、日本やアジアの知恵や知識や技術の現代的な視点からの見直しと活用が必要である。このようにして大量消費型社会から、必要最低限の消費に抑えた社会へと転換することが求められている。つまり、持続可能な社会を築き上げるためには、これまでの大量生産、大量流通、大量消費、大量廃棄に支えられた過大な経済活動を見直し、風土を再考し環境の枠内での経済活動へと移行させることが肝要である。

参考文献

青木廣安・白坂　蕃（二〇一七）市川先生のご逝去を悼む―「市川地理学」の私たち．「地理学評論」九〇―二
足田輝一（一九七七）『雑木林の博物誌』新潮選書
市川健夫（一九五二）千曲川沿岸の地割慣行地の土地割について―土地割の地理学的研究（第一報）、「信濃」四―一二
市川健夫（一九五八）善光寺平におけるリンゴ地帯の形成について、「地理学評論」三一―三
市川健夫（一九六一）『平家の谷―信越の秘境秋山郷』令文社
市川健夫（一九六六）『高冷地の地理学』令文社
市川健夫（一九七二）『信州の峠』第一法規
市川健夫（一九七五）『雪国地理誌』銀河書房
市川健夫（一九七七）『日本のサケ　その文化誌と漁』ＮＨＫブックス
市川健夫（一九八〇）『雪国文化誌』ＮＨＫブックス
市川健夫（一九八一）『日本の馬と牛』東京書籍
市川健夫（一九八一）『風土の中の衣食住』東京書籍
市川健夫（一九八五）『フィールドワーク入門　地域調査のすすめ』古今書院
市川健夫（一九八六）信州風土記⑥遠山郷のもつ魅力、「信州自治」三九―三、信州自治研究会
市川健夫（一九八七）『ブナ帯と日本人』講談社
市川健夫（一九九二）『森と木のある生活』白水社

市川健夫編（一九九一）『日本の風土と文化』古今書院
市川健夫（一九九三）『日本の四季と暮らし』古今書院
市川健夫編（一九九七）『青潮文化―日本海をめぐる新文化論』古今書院
市川健夫（一九九九）『風の文化誌』雄山閣
市川健夫（二〇〇四）『信州学大全』信濃毎日新聞社
市川健夫（二〇一〇）市川健夫著作選集『日本列島の風土と文化』全四巻　第一企画
市川健夫・山本正三・斎藤　功（一九八四）『日本のブナ帯文化』朝倉書店
市川健夫・斎藤　功（一九八五）『再考　日本の森林文化』ＮＨＫブックス
犬井　正（一九七九）秩父山地における近郊山村の農林業の変化、「新地理」二七―一
犬井　正（一九八二）武蔵野台地北部における平地林の利用形態、「地理学評論」五五
犬井　正（一九八五）都市農業地域における露地野菜栽培の存在形態、「新地理」三三―二
犬井　正（一九八八ａ）関東の平地林―農の風景、「あるくみるきく」二六三、日本観光文化研究所
犬井　正（一九八八ｂ）那須野原台地西原における平地林利用の変容、「人文地理」四〇―二
犬井　正（一九八八ｃ）埼玉県川越市福原・名細地区の平地林利用の変容―市街化調整地域における平地林利用の事例、「経済地理学年報」三四―二
犬井　正（一九八八ｄ）三澤勝衛作成の地理定期考査問題の分析―近代日本における地理教育の実践の一断面―、西沢利栄編『近代日本における地理教育の変遷』昭和六三年度科学研究費補助金研究成果報告書
犬井　正（一九九二）『関東平野の平地林』古今書院
犬井　正（一九九三）『人と緑の文化誌』三芳町教育委員会
犬井　正（一九九六）関東地方の平地林の歴史と利用、「森林科学」一八号
犬井　正（二〇〇二）『里山と人の履歴』新思索社
犬井　正（二〇〇五）里山保全の方途―点から面へ―、「農林統計調査」五五―一
犬井　正（二〇一一）関東の平地林―農の風景、田村善次郎・宮本千晴監修『宮本常一とあるいた昭和の日本13 関東甲信越③』農山漁村文化協会

犬井　正（二〇一七）『エコツーリズム　こころ躍る里山の旅―飯能エコツアーに学ぶ』丸善出版
梅原　猛・市川健夫・四手井綱英他（一九八五）『ブナ帯文化』思索社
環境庁編（一九九五）『環境白書 総説　豊かで美しい地球文明を』環境庁
菊地俊夫・犬井　正編著（二〇〇六）『森を知り森に学ぶ―森と親しむために―』二宮書店
斎藤　功編（二〇〇六）『中央日本における盆地の地域性―松本盆地の文化層序―』古今書院
斎藤　毅・犬井　正編著（一九八五）『現代の世界像―国際理解のための世界地誌―』古今書院
佐野眞一（一九九六）『旅する巨人　宮本常一と渋沢敬三』文藝春秋
田畑久夫（二〇〇三）『照葉樹林文化の成立と現在』古今書院
鶴見和子（一九七八）『南方熊楠―地球思考の比較学』講談社学術文庫
戸井田克己（二〇一六）『青潮文化論の地理教育学的研究』古今書院
野沢　聡（二〇一六）科学とともに未来を拓く―文化としての科学、「アステイオン」八五
松井竜五（二〇一六）『南方熊楠―複眼の学問構想』慶應義塾出版会
松村安一・犬井　正（一九七二）山村における組共有地の変遷、「徳川林政史研究所一九七一年度紀要」
松村安一・犬井　正（一九七三）東京都秋川流域における共有林野とその構造、「徳川林政史研究所一九七二年度紀要」
三澤勝衛（一九二九）八ヶ岳山麓の景観型、「地理学評論」五、七九〇～八一一、八七三～八九九頁
矢澤大二編（一九七九）『三澤勝衛著作集』全三巻、みすず書房
山下脩二（二〇一八）市川健夫の地理学―フィールドワークに根差した地域の文化複合論へ、「月刊地理」六三―一一
山本正三（一九六七）書架　市川健夫著　高冷地の地理学、「月刊地理」一二―一
山本正三他編（一九九七）『人文地理学辞典』朝倉書店

第1章

赤城山北西麓S農場の輸送園芸農業における水平的分業システム

菊地　俊夫

高冷地農業の農業島

日本農業は各地でさまざまな形態で維持されており、そこには明確な地域的差異がある。それは、地域の農業を支える条件や資源がさまざまであることと、それらを利用する農業の担い手の属性が多様であることを反映している（山本ほか 一九八七、田林ほか 二〇〇九、山本ほか 二〇一二）。しかし高度経済成長期以降、農村から都市への人口流出は首都圏外縁部の農村の過疎化と高齢化を促進し、農業人口の減少と地域農業の衰退を決定づけてきた（山本ほか 一九八七）。このような状況において、首都圏外縁部の一部の農村では高冷地の気候環境と火山斜面の広大な土地空間、および大都市市場への良好な交通アクセスなどの利点を活かして、大都市市場向けの野菜生産が発達するようになった（斎藤 一九七九、菊地ほか 一九八五、丸山 一九九〇、田林・菊地 二〇〇〇、田林 二〇一三）。これらの野菜生産を中心とする輸送園芸農業地域は、首都圏外縁部の自給的農業地域のなかで島状に分散して分布するため、高冷地農業の「農業島」として識別されてきた（山本・斎藤 一九八六）。

本章では、首都圏外縁部における高冷地農業の「農業島」の一つである群馬県利根郡昭和村を対象にして、高度経済成長期に発展した高冷地の輸送園芸農業が、低成長期の現在に至るまで存続するメカニズムを企業的経営のS農場の事例に基づいて把握する。実際、昭和村の高冷地の多くの農家では輸送園芸農業を維持するためのメカニズムの一つとして、野菜生産の水平的分業システムや垂直的結合などが実践されており、それらの実践は昭和村の高冷地農業の重要な地域戦略として周知されている（菊地 二〇一五）。このような地域戦略の先駆的な役割を担ってきたのがS農場である。S農場は輸送園芸農業の新たな企業的経営システムの構築とその地域貢献により、二〇〇八年に農林水産省天皇杯を受賞した。従来、農業地域の維持・発展の戦略は規模拡大や生産性の向上であった（Ilbery 1985, Robinson 2004）。しかし、昭和村の輸送園芸農業は従来の方法と異なる戦略で発達を遂げている。

群馬県昭和村における高冷地農業の展開

群馬県昭和村は赤城山北西麓に位置し、河岸段丘が利根川と片品川に沿って階段状に発達し、標高五〇〇メートルから九〇〇メートルは傾斜度五度程度の火山斜面となる。火山斜面には榛名系火山灰土壌が厚さ三〇センチで分布し、その表土は腐食質の黒ボク土で覆われているが、乏水性の浮石礫を多く含んでいるため、耕作には適さなかった。また、地力は低く、一〇アール当たりの大麦の収量は一九五〇年現在で約九〇キログラムと群馬県の平均の半分以下であった。このような厳しい農業環境であった火山斜面は旧来から耕作限界地であったが、第二次世界大戦後の開拓地として新たに農業開発された。そのため、昭和村の農家数は入植開墾や分家増反などで増加し、一九六五年には一三九六戸に達するとともに、村の全世帯に占める農家の割合（農家率）も七七・六％と高かった。しかし、農家数は一九六五年を、農家率は一九六〇年をピークに減少を続けている。二〇一〇年現在、昭和村の農家数は五六二戸であり、ピーク時の半分以下に減少した。また、農家率も二三・二％と一九六五年のそれの三分の一以下になってしまった（表1）。このような状況においても、昭和村は現在まで農業を維持・発展させている。

昭和村の農家数の推移を表1から専兼業別にみると、専業農家は一九五〇年に九七九戸あったが、その後、減少傾向にあり、二〇一〇年には三八四戸とピーク時の三分の一になってしまった。しかし、一九五〇年の総農家数に占める専業農家の割合（専業農家率）は七二・四％であり、二〇一〇年のそれは六八・三％であった。専業農家率は低下傾向にあるが、大きく低下しているわけではない。むしろ、一九五〇年以降、日本の農業環境が高度経済成長によって劇的に変化するなかで、専業農家は維持されてきたともいえる。このように、専業農家が維持されてきたことは経営耕地面積にも反映されている。経営耕地面積は一九五〇年に一八七四ヘクタールであったが、その後は増減を繰り返しながら、増加傾向にあり、二〇一〇年のそれは二四五〇ヘクタールに達した。その経営耕地面積の大部分が畑地であることは一九五〇年以降変わりなく、二〇一〇年の畑地面積は経営耕地面積全体の九六・九％を占めている。このことは、昭和村が高冷地の大規模な畑作（一戸当たり四・二ヘクタール）によって農業を維持・発展させている証左にもなる。

次に、昭和村における農業生産の推移を検討するため、農業生産所得の推移を図1に示した。これによれば、一九七一年において最も収益をあげている生産部門は野菜で、それは収益全体の四〇・一％を占め、次いで工芸作物（コンニャクいも）の二五・一％、畜産（酪農）の二三・一％の順で続いていた。一九八〇年になる

表1　群馬県昭和村における農家と経営耕地の推移

年次	農家数 (戸)	農家率 (%)	農家人口 (人)	専兼業別農家数（戸） 専業農家	第1種兼業農家	第2種兼業農家	経営耕地面積（ha） 合計	水田	畑地	樹園地
1950	1,353	77.7	8,456	979	282	92	1,874	66	1,489	319
1960	1,389	80.1	8,541	843	416	130	2,312	70	1,938	304
1965	1,396	77.6	7,967	825	409	162	2,378	74	1,912	393
1970	1,342	75.4	7,231	608	564	170	2,397	75	2,042	281
1975	1,229	68.2	6,081	711	356	162	2,175	67	1,840	268
1980	1,148	61.8	5,652	616	362	170	2,105	63	1,835	206
1985	1,062	55.9	5,244	623	271	168	1,958	62	1,767	129
1990	964	50.0	4,804	545	274	145	1,978	37	1,890	51
1995	853	42.8	4,132	452	301	100	2,154	64	2,040	50
2000	726	33.5	3,490	310	303	113	2,181	44	2,093	44
2005	632	27.9	3,052	327	253	52	2,225	41	2,151	34
2010	562	23.2	2,469	384	117	61	2,450	50	2,375	25

農業センサスにより作成.

と、野菜の割合が五三・六％に増加したが、その後の野菜の割合は四〇％から五〇％前後で増減を繰り返しながら推移し、野菜に次ぐ生産部門もその順位がときどき入れ替わることもあるが、コンニャクいもと酪農であることに変わりない。このことは、昭和村の農業が野菜生産だけでなくコンニャクいもの栽培や酪農を組み合わせたものになっており、複数の生産部門を少しずつ組み合わせる小農複合経営の伝統が、入植開墾の時代から一九八〇年代まで自然災害や価格不振などの危険分散を図ることを意図しながら受け継がれてきたといえる。

このような小農複合経営の伝統は、図２に示した昭和村における主要作物の収穫面積の推移にも反映されている。これによれば、野菜生産が発達した一九八〇年代以降においても、野菜類だけでなくいも類や豆類、およびコンニャクいもなど複数の畑作物が多角的に栽培されている。また野菜類においても、農家は一九八〇年代において白菜や大根、レタス、スイートコーンを組み合わせて栽培していたが、一九九〇年代には農家の野菜作がレタスを中心にホウレンソウやスイートコーンなどの組み合わせに変化した。また畑作全体からみると、野菜類とコンニャクいもを組み合わせた小農複合経営の仕方は継続されており、そのことが昭和村の高冷地農業を特徴づけていた。このような小農複合経営の伝統により、多種類の野菜類の生産が存続し、野菜の市場価格の暴落による収入減の危険分散

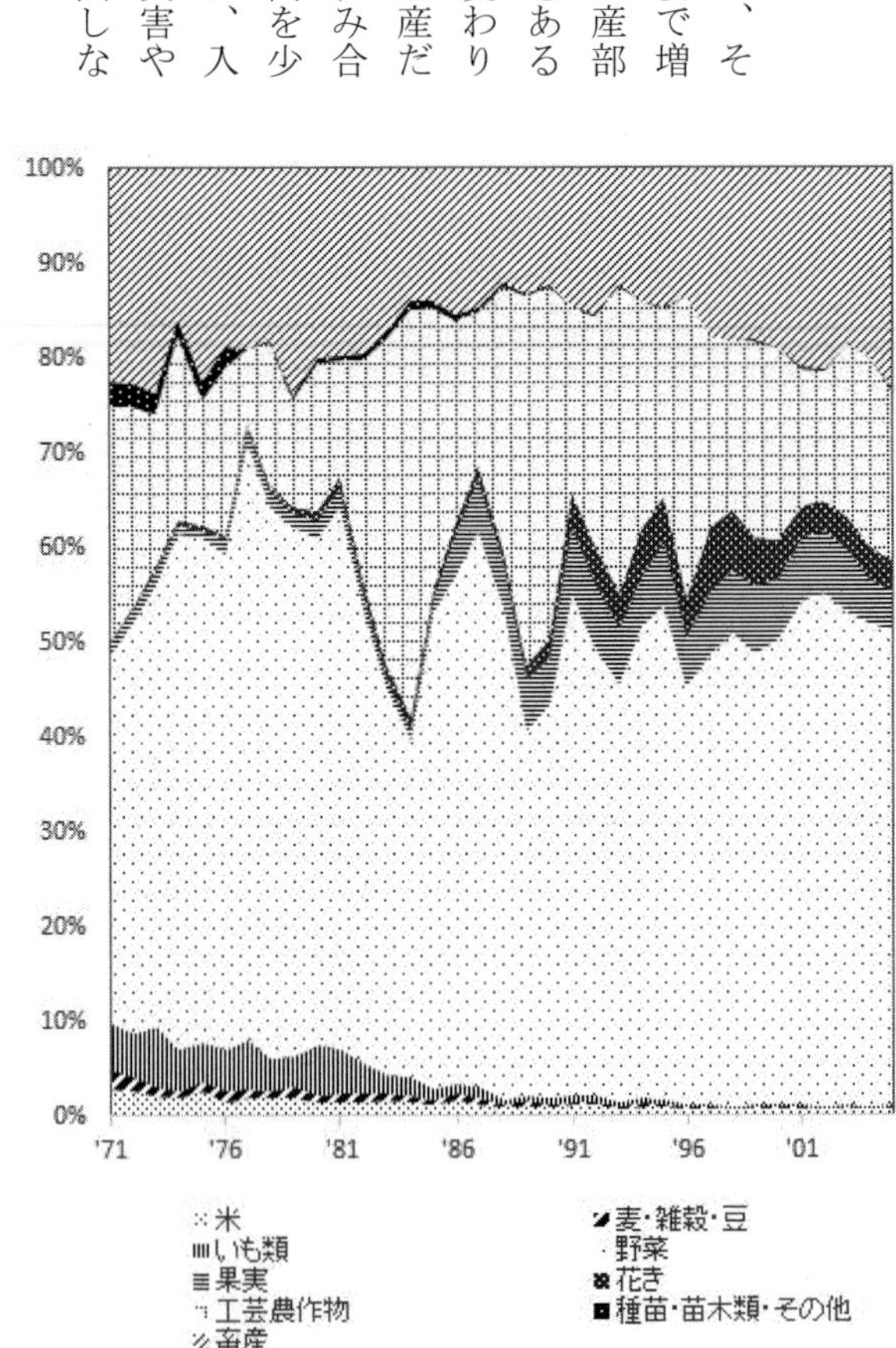

図１　群馬県昭和村における農業生産所得
農林水産省データにより作成.

が図られていた。加えて、昭和村の高冷地の野菜生産は大都市の消費地との結びつきを強めるようになり、農家は消費者の多様なニーズに応えるため多種類の野菜を生産するようになった。

昭和村の高冷地農業における発展戦略

（1）一九九〇年代前半における発展戦略

昭和村では、白菜やキャベツや大根などの夏野菜は収穫後、農家ごとに農業協同組合の集荷場にもち込まれ、農業協同組合の差配によって大都市市場に出荷された。出荷先の一部には名古屋市場もあったが、大部分は東京市場であった。出荷された夏野菜は、市場で仲買人のセリによって価格が決められて小売店で販売された。群馬県の嬬恋村などの先進的な夏野菜産地と比較して、昭和村産のものは後発産地であり、野菜の地域ブランドが未確立ということも影響して、その市場価格は不利な状況にあった。そのため、昭和村の野菜生産農家は市場価格の結果

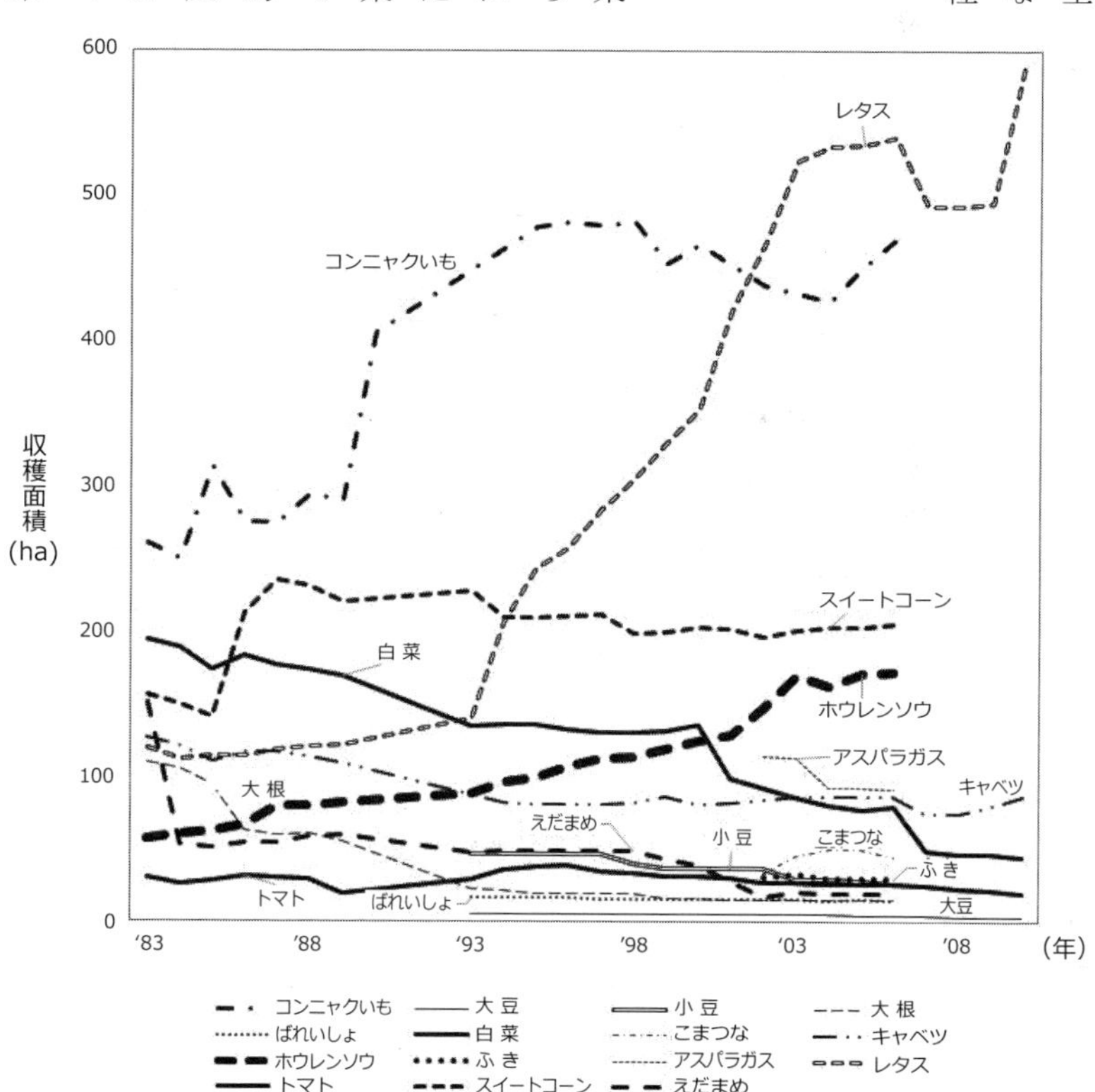

図2　群馬県昭和村における主要作物の収穫面積の推移

群馬県農林水産年報により作成.

に一喜一憂することが多かった（菊地ほか 一九八五）。

関越自動車道路が一九七〇年代後半から建設され、その運用が外延的に順次開始されるにつれて、赤城山麓地域と東京市場との近接性が飛躍的に向上した。例えば、昭和村と東京市場との時間距離は従来三時間以上であったが、関越自動車道路を利用することで一・五時間に短縮された。関越自動車道路の整備にともなって、昭和村の高冷地農業の性格は変化するようになった。

昭和村の野菜生産農家は、生産者が市場関係者に代わって農産物に価格をつけて販売する方法を一九八〇年代後半から模索しつづけていた。一九九〇年における関越自動車道路の昭和インターチェンジの運用と、昭和村の高原地域における各農家の世代交代を契機にして、「朝取り」野菜の契約栽培が発達するようになった。昭和村の野菜生産農家は大都市圏に立地展開する大型スーパーマーケットチェーンと契約を結び、早朝に収穫した野菜を午前八時までに出荷し、それらを午前一〇時開店の店頭で販売できるようにした。つまり、昭和村の農家は収穫した野菜を「朝取り」という新鮮さを付加価値とし、自分たちで価格をつけて小売業者に直接契約販売できるようになった。これは、昭和村と大都市市場との近接性が関越自動車道路の整備と昭和インターチェンジの運用によって向上したことを反映しており、産地の地理的立地を活かした農業の地域戦略でもあった。

「朝取り」野菜の契約栽培を契機に、野菜生産農家の一部は個人ないしはグループで法人化するようになり、農業協同組合とは異なる企業的な仕組みで昭和村の野菜を大都市市場に流通させるさまざまな試みを行うようになった。そのような法人組織は一九九〇年代以降に増加し、その数は二〇一四年現在で二六法人（認定農家の約一〇％を占める）に達した。そのような法人の一つがＳ農場であった。Ｓ農場は野菜とコンニャクいもの栽培、および酪農を組み合わせた経営を一九七〇年代まで行ってきたが、野菜栽培の発達を契機に、野菜とコンニャクいもの栽培を組み合わせた経営に変化した。このような経営変化は、昭和村の野菜農家では標準的なものであったが、Ｓ農家は法人組織の強化や企業化、および野菜の生産や販売の地域戦略において他の農家と差別化を図ってきた。以下では、Ｓ農場の事例を中心に、高冷地農業の新たな地域戦略を検討する。

（２）一九九〇年代後半以降の発展戦略

Ｓ農場は経営の世代交代と「朝取り」野菜の契約栽培の成功を受けて、一九九〇年代後半には大手ファストフードチェーンと契約してハンバーガーに用いるレタスやトマトを生産するようになった。この契約栽培を契機にして、後継者によって世代交代が行われた数戸の農家とグループをつくって農業経営を法人化・企業化し、経営耕地規模も一九七〇年代の３ヘクタールから一九九〇年代後半までには一二ヘクタールに拡大した。Ｓ農場で生産されたレタスやトマトは新鮮なだけでなく、安全安心なものとして大手ファストフード企業に評価され、それらの食材を夏季だけでなく、周年的に供給できないかとの打診をＳ農場は受けた。昭和村の立地条件の一つは高冷地であるため、夏野菜の収穫出荷に最適であったが、それ以外の時期の収穫出荷には不向きであった。大手ファストチェーンの意向と同様に、大都市における消費者も夏季以外にも新鮮でおいしい昭和村の野菜を食べたいというニーズをもっていた。

Ｓ農場は大手ファストフードチェーンと消費者のニーズに応えるため、栽培する農産物の品目を増やすとともに、野菜類を周年で収穫出荷できる体系を構築した。一つは、ビニールハウスなどの施設栽培（写真１）を大規模に導入し、野菜類が年間を通じて安定して収穫出荷できる体系をつくりあげた。施設栽培は大手フードチェーンに供給するトマトの周年生産を成功に導き、夏野菜としてのトマトは冬にも出荷されるようになった。しかし、施設栽培の場合、農産物は加温などによってコスト高になるため、施設栽培を大規模に展開することは収益的には

写真１　群馬県昭和村のＳ農場における契約のトマト栽培
2015年8月筆者撮影．

リスクが常にともなうものであった。したがって、大規模な施設を利用した生産体系は、一般の消費者に供給する野菜類には適さなかった。それは、一般の消費者が野菜に新鮮さや安全安心性とともに、低廉な供給も求めていたためである。

施設栽培への過剰投資や生産コスト高騰を回避するため、もう一つの生産体系がS農場で併用された。それは、S農場の分場を日本各地に立地させ、分場で収穫された農産物を含めて周年的に安定して市場に出荷する農業の水平的分業システムの構築であった。S農場は農業の水平的分業システムを確立するため、最初、昭和村や片品川対岸の沼田市の標高三〇〇メートル前後の河岸段丘面の耕地、および赤城山の火山斜面の標高五〇〇メートルから七〇〇メートルの耕地を旧農家から購入したり、兼業農家から借地したりした。その結果、S農場は二〇一五年までに約一八〇ヘクタールの耕地を農場周辺にまとめて所有するようになった。このような耕地拡大の背景には、昭和村の火山斜面以外の農地が桑園として利用されていたことと、高度経済成長期以降、多くの桑園が放棄されていたことがある。同様に、S農場は二〇〇〇年から二〇〇四年にかけて低暖地である群馬県前橋市に五ヘクタールの、二〇〇四年から二〇〇六年にかけて寒冷地の青森県黒石市に三〇ヘクタールの、二〇〇五年から二〇〇七年にかけては暖地の静岡県菊川市に八〇ヘクタールの、そして二〇〇八年には高冷地の岡山県蒜山(ひるぜん)高原に四ヘクタールの耕地からなる分場を開設した（図3）。これらの分場の耕地も農業を中止した農家からの購入地や兼業農家からの借地であり、多くは中山間地域の過疎化や高齢化にともなう耕作放棄地の再利用であった。

S農場における野菜類の年間の収穫出荷スケジュールが図4に示されている。それ

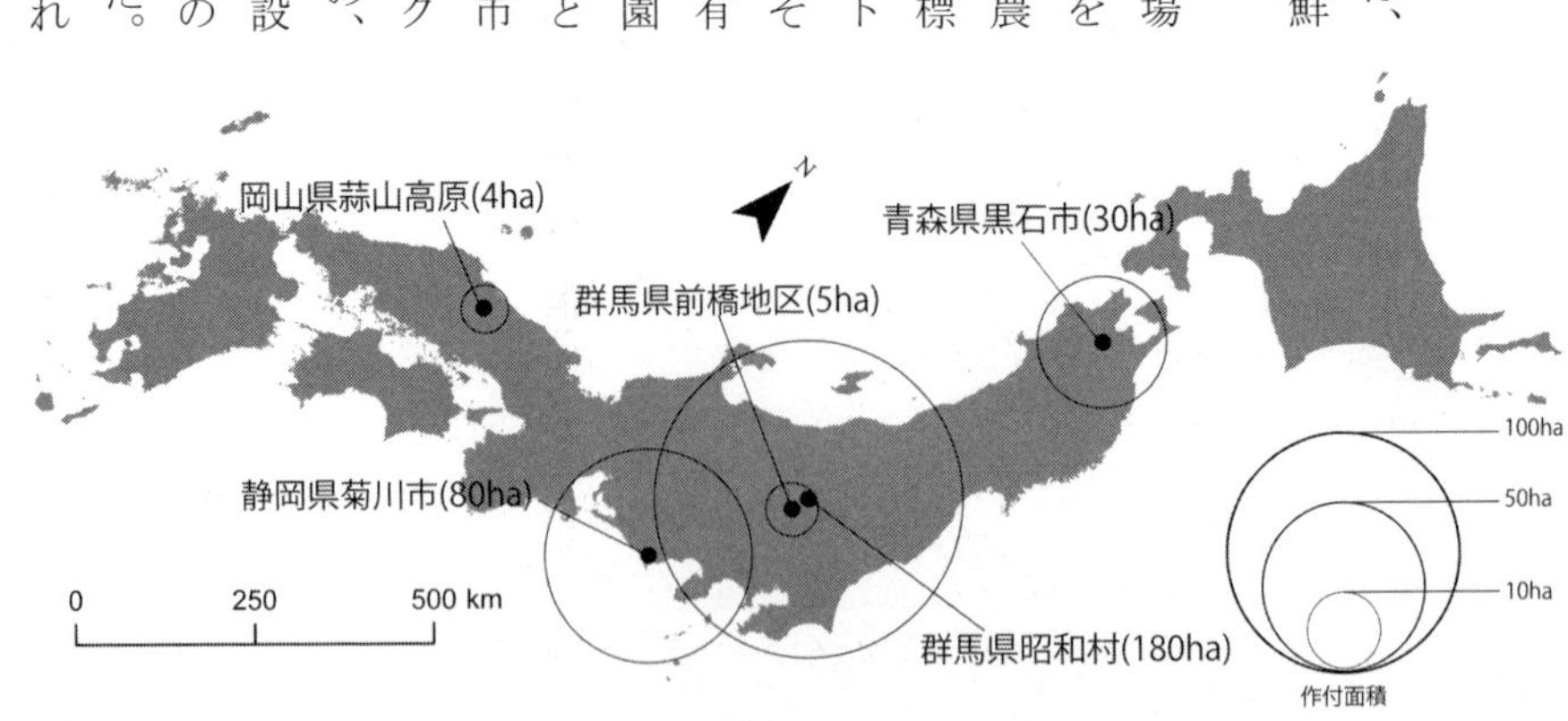

図3　群馬県昭和村のS農場における野菜生産の水平的分業システム
聞き取り調査とS農場資料により作成.

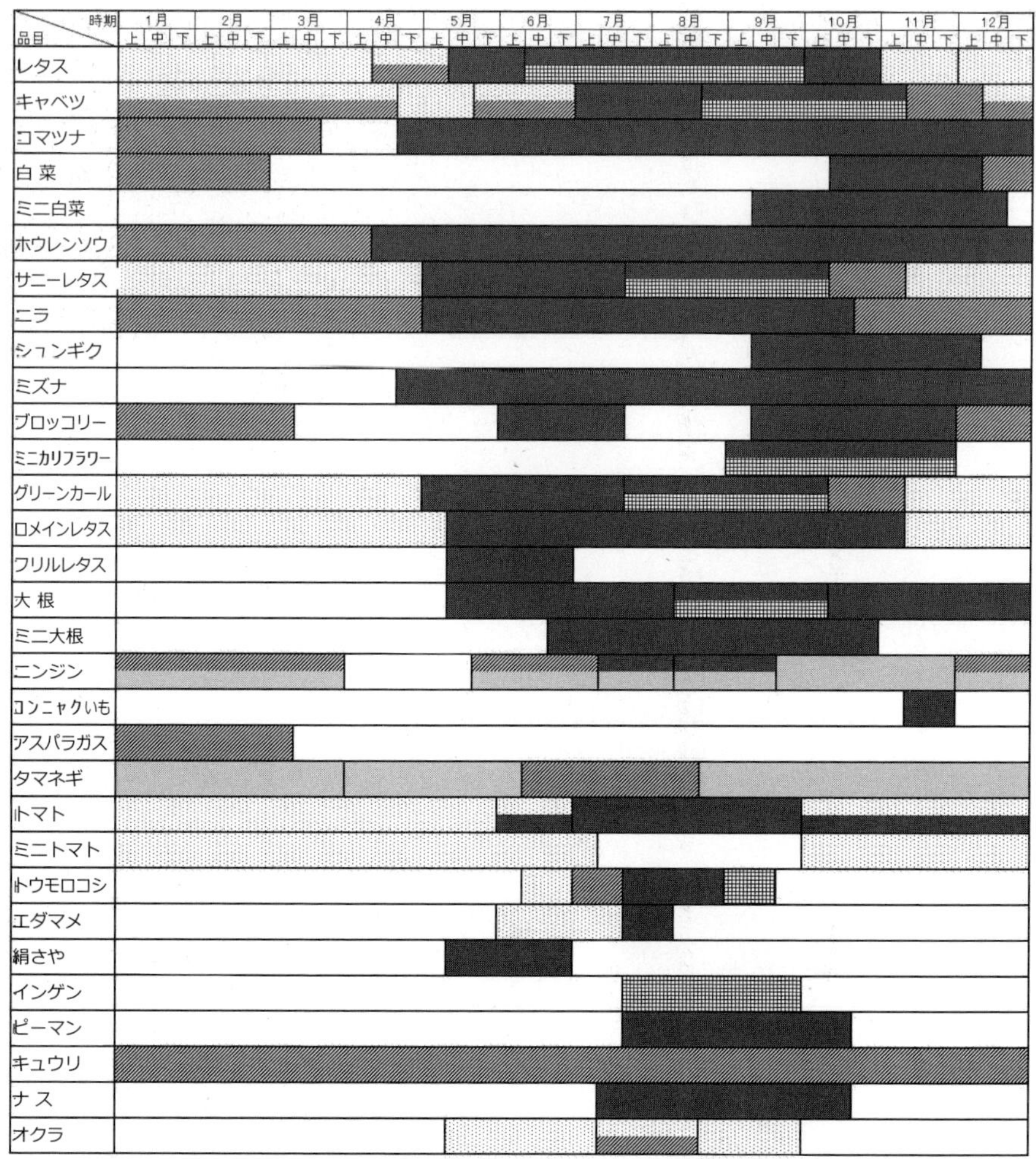

図 4　群馬県昭和村の S 農場における野菜類の収穫出荷の年間スケジュール（2013 年）

聞き取り調査と S 農場資料により作成.

によれば、南北に細長い日本の気候の地域差とそれにともなう農産物の収穫時期の違いを利用して、S農場は野菜類を周年的に収穫出荷していることがわかる。例えば、最も収益性の高いレタスに関しては、一一月から翌年の四月上旬にかけて静岡県菊川分場産のものが、四月中旬から五月上旬にかけ菊川分場と群馬県前橋分場のものが、五月上旬から六月上旬にかけて昭和村のものが、六月中旬から九月にかけて昭和村と青森県黒石分場のものが、一〇月は昭和村のものが、一一月には菊川分場のものが大都市市場に出荷されている。同様の収穫出荷スケジュールはキャベツや大根、白菜などにもみられる。つまり、S農場は農業の水平的分業システムを活用し、本場と分場の出荷スケジュールを管理することで、低暖地と高冷地と寒冷地の野菜生産を組み合わせることができ、さまざまな種類の野菜を、年間を通じて大都市市場に低価格で供給している。また、S農場は各地の輸送会社と直接契約し、本場や分場から野菜類を直接、市場や小売店舗に輸送することで野菜価格の低廉性を担保してきた。

農業の水平的分業システムの問題点とさらなる地域戦略

S農場が行ってきた農業の水平的分業システムには、解決しなければならない二つの問題があった。一つは農業の水平的分業システムの担い手の確保であった。とくに、各地の分場の担い手を確保するため、S農場は農業研修生の制度をつくり、二〇〇〇年以降、意欲のある農業研修生を年に一名ないし二名採用してきた。その多くは、実家が農家でない子弟であり、大学卒業後に企業に就職したが、企業を辞めて研修生になっていた。農業研修生は二年間、農業経営や野菜栽培の技術、収穫後の小分け業務や市場との対応などをS農場の営農を通じて学ぶ（写真2）。研修の修了後、農業研修生は資金（S農場での労賃の蓄えも含む）や生産技術の支援、および流通や市場確保の援助をS農場から受けて、法人農場の一つとして独立する。農業研修生がどこで独立するかも、S農場が農地の購入や賃貸契約を含めて支援することになるが、最終的な決断は農業研修生それぞれに任されている。二〇〇〇年以降、S農場からは一三名の農業研修生が独立し、黒石分場や菊川分場、および岡山県蒜山（ひるぜん）高原分場の担い手になった。独立した農業研修生はそれぞれの地域の農家との連携を強め、新たな法人メンバーの開拓にも一役買っている。独立していない農業研修生は、本場や分場の社員として働いており、農地の購入資金を貯めて、分場の機会をうかがっている。

S農場は日本各地で野菜類を水平的分業システムで栽培し、それらを周年的に安定して市場に出荷している。しかし、野菜類を日本各地で契約栽培し、計画的に市場に出荷しても、野菜類には規格外のものや残部が生じてしまう。そのような野菜類は従来廃棄されてしまっていたことがもう一つの問題であった。廃棄される野菜類の無駄を省くため、S農場は規格外や余った野菜類を用いた加工部門を一九九〇年代後半に立ち上げた。S農場は従来から野菜生産とコンニャクいもの栽培を組み合わせた農業経営を続けており、一九九〇年代の前半にはコンニャクの加工工場を建設した。コンニャクいもは市場価格が乱高下し、投機性の高い商品作物であった。そのため、市場価格に影響されない商品生産として、S農場はコンニャクの加工品を生産し、それを直接スーパーマーケットに販売するようになった。このような経験から、S農場は規格外や余った野菜類の加工を開始した。

野菜類の加工はカット野菜や冷凍野菜といった簡単なものからはじまったが、しだいに野菜類の加工品として漬物を生産するようになった。漬物も当初、農産物の残部や廃棄を最小限にするための加工品であったが、「農家の漬物」や「新鮮野菜の浅漬け」などの商品のブ

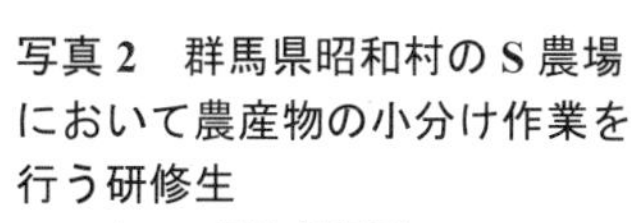

写真2　群馬県昭和村のS農場において農産物の小分け作業を行う研修生
2014年12月筆者撮影.

ランド化が功を奏して、S農場の漬物加工品はスーパーマーケットの人気商品になった。図5は二〇一四年現在のS農場における施設配置図である。それによれば、農場の広い宅地内に漬物・冷凍加工工場とコンニャク加工工場がそれらと関連した冷凍庫とともに住居の西側に立地している。これらの施設は野菜類の集荷・出荷および小分けに関連した施設（集出荷施設とピッキングセンター）や農業研修生の寮よりも広い面積を占めて立地しており、農産物の加工部門がS農場の経営のなかで重要になっていることを物語っている。

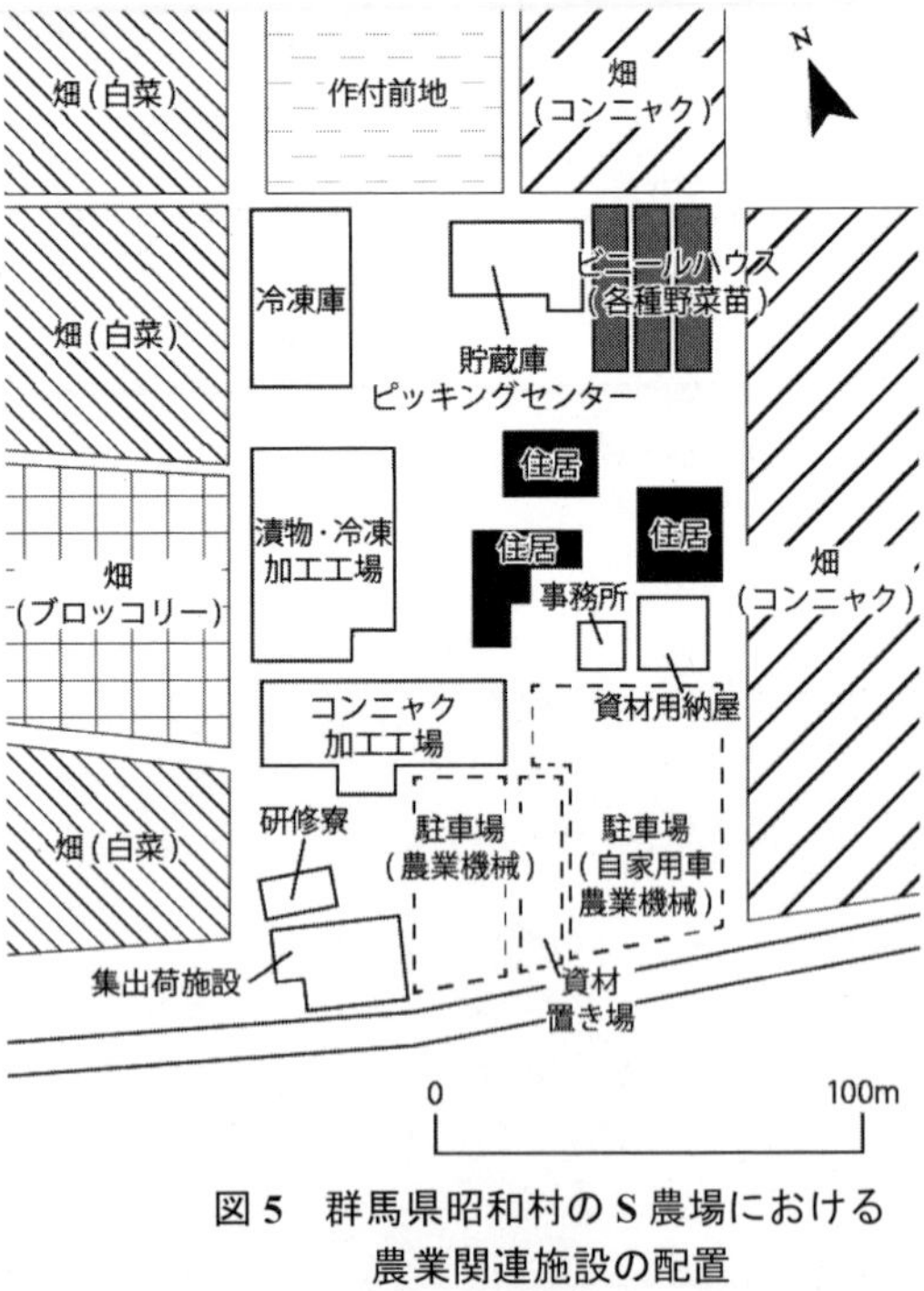

結果として、S農場は野菜類を大規模に栽培し、それらを周年で小分け流通させるだけでなく、野菜類の漬物加工も行うことになった。つまり、S農場では野菜栽培の水平的分業システムが発展し、それを三次産業としての野菜の小分けや市場流通と、さたに二次産業としての野菜類の漬物加工と組み合わせることで農業の六次産業化が達成されている。六次産業の発展は農業の水平的分業システムの一つの問題を解決する方法にもなっている。

野菜栽培の水平的分業と垂直的結びつき

多くの地域において農業を維持・発展させるために、農業の法人化・企業化や六次産業化などが試みられてきた。

図5　群馬県昭和村のS農場における農業関連施設の配置
2014年7月の現地調査により作成.

しかし、それらの試みが全ての地域で成功するとは限らない。それらの試みや戦略が成功するためには、地域条件を適切に活用して、地域農業が持続的に維持・発展できる仕組みを構築しなければならない。本章では、農業の法人化・企業化や六次産業化に成功した群馬県昭和村のS農場を事例にして、地域の農業を維持・発展させるメカニズムを検討した。S農場は赤城山北西麓の高冷地に位置し、白菜やレタスなどの夏野菜を輸送園芸農業として生産し、大都市市場に大規模に出荷している。昭和村における夏野菜の従来のフードシステムは、収穫した夏野菜を農業協同組合の集荷場に出荷し、農業協同組合によって大都市市場に輸送され、市場で仲買人のセリによって価格が決められた。

昭和村の野菜栽培農家は市場関係者に代わって主体的に農産物に価格をつける方法を模索してきた。その結果、昭和村の農家は収穫した野菜を「朝取り」という新鮮さを付加価値にし、自分たちで価格をつけて小売業者に直接契約販売するようになった。「朝取り」野菜の契約栽培の発展は、昭和村と大都市市場との近接性が関越自動車道路の開通によって向上したためであり、地理的な立地条件を活かした農業の維持・発展戦略であった。しかし、昭和村の野菜栽培農家は高冷地に立地しているため、年間を通じて新鮮で安全安心な野菜類を食べたいという消費者のニーズに応えることができなかった。

昭和村の野菜栽培農家の一つであるS農場は、消費者の食に対するニーズに応えるため、栽培する農産物の品目を増やすとともに、野菜類を周年で収穫し出荷できる体系を構築した。一つは、ビニールハウスなどの施設栽培を大規模に導入し、野菜類が年間を通じて安定して収穫出荷できる体系をつくった。しかし、施設栽培の場合、農産物は加温などによってコスト高になる。そのため、施設栽培を大規模に展開することは常にリスクがともなうものであった。そのようなリスクを回避するため、もう一つの生産体系が併用された。それは、S農場の分場を日本各地に開設し、それらの分場から収穫された農産物を含めて周年的に市場に出荷する農業の水平的な分業体系であった。

以上に述べたように、S農場は日本各地で野菜類を水平的な分業体系で栽培し、それらを周年的に安定して市場に出荷している。いわば、S農場は農産物の小分け業者と流通業者を兼ねることになる。しかし、野菜類を契約栽培し、計画的に市場に出荷していても、野菜類には規格外のものや残部が生じてしまう。そのような野菜類は従来廃棄されていた。廃棄される野菜の無駄を省くため、S農場は規格外や余った野菜を用いて漬物を生産するようになった。当初は農産物のロスを最小限にするための漬物加工であったが、S農場の漬物がスーパーマーケットの人気商品になった。結果として、S農場は野菜類を栽培し、それを小分け流通させるだけでなく、漬物加工も行うことになった。つまり、S農場は野菜栽培の一次産業と小分け流通の三次産業、および漬物加工の二次産業を組み合わせた農業の六次産業化を実践しているといえる。

S農場の農業を維持・発展させるメカニズムをモデル的に示したものが図6である。それによれば、消費者のニーズに対応した野菜栽培は日本各地の分場の水平的な分業に基づいて行われ、野菜類の残部による漬物生産も2次的なモノと金の流れを生みだしている。そのような水平的な分業を支えるメカニズムとして、市場流通や小分け・小売り、残部の処理、および法人化や担い手づくりにおいては、S農場を中心にした垂直的な結びつ

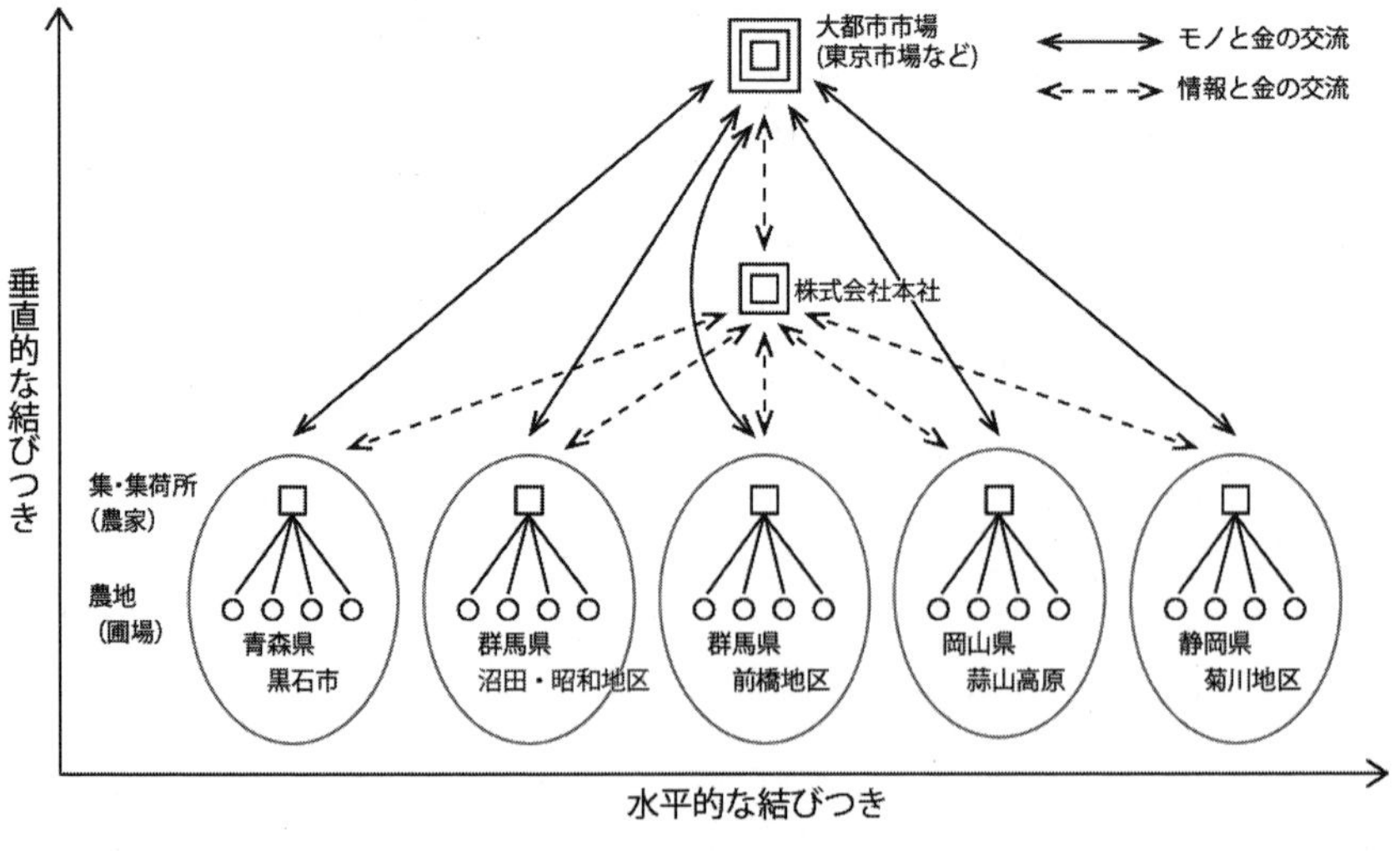

図6　群馬県昭和村のS農場における野菜栽培の水平的分業と垂直的結びつき
聞き取り調査により作成.

きが重要であった。つまり、S農場は農業の水平的な分業システム、および本場と分場との垂直的な結びつきを組み合わせることにより、それぞれのシステムを補完・強化して、農業の維持・発展を図ってきた。

参考文献

菊地俊夫（二〇一五）産業化する農業―二一世紀の農業のルートマップとして―、「歴史と地理」六八三

菊地俊夫・藤波昭浩・佐藤けい子・上村哲也・横田雅博・高柳浩和・田口智彦・大林和彦・松井辰夫・唐沢浩二郎・松田　真・堀江雅彦・瀬間利恵子・菊池淑恵・田中隆志（一九八五）昭和村における農業の地域的展開、「群馬大学地理学会論文集」一三

齋藤　功（一九七九）赤城山北西斜面における土地利用の地域分化―高冷地農業と工芸作物地帯との境界について―、「お茶の水女子大学人文科学紀要」三二

田林　明編（二〇一三）『商品化する日本の農村空間』農林統計出版

田林　明・菊地俊夫（二〇〇〇）『持続的農村システムの地域的条件』農林統計協会

田林　明・菊地俊夫・松井圭介編（二〇〇九）『日本農業の維持システム』農林統計出版

丸山浩明（一九九〇）浅間火山北麓における耕境の拡大と農家の垂直的環境利用、「地理学評論」六三A

山本正三・斉藤　功（一九八六）地域区分と土地利用、関東地方における農業的土地利用の地域構造、大明堂編集部編『新日本地誌ゼミナールⅢ　関東地方』大明堂

山本正三・北林吉弘・田林　明編（一九八七）『日本の農村空間―変貌する日本農村の地域構造―』古今書院

山本正三・田林　明・菊地俊夫編（二〇一二）『小農複合経営の地域的展開』二宮書店

Ilbery, B. W. (1985) *Agricultural Geography.* Oxford: Oxford University Press

Robinson, G. (2004) *Geographies of Agriculture.* Harlow, Pearson Education Limited

第2章

入会林野の観光的利用の展開
―蓼科高原白樺湖の事例―

池　俊介

入会林野とは何か

（1）入会林野の重要性

近世の日本の村落では、生産・生活に不可欠な山林原野・漁場・灌漑用水などの土地資源の多くは「村持」とされ、村落の人々による集団的な所有の下に置かれ、共同で利用されていた。つまり、生活に不可欠な資源を共同で所有・管理し、一定のルールの下でお互いに規制しあいながら利用することにより、資源を持続的に利用できるよう工夫されてきたのである。

とくに、かつて多くの農山村において重要性が高かったのが入会林野（村落の構成員によって集団的に所有・利用されてきた山林原野）であった。例えば、化学肥料が普及する以前には、厩肥・刈敷などの自給肥料への依存度が高かったが、それら原料となる草や枝を採取する場として入会林野は大きな役割を果たしていた。また、炊事や暖房のための薪炭材の採取や、建築用材（材木・カヤなど）の確保においても重要性が高く、まさに入会林野は生産・生活に不可欠な存在であった。そのため、近世には日本の多くの村落に入会林野が存在し、村落の人々によって共同で管理・利用されていた(1)。

（2）明治期以降の減少

明治期以降、入会林野はローマ法的所有概念に基づく所有権の絶対性と矛盾し、また採取的な林野の共同利用が育成林業の推進の妨げになるなどの理由から、政府による一貫した解体政策が進められた。その結果、多くの入会林野が国・公有林に編入されたり、私有林として個人分割されたりして消滅した。

入会林野が減少する最初の契機となったのが、一八七三（明治六）年から始まる地租改正と林野の官民有区分事業であった。とくに入会林野の場合、土地所有者の確定が難しく、利用の確証のない入会林野の多くが官有地（後の国有林）に編入された。そのため、林野の官民有区分事業がほぼ終了した一八八八（明治二一）年までに、合計七七〇万町歩の林野が官有化されることになった（藤田 一九八一）。

さらに、一八八九（明治二二）年に旧村持林野（入会林野）を新しい町村の財産として統合することを重要な目的とする町村制が施行された。しかし、入会林野を新町村の財産として統合することに対する反発は強く、実際には従来どおりの大字・部落による林野所有を政府は認めざるを得なかった。町村制は、これを「町村ノ一部」としての区（財産区）の財産としてとらえ、入会林野を公有財産として取り込む土台が形成された。そして、この町村制の「町村ノ一部」の規定を根拠として、部落有林野を市町村有林に統一して市町村の基本財産の充実を図り、部落有林野の造林を進展させることを目的とする部落有林野統一事業が一九一〇（明治四三）年から進められることになった（福島 一九五六）。部落有林野統一事業は一九三九（昭和一四）年に終了したが、この事業により約二〇〇万町歩もの入会林野が市町村有林野となった。

こうした入会林野の解体につながる一連の政策とともに、林野利用の変化も入会林野の減少に大きな影響を与

(1) 笠原（一九八九）によれば、一般的には従来からの農民による林野利用の事実が、幕藩体制下で村落共同体としての独占的・排他的利用権にまで高まったことによって入会林野が発生し、その成立時期は近世のなかばとされている。

えた。具体的には、明治末期からの購入肥料の普及による自給肥料への依存度の低下、用材生産を目的とした本格的な造林事業の展開、第二次世界大戦後の燃料革命による薪炭需要の激減などが、入会林野を減少させる要因となった。こうした明治期以降の林野利用の変化、とくに育成林業の展開による影響は大きく、小栗（一九五八）が指摘するように、入会林野の解体は所有と利用の両面から進むことになった。

（3）入会林野の現在

しかし、明治期以降、入会林野の面積は減少を続けてきたものの、岩手・秋田・新潟・長野・兵庫の各県を中心に現在でも多くの入会林野が残存している。ただ、入会林野の所有形態は、実際には多様で複雑である。その大きな原因は、法人格を持たない「集落」等で地盤所有権を登記することができないことにあり、個人有、記名共有、社寺有、法人（公益法人、株式会社など）有、区有、部落有、財産区有、市町村有、県有、国有など、さまざまな所有形態で実質的に入会林野が維持されているのが現状である（山下 二〇一一）。すなわち、入会林野の解体政策が進められる過程で、入会林野を実質的に維持するためにさまざまな所有形態が利用されてきた訳である。そのため、林野の所有形態から入会林野の実態を判断することは難しく、それが入会林野の正確な面積の把握を困難にしている。

一九六〇年時点での全国の入会林野面積を算出した山下（二〇一一）によれば、その面積は全国の森林面積の約八％に当たる二〇五万町歩以上にのぼるが、実際にはこれら以外にも実質的な入会林野が存在するものと推定される。したがって、面積は大きく減少したものの、現在においても入会林野の重要性は決して小さくはない。とくに、過疎化が進む農山村地域において地域づくりに向けた活動が続けられている今日、地域づくりの可能性を広げる「村落共有空間」として入会林野は改めて注目を浴びようとしている（池 二〇〇六）。

観光的な利用の進展

（1）農林業的な利用価値の低下

かつて入会林野は村落生活に不可欠な存在であったが、第二次世界大戦後になるとその農林業的な利用価値がしだいに低下するようになる。例えば、一九六〇年代の高度経済成長期には、化学肥料が普及し農業機械の導入が進むのにともない、肥料・飼料源としての入会林野の重要性が失われた。また、燃料革命にともなう薪炭需要の減少により、薪炭林としての役割も終えることになった。さらに、外材輸入の増加等による国内林業の不振により、造林・育林に対する住民の意欲も大きく減退するようになった。

こうした一九六〇年代以降の農山村を取り巻く環境の変化のなかで、入会林野への農林業の面での依存度は著しく低下した。その結果、入会林野は全く利用価値のない「くず山」として認識される場合が多くなり、育林作業も施されないまま放置される林野が増加した。しかし、その一方で高度経済成長期は、入会林野の新たな利用価値が生み出された時代でもあった。それが入会林野の観光地域としての利用である。

（2）観光地化と入会林野

第二次世界大戦後の高度経済成長期には、国民の所得水準の向上と余暇時間の増大を背景として、観光需要が著しく拡大した。こうした観光需要を満たすために農山村地域における観光地化が促進されたが、その主要な舞台として着目されたのが入会林野であった。とくにこの時期には、スキー場・ゴルフ場・別荘地等の広大な面積を必要とする大規模な観光事業が次々に展開されたが、入会林野はその格好の対象地となった。

例えば、スキー場の建設に当たっては、ゲレンデ用地等として広大な面積の林野を必要とするが、数多くの地権者との交渉・契約をせずに短期間で広大な用地を確保できるという理由から、入会林野が開発対象とされることが多かった。実際、全国二一九カ所のスキー場を対象にアンケート調査を実施した白坂（一九七六）は、それらのスキー場の八五・四％が山林原野の借地により成立している事実を踏まえ、「広い共有林野はスキー場の対象となり易く外部資本の進出は共有地の有無に大きく関与している」と指摘しており、入会林野は高度経済成長期以降に急速に進んだスキー場建設の主要な舞台となった。

当時の入会林野は利用価値の低い「くず山」として住民に認識されていた場合が多く、住民にとっては不要な「くず山」の売却・賃貸により多額の収入を獲得できる絶好の機会でもあった。そのため、開発業者による用地取得は比較的容易に進めることができ、それが入会林野の観光開発を促進させる結果となった。ただ、それらの開発事例のなかには、入会林野の財産権的な性格の強化が入会林野の売却益のみを期待する姿勢をうみ、外部資本による乱開発が深刻な環境破壊につながったり、住民の意思を無視した他律的な開発が行われたりする事例も発生し、大きな社会問題ともなった(2)。

（3）住民主体の観光地経営

しかし、もちろん入会林野のすべてが外部資本による乱開発の対象となった訳ではない。入会林野を利用した観光地域のなかには、外部資本を導入せず入会集団による内発的な観光開発が進められた事例や、住民による自律的な観光地経営が実現された事例も存在する。

例えば、日本屈指の大規模なスキー場として知られる志賀高原の中核地域は、長野県山ノ内町の沓野（くつの）区の入会林野であり、入会集団の人々で組織される財団法人「和合会」によって所有・管理されてきた。和合会は、一九二九（昭和四）年に長野電鉄と土地の貸借契約を結ぶなど、早くからスキー場をはじめとした志賀高原の観

(2) とくに一九六九年に新全国総合開発計画が策定されて以降、森林地帯において大資本、都市資本によって林地開発や土地買い占めが顕著に繰り広げられるようになり、ゴルフ場や別荘地の開発が急速に進められた。その結果、洪水などの災害、農業・生活環境の悪化、景観破壊等が問題となった（依光一九八四）。

光開発に熱心であったが、一九五九（昭和三四）年には和合会の直営会社である（株）志賀高原観光開発が組織され、地元の入会集団によるスキー場開発が本格化した。この（株）志賀高原観光開発は、外部資本に依存することなくスキーリフトや売店・食堂などの経営を進め、一九七三（昭和四八）年には約二・五億円の売上高をあげている（山村 一九七五）。したがって、入会林野の観光的利用が入会集団の主導で行われた場合には、住民による自律的な観光地域の運営・管理を実現できる可能性が高いといえよう(3)。

かつて筆者は、入会林野を活用した地域住民が主導する観光地経営に関心をもち、白樺湖周辺の観光地域の形成に深くかかわってきた長野県茅野市の柏原財産区の運営の実態について調査したことがある（池 二〇〇六）。そこで次節では、近年の柏原財産区に関する動向も踏まえながら、白樺湖周辺における自律的な観光地経営の実態と、その地域社会への影響について紹介することにしたい。

白樺湖における自律的な観光地経営

（1）広大な入会林野の存在

蓼科山の南西麓では、一九五五年頃まで水田稲作と養蚕を中心とする農業経営が行われ、高冷地としては高い水田率と農業生産性を誇っていた。この一帯は火山性土壌のため、刈敷・厩肥などの草肥の多量の投下が農業生産の維持にとって不可欠であり、広大な入会林野の存在が農業生産を支えてきたと言っても過言ではない。白樺湖から霧が峰にかけては広々とした草山景観が続くが、これは草の採取を目的に火入れを行い樹木の繁茂を抑制してきた結果であり、山麓の集落にとって入会林野における草の採取がいかに重要であったかを物語っている。

現在の茅野市には、こうした入会林野が財産区という所有形態で実質的に維持されている場合が多い。市内に

（3）このほか、新潟県塩沢町の石打地区では、国有林に入会権をもつ入会集団により、外部資本による開発の下でも、地元住民の意向が反映されたスキー場経営が実現されている（榧澤・名和田 一九九三）。

は合計四五の財産区が存在するが、とくに広大な所有林野を有するのは蓼科山南西麓に位置する財産区である。そのうちの一つが、柏原集落の一一〇戸から構成される柏原財産区であり、市内の財産区では三番目に多い約八四五ヘクタールの林野を所有している（図1）。

（2）観光地化の進展

柏原集落には、諏訪湖に注ぐ上川の上流に当たる音無川が流れるが、その最上流に位置するのが白樺湖である。標高約一四〇〇メートルのこの一帯は、かつては湿地帯であり薪炭材の採取等で利用されるだけの土地であったが、水温を高めて下流の水田の生産性を高めるための温水溜池として一九四六年に白樺湖が完成した。

一九四九年に茅野駅からの定期バスの運行が始まったのを契機に、八子ヶ峰・蓼科山への登山や、湖面に水没したシラカバ林が映える美しい風景を楽しむハイカーが増加した。そうした観光客の増加を背景に、当時まだ農耕用として飼育されていた馬を利用した貸馬業、白樺湖でのボート営業、周辺でのバンガロー経営などの観光業がおもに柏原集落の人々によって始められた。とくに当時は簡易なバンガロー以外に宿泊施設がなかったため、一九六〇年頃には約二五〇棟ものバンガローが建設され、ハイカーやスケート合宿の学生たちで賑った。食事も提供するバンガロー経営の収益性はきわめて高く、バンガローの建設費用をわずか一シーズンで回収できたほどであった。

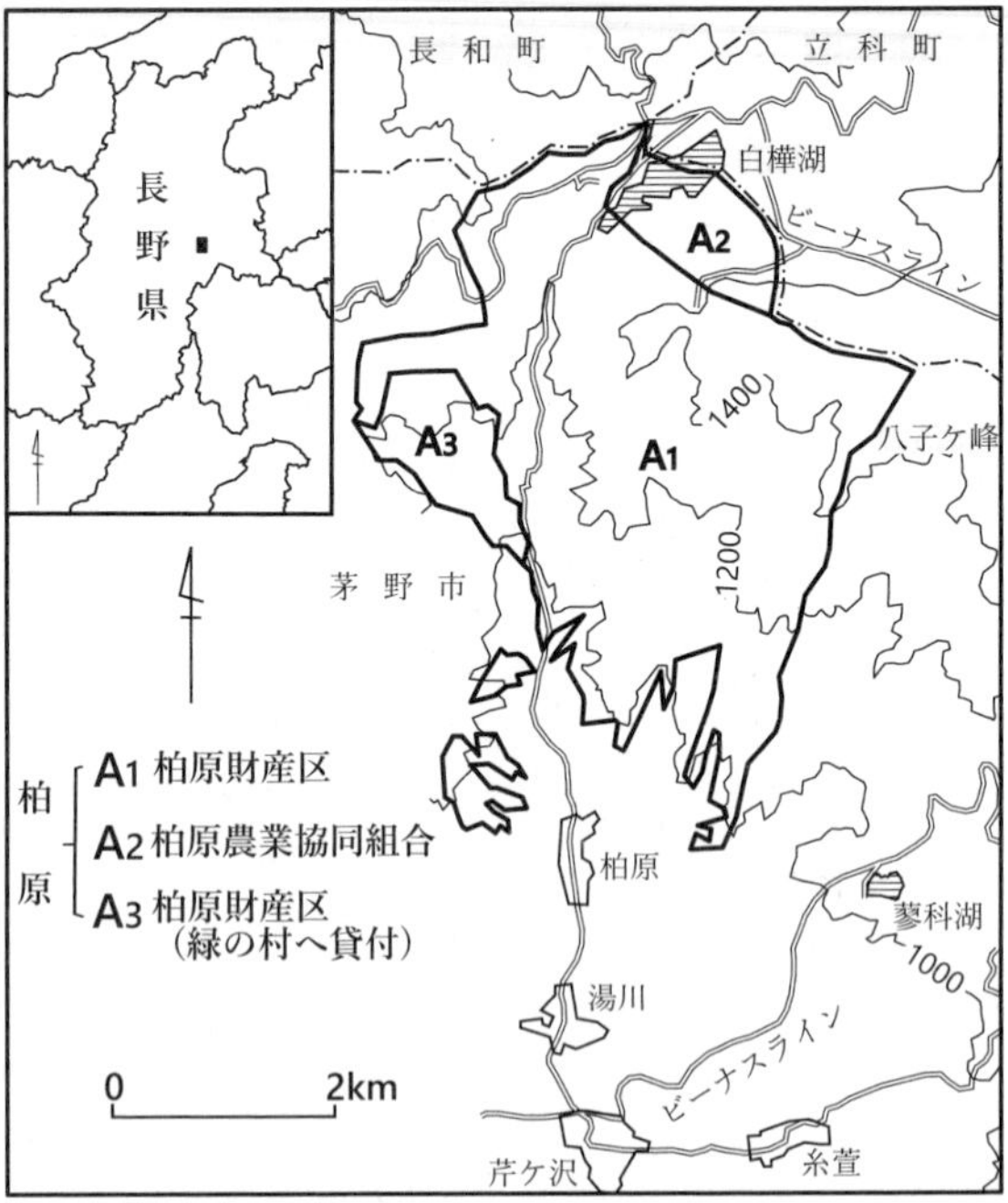

図1　柏原財産区の所有林野
柏原財産区資料により作成.

観光客が急増した一九六〇年頃からは、バンガローや売店の経営で得た収益金を資本として、おもに柏原集落の人により旅館・ホテルが次々に建設され、バンガローから旅館・ホテルへの転換が進められた。筆者が最初に調査を行った一九八四年の時点では、白樺湖周辺の宿泊施設は合計四四軒を数えたが、そのうち一七軒は柏原出身者による経営であった。また、柏原集落の就業人口の約二割が白樺湖周辺観光地での宿泊施設・商店の自家営業に従事するほか、宿泊施設・売店・飲食店等の従業員として勤務する人、ボートハウスに勤務する人、会社・学校の保養施設に雇用される人も多く、観光関連業種への従事者は就業人口全体の四割以上にのぼっていた（池 二〇〇六）。

一九六五年には、財産区から土地を賃借した（株）白樺湖観光開発により白樺湖八子ヶ峰スキー場（現・白樺湖ロイヤルヒルスキー場）が開設され、スケート合宿の衰退とともに減少した冬季の観光客も増加に転じた。こうした第二次世界大戦後の観光地化にともない、白樺湖（車山地区を含む）を訪れる年間観光客数は、一九七三年には二〇〇万人を突破した。さらに、いわゆるバブル景気の時期に当る一九九一（平成三）年には観光客数が二五六万人にまで達し、長野県内でも有数の観光地に成長することになった。

（3）財産区収入の増加

白樺湖周辺は柏原財産区と柏原農業協同組合(4)の所有地であり、観光地化にともなう宿泊施設・保養所・別荘等の増加により、多額の土地貸付収入が財産区にもたらされることになった。また、白樺

写真1　白樺湖と周辺の観光施設
両角芳隆氏撮影・提供.

（4）現在の白樺湖中心部を含む約一〇〇ヘクタールは、かつて芦田村外三カ村（現立科町）の入会林野であったが、一八八四（明治一七）年に柏原集落の約八〇戸が共同で購入した。一九四〇（昭和一五）年の白樺湖の建設に当たり、この土地は柏原財産区に無償で譲渡される予定であったが、財産区による新たな土地取得は認められず、長野県の指導により実体のない「柏原農業協同組合」名義で登記された。なお現在は、県の指導で財産区の所有地とする計画が進みつつある。

湖面を管理する池の平土地改良区（構成員は柏原財産区と実質的に同一）は、一九八四年には動力船四隻を含む一八〇艘を保有し、ボート営業により当時は年間約一億円もの収益をあげていた。

表1は、柏原財産区の収支状況の推移を示したものであるが、一九八三年の歳入総額約四三四〇万円のうち、土地貸付収入が八三％を占めている。この土地貸付収入とは、白樺湖周辺の宿泊施設・商店・保養施設・別荘・スキー場などへの土地貸付収入で、観光地化にともなう多額の収益が財産区の財政を大きく支えていたことがわかる。これらの財産区の収入とは別に、実際には池の平土地改良区からボート使用料（ボートは柏原財産区の所有物）として約一億円、土地貸付を行う柏原農業協同組合から約一五〇〇万円などが財産区にもたらされ、当時の柏原財産区の実質的な歳入は優に一億五〇〇〇万円を超えていたといわれる。

これらの財産区の収入は、議会費・役員給与等の経費のほか、森林管理に要する経費としても支出されるほか、さまざまな形で財産区民に分配され、その金額は一戸当たり年間二〇～四〇万円にものぼっていた。

このように、入会林野における観光地化の進展にともない、土地貸付やボート営業等により財産区は多額の収益を獲得することになった。それらの収益は、財産区の運営経費を賄うのみならず、直接・間接に財産区民に還元され、この時期には入会林野の観光的利用による恩恵を財産区民は十分に享受する

表1　柏原財産区の収支状況

（単位：千円）

	1983年			2019年		
	項目	予算額	備考	項目	予算額	備考
歳入	財産収入	36,043	土地貸付収入	財産収入	45,645	土地貸付収入等
				繰入金	121,450	解体資金
	その他	7,396	公団造林事業支出金	繰越金	15,280	
			森林造成事業補助金等	その他	10,110	分収造林収入
	計	43,439		計	192,485	
歳出	議会費	180	議員報酬等	議会費	303	議員報酬等
	一般管理費	3,604	役員給料・旅費等	一般管理費	28,718	職員給料等
	財産管理費	37,661	除・間伐賃金等		15,037	うち行政区寄付金
		27,553	うち財産管理運営費繰越金	財産管理費	157,487	間伐賃金，積立金等
	公団造林費	1,809	賃金等		121,450	うち解体費用
	その他	185	選挙費等	その他	5,977	予備費等
	計	43,439		計	192,485	

（柏原財産区資料により作成）

ことができた。

（4）平成不況期の変化

しかし、一九九一年をピークとして観光客数は減少を続け、二〇一七年には白樺湖（車山地区を含む）の年間観光客数は約一四五万人と、一九六〇年代後半のレベルにまで減少している。こうしたいわゆるバブル崩壊後の観光客数の減少にともない、一九八四年に四四軒（旅館・ホテル三四、民宿六、ペンション四）にのぼった宿泊施設は、二〇〇四年には四二軒（旅館・ホテル二六、民宿五、ペンション一一）に、さらに二〇一九年には三七軒（旅館・ホテル一九、民宿五、ペンション一五、ゲストハウス一）にまで減少した（図2）。小規模なペンションは増加したものの、一〇〇人以上収容可能な中・大規模な旅館・ホテルの廃業や経営者の交代が目立ち、軒数の減少以上に収容人員の減少が顕著であった。とくに、二〇〇八年の白樺湖観光の草分け的な存在であった大規模ホテルの倒産は、観光地域全体に大きなショックを与えた。

会社・学校の保養施設についても、景気低迷のなかでの廃止が相次ぎ、一九八四年に一五軒あった保養施設は、二〇一九年にはわずか一軒にまで減少した。また、かつては盛況であった湖面でのボート営業も、利用客の減少により現在では六〇艘にまで減少している。こうした観光関連業の不振により、柏原集落の就業人口のうちの多くを諏訪市方面等への通勤者が占めるようになり、観光業

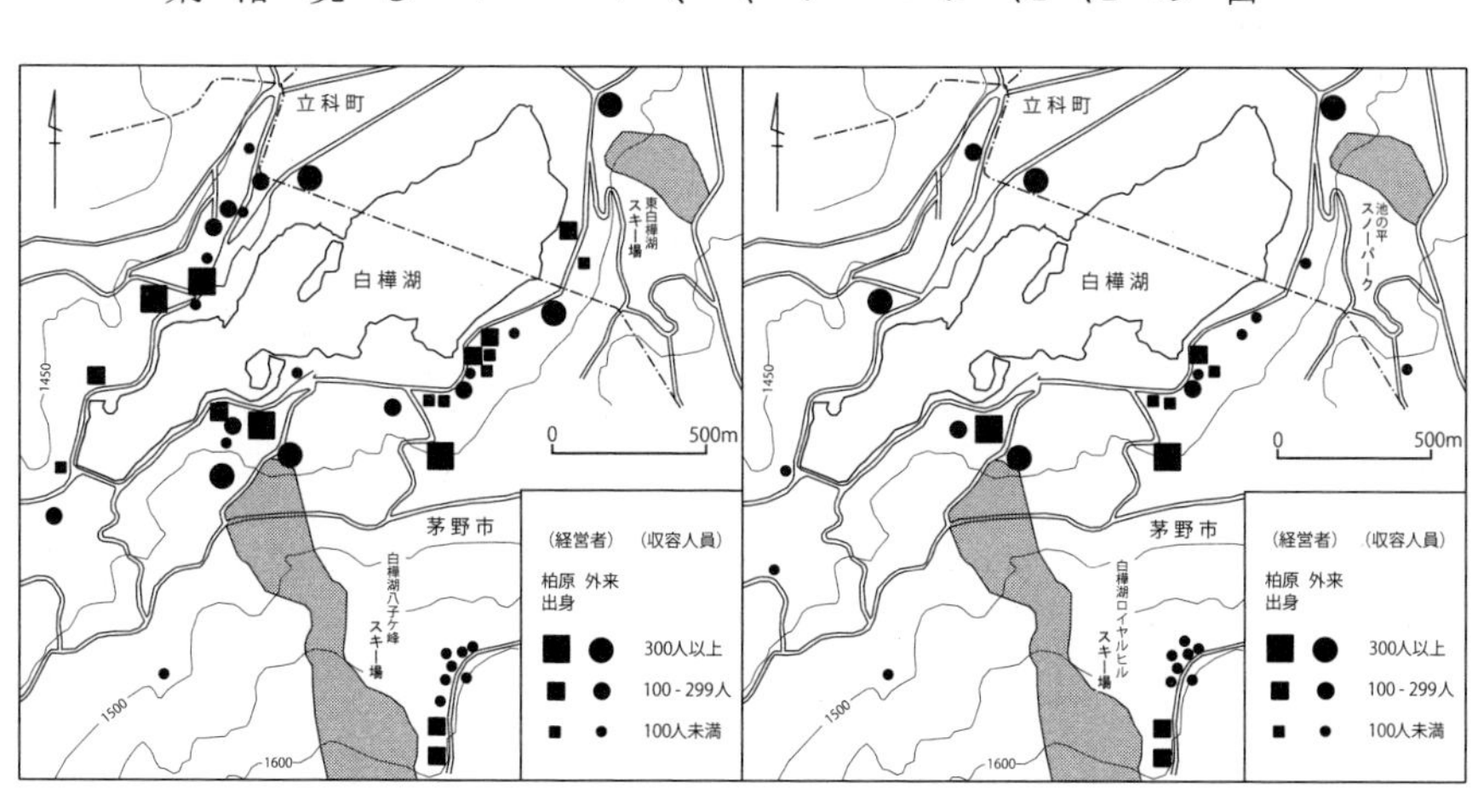

図2　白樺湖周辺の宿泊施設の分布

左：1983年．右2019年．現地調査により作成．

に従事する住民は一五名（男性三名、女性一二名）にまで減少している。ただ、白樺湖行政区に籍を置く柏原出身の八戸一九名（男性一〇名、女性九名）も観光業に従事しており、観光業の重要性は依然として大きい。

（5）現在の財産区運営

一九九〇年代前半までは宿泊施設等の観光施設経営も順調で、賃貸料の値上げにともない、土地所有者である柏原財産区の財政規模は大きく拡大した。例えば、柏原財産区の歳入について一九七五～八四年の平均と一九八五～九四年の平均を比較すると、約四七〇〇万円から約一億一八〇〇万円へと二・五倍に増加している。当時は、土地賃借を希望する企業関係者が財産区事務所を頻繁に訪れ、総代を始めとする財産区の役員は対応に忙殺されたが、財政的にはかなり豊かな状態であった。

ところが、バブル崩壊後は観光客数が減少するなかで、観光施設の廃業などにともなう土地貸付収入などの減少により、財産区の財政状況もしだいに悪化して行った。表1によれば、二〇一九年の予算総額は一九八四年の四倍以上に相当する約一億九〇〇〇万円であり、外見上は財政規模が大きいように見える。しかし、実際には歳入の六割以上を「繰入金」が占めていることがわかる。この繰入金は、倒産後の宿泊施設の建物が放置され、土地所有者である財産区が解体資金の一部を負担せざる得なくなり基金を取りくずして予算計上したものである[5]。また、二〇一二年以降は各戸への分配金を廃止して解体費用として毎年一〇〇〇万円が積立てられている。

その一方で、財産区の業務の多忙化にともなう役員の負担軽減を目的に、専任の事務職員を雇用したため、二〇一九年には「職員給与等」が歳出の約一五%を占めるに至っている。また、一九八三年の時点では池の平土地改良区から柏原行政区に対して約一四〇〇万円が支出されていたが、ボート営業の不振から支出が困難となり、現在では柏原財産区が柏原行政区の運営経費の不足分を負担せざる得なくなっている。こうした変化のなかで、

（5）廃業後に放置された建物の存在は、観光地のイメージダウンにつながるため、一億一〇〇〇万円とされる解体費用の一部を土地所有者である柏原財産区（登記簿上は柏原農業協同組合）が支出することになった。

近年の財産区はしだいに財政的な余裕を失いつつある。

コモンズと観光

（1）コモンズ論の特徴

コモンズは、「自然資源などの地域住民による共同管理制度、および地域住民により共同管理されている自然資源など」（鈴木 二〇〇六）と定義され、日本の入会林野はローカル・コモンズの代表的なものの一つとされている。とくに、コモンズに関する多くの研究では、個人による私的な管理でもなく、国・地方公共団体による公的な管理でもない、地域住民による「共的」な管理にその特徴が見いだされてきた。

そもそも、コモンズをめぐる議論はHarding（1968）により始まった。生物学者のハーディンは、共有牧草地における資源の過剰利用の問題を取り上げ、人々が自由に利用できる共有牧草地では各人が自らの利益を最大化させようとするため資源が枯渇するに至る「コモンズの悲劇」が起こるとし、共有地を分割して私有化するか、国家による管理に委ねることを提唱した。その後、このハーディンのモデルに対するアンチテーゼとして「コモンズ論」が展開され、コモンズの利用者集団等による共同管理に委ねた方が、資源の持続可能な利用につながるとする多くの実証的研究が蓄積されてきた。

それらの研究では、地域の自然資源を熟知した住民が資源の共同管理を行うことにより、乱開発による資源の枯渇などの問題が防止されるとし、その点にコモンズの現代的意義を認めるものが多い。とくに、日本におけるコモンズ研究では、入会や結・催合という具体的な制度のもつ環境保全的機能を積極的に評価する点に特徴がみられ、伝統的なコモンズのもつ環境的メリットが強調されてきた（間宮・廣川 二〇一三）。そのため、コモンズ論では一般に「観光」は伝統的な林野利用を破壊する存在として否定的にとらえられる傾向が強い。

（2）自律的な観光地経営の意義

しかし実際には、柏原財産区の事例のように、地域住民が主体となって入会林野の観光的な利用を進めることで自律的な観光地経営を実現し、それが地域社会や入会林野の維持・発展に大きく貢献している事例も存在する。とくに柏原財産区では、土地貸付や貸ボート営業によってもたらされる多額の観光収入が、植林・育林事業や道路の整備・補修等の共有財産の管理のために利用されるほか、柏原行政区に対しても財産区から補助金が支出され、市行政の末端を担う行政区の運営を実質的に支えてきた（池 二〇〇六）。また、柏原出身者による白樺湖周辺での観光施設の自由な開業を可能とし、結果として多くの雇用機会を創出してきたのも、財産区が観光地域の形成を主導してきたからに他ならない。このように、入会林野の観光的利用による収益は直接・間接に地域社会に還元されており、むしろ「観光」は地域社会の持続的な発展に貢献してきた側面が強い。したがって、観光地域の形成が地元の入会集団の主導により自律的に進められた場合には、観光は必ずしも伝統的なコモンズの破壊者とはならないことを十分に認識する必要があろう。

しかし、柏原財産区による入会林野を活用した観光地経営も決して順風満帆という訳ではない。観光客の減少にともなう観光施設の経営不振と、それにともなう土地貸付収入の減少は、財産区の財政を悪化させるばかりか、廃業後の宿泊施設の解体費用等も大きな負担となっている。こうした苦境を乗りきるためには、多くの人の知恵を結集して観光地全体の成長戦略を検討する必要があるが、現状では柏原出身者以外の観光施設経営者が柏原財産区の観光地経営に直接関与することは難しい。そのため、これらの経営者の意向やアイデアを積極的に観光地経営に反映させる仕組みづくりが今後の重要な検討課題の一つとなろう。

いずれにせよ、入会林野の現代的な利用方法として、入会集団による自律的な観光地経営が少なくとも重要な選択肢の一つであることは間違いない。今後、地域の特性を活かしつつ、入会林野の「共的」管理の特質を活かした利用方法を模索して行くことが大きな課題となろう。

参考文献

池　俊介（二〇〇六）『村落共有空間の観光的利用』風間書房
小栗　宏（一九五八）入会農用林野の解体といわゆる共同体的所有について、「地理学評論」三一―七
笠原六郎（一九八九）入会林野政策の軌跡と入会の現代的意義、「林業経済研究」一一六
楜澤能生・名和田是彦（一九九三）地域中間集団の法社会学―都市と農村における住民集団の公共的社会形成とその制度的基盤―、利谷信義・吉井蒼生夫・水林　彪編『法における近代と現代』日本評論社
白坂　蕃（一九八六）『スキーと山地集落』明玄書房
鈴木龍也（二〇〇六）コモンズとしての入会、鈴木龍也・富野暉一郎編著『コモンズ論再考』晃洋書房
福島正夫（一九五六）部落有林野の形成、東京大学東洋文化研究所編『土地所有の史的展開』東京大学出版会
藤田佳久（一九八一）『日本の山村』地人書房
間宮陽介・廣川祐司編（二〇一三）『コモンズと公共空間―都市と農漁村の再生にむけて―』昭和堂
山下詠子（二〇一一）『入会林野の変容と現代的意義』東京大学出版会
山村順次（一九七五）『志賀高原観光開発史』徳川林政史研究所
依光良三（一九八四）『日本の森林・緑資源』東洋経済新報社
Harding,G. (1968) The Tragedy of the Commons. *Science* 162

第3章

スキー場と日本の農山村

呉羽 正昭

第二次世界大戦前のスキーと農山村

世界的にみて、スキーといえば、多くの場合はアルペンスキーのことを指すであろう。しかし、スキーがもつ約五〇〇〇年の歴史において大部分を占めるのはノルディックスキーである。今日、ノルディックスキーはクロスカントリーやジャンプを指すが、もともとは雪に覆われた平地を移動する手段であった。ところが、ヨーロッパ・アルプスで誕生し、また一〇〇年強の歴史しかないアルペンスキーが、世界のさまざまな地域で山村の経済を大きく変化させてきたのである。

日本では、積雪平地の移動手段としてのスキーは存在しなかった。外来文化としてのスキーは、二〇世紀初頭にヨーロッパから移入されたのである。一九一一年、オーストリア・ハンガリー帝国の軍人、テオドア・フォン・レルヒ少佐が新潟県高田（現・上越市）で日本の軍人向けに講習を行った。レルヒによるその後のスキー技術の組織的講習によって、日本にスキー技術が伝播し、また普及した。

新しいレクリエーションとしてのスキーに興味をもったのは、まず積雪地域の人びとである。地域ごとにスキークラブが結成され、スキー技術の向上を図るとともに、スキー場（第二次世界大戦前はスキーリフトなし）を整備して多くのスキーヤーを受け入れようとした。一方で、非積雪地である大都市の大学生や富裕層のあいだにもスキーは急速にひろまった。当時のスキー愛好者としての大学生や富裕層は、時間とお金に余裕があり、大都市から鉄道でスキー適地を訪れた。さらに、そこに長期に滞在しながら、背後のスキー場やさらに奥地の山岳地域でスキーを楽しんだのである。彼らを受け入れたのは、前述のスキークラブによって整備されたスキー斜面を背後にもつ積雪温泉地や農山村であった。

　このように日本に伝播したスキーは、第二次世界大戦前後以降は国内で急速に普及した。それによって、積雪温泉地や農山村の経済や社会は大きく変化してきた。

　第二次世界大戦前のスキー技術の受け入れに積極的であったのは積雪温泉地の山村である。深い雪のために到達困難で湯治客の少なかった温泉旅館経営者らがスキー場を整備して、スキーヤーを誘客した（白坂　一九八六）。それゆえに大正末期、国内スキー場の多くは、長野県野沢温泉、新潟県関温泉、山形県五色温泉などの温泉地に立地していた。

　温泉地の優位性は宿泊施設の存在であったが、スキーに適した斜面をもつ農山村では民宿の登場が宿泊機能を補うこととなった。長野県白馬村八方では、一九二六年（大正一五）、登山ガイドをしていた二戸の農家がスキーヤーを宿泊させた（市川　一九七五）。背後に白馬岳などを擁する白馬村の地域的条件、すなわち一部の山村は登山のゲートウェイでもあるという性格が、登山者の受け入れから民宿が発達したというプロセスをもたらしたのである。同じく長野県菅平高原は、東京からの交通アクセスに優れる点、標高が比較的高くスキーの適地である点が評価された。そこでは、一九二七年（昭和二）頃から、農家が自分の家にスキーヤーを泊めるようになった。

　当時のスキーヤーは、大都市から鉄道でスキー場に移動していた。東京から積雪地域への鉄道路線は、一八九三年の信越線全通、一九〇五年の奥羽線全通のようにすでに明治期にある程度進んでいた。それゆえ、先述した野沢温泉、関温泉、五色温泉、さらに菅平高原などは東京からのアクセスに恵まれて多くのスキーヤーが滞在した。一方、例えば、越後湯沢では大正期にはすでに複数のスキー場も整備されたが、当時の東京からのアクセスは三国街道に限られていた。一九三一年の上越線開通後は、岩原は富裕層の財界人が多く滞在するリゾートとなった。

本格的なスキー場開発の展開

(1) スキーをめぐる動向

第二次世界大戦直後、進駐軍が札幌藻岩山と長野県志賀高原丸池に専用のスキーリフトを建設した。これらは、日本で初めてできたスキーリフトである。すでにスキー場を有していた地域は、このスキーリフト建設に大きな刺激を受けた。二年後の一九四八年には、群馬県草津温泉にスキーリフトが設置された。一九五〇年代になると、大鰐、山形蔵王、沼尻、妙高赤倉温泉、野沢温泉、志賀高原、菅平、霧が峰、八方尾根などでスキーリフトの建設が開始された。この時期のスキーリフトは一人乗りのシングルリフトであり、スキー場近隣の温泉旅館経営者や有力農民が出資した地元資本、市町村などによって建設された。

一九六〇年前後になると、所得増加とともにスキーは徐々に大衆化した。すなわち、それまでの富裕層に限られたレクリエーションという性格が変化し、多くの人びとがスキーを楽しめるようになった。その一方で、休暇日数はそれほど増えず、またスキーに使用できる予算も限られており、短期でのスキー旅行が卓越した。夜行列車（長津　一九七三）などがそれを可能としたのである。

（2）農山村におけるスキー場開発

スキーヤーの増加と同時に、日本全国でスキー場の開発も増えた。新たなスキー場は東日本の日本海側の地域を中心に立地した。その多くは、温泉地立地とは異なり、農山村の裏山や非居住地の森林内に開発された。農山村の裏山でスキー斜面として重要であったのは、集落に比較的近接して存在した採草地や萱場である。そこは立木が少なく、一般に傾斜も緩いためにスキー場下部の斜面には好適であった。そればかりではなく、採草地や萱場の多くは集落の共有であるという所有形態も重要な役割を果たした。

農山村にスキー場開発が増えたことはいくつかの点で説明される。もともと積雪に覆われた農山村では農業がおもな経済活動とされながらも、副業も重要性を有していた。積雪があるうえに、標高が高く傾斜地が多いという自然条件下で農業生産性は低く、他の現金収入源が必要であったのである。副業は多様であったが、おもに薪炭生産が中心であった。ところが、一九六〇年前後から都市で燃料源としての薪や炭が不要になると、農山村では重要な現金収入源を失うことになった。そこで注目されたのは、国内で徐々に増えつつあったスキー場開発である。先述した共有地空間を基にしてゲレンデの整備がなされ、資金を集めて自前でスキーリフトを建設する場合もあれば、外部資本に依頼する例もあった。こうした共同体的土地所有は、スキー場近隣の農山村による主導権把握の「武器」になってきた（土屋　一九九七）。スキー場ではスキーリフトや食堂などの施設で雇用が生じ、農閑期の重要な現金収入源となった。

大都市から積雪地域への高速交通網が整備される以前は、スキーヤーのほとんどは宿泊せざるを得なかった。それゆえ、ある程度の規模のスキー場開発を媒介として積雪農山村に宿泊業が成立し、その需要に応えたのは民宿であった。農家は薪炭生産に代わる副業として、家屋の一部を改造して民宿営業を開始した（石井　一九七七）。民宿は、低廉な宿泊施設という側面も有していており、多くの利用客を集めた。その結果、スキー場をもつ積雪農山村では、冬季は民宿経営またはスキー関連産業での就業、それ以外の時期は農業を生業とする生業形態が成立した。冬季の経済活動の安定は、人口維持をもたらした。戦前から民宿が生じた白馬村の複数地区や菅平高原に加えて、群馬県片品村、新潟県塩沢町（当時）、妙高高原町、長野県飯山市、小谷村などのそれぞれの市町村内で、スキー場開発によってそれぞれの近隣地区では、多くの民宿が立地する民宿地域が成立した。

先述したような「農業＋冬季宿泊業」が成立したものの、一九七〇年前後から宿泊業に特化するような民宿地域も現れた。とくに標高の高い農山村では、農業生産性の低さゆえに、宿泊業を中心とする観光業への依存が強まった。民宿設備への投資が進み、その投下効率を高めるために営業期間を増やしたのである。比較的長期に滞在する大学生のスポーツ合宿が夏季のターゲットとして注目された。そのためにグラウンドやテニスコート、体育館などのスポーツ施設の整備が進んだ。白馬村では、一九七〇年の時点で多くの水田や畑がスポーツ施設に転用されて、冬季も夏季も営業する民宿がすでに存在していた（石井 一九七七）。菅平高原では、もともと夏季のラグビー合宿が盛んであったが、畑からラグビーグラウンドへの転用は年々増加し、民宿の夏季営業は拡大していった（山本ほか 一九八一）。

（3）非居住地域におけるスキー場開発

一九七〇年代になると、非居住地であった大規模な空間にスキー場開発が進行した。その代表例は一九七二年に開始された斑尾高原（長野県飯山市）の開発である。スキー技術の向上とともに大規模なスキー場が求められただけでなく（白坂 一九八六）、非居住地の多くは標高が高く、雪質の良さも評価された。また、スキー場への交通手段が鉄道から自家用車やスキーバスへと重要性が移っていくなかで、鉄道駅から離れた非居住地での開発が可能となった。こうした開発形態は一九八〇年代にはさらに盛んにみられた。

非居住地でのスキー場には、ホテルやペンションも同時に開発される場合も多い。ペンションは個人経営という点では民宿に類似するが、その相違はペンションが洋風建築・内装、洋風な食事を売り物として外来者によって経営される点にある。脱サラの都市住民がペンション向けの用地を購入し、そこにログハウスや山小屋風などの自分の好みの建物を建てる場合が多い。洋風であるという特徴が女性や若年層を惹き付けた。一九七〇年代にはペンション用地の分譲が、先述の斑尾高原や黒姫高原、白馬村のエコーランドやどんぐり村、乗鞍高原、群馬県片品村などでなされた。とくに、峰の原高原（長野県須坂市）では、大規模な集団分譲がなされた。その結果、ある程度の規模のペンションビレッジが成立した。また、群馬県の草津温泉のような温泉地や民宿地域の周囲でも、小規模なペンションの集積がみられるようになった。

一九九〇年前後のスキーブームと農山村

（1）スキーブームとスキー場開発

一九八〇年代から一九九〇年代の初めにかけて、日本のスキー・ツーリズムは大きく発展した（呉羽 二〇一七）。スキーは若者世代の流行となり、映画「私をスキーに連れてって」の公開（一九八七年）も後押しとなって、スキー人口は増加した。とくに二〇歳代の女性スキーヤーの増加が顕著であった。それによってスキーブームが生じた。

こうしたブームとともに、また全国的動向としてのリゾート開発増加、国有林野におけるスキー場敷地面積の拡大、大都市から積雪地域への高速交通網の完成、スキー場内設備の技術革新（高輸送能力のスキーリフト、人工降雪機など）のような条件の下でスキー場開発が急激に拡大した。その拡大は、既存スキー場の拡大・拡充とスキー場の新規開発とに分けられる。前者ではゲレンデが拡大され、また施設が大幅に更新された。一方の新規開発では、リゾート型とコンビニエンス型という新しいタイプのスキー場の出現がみられた。

リゾート型スキー場は、リゾートホテルを備えた総合的なリゾートとしてとらえられる。代表的な例として、北海道のトマムやサホロ、岩手県安比高原などがある。既述の斑尾高原に類似するこのタイプは、一九八〇年代のリゾート開発ブームのなかで急速に増加した。一方のコンビニエンス型スキー場は、大都市圏からの日帰りのスキー旅行に対応したものである。大規模な駐車場や仮眠施設をもち、早朝五時前後からスキーリフトを運行した。新潟県の神立高原やガーラ湯沢、群馬県の川場、長野県の富士見パノラマなどが代表例である。

(2) スキーブームによる農山村の変貌

スキーブーム期、農山村の集落に近接したスキー場開発はそれほど多くはない。東北や北海道の一部でみられたが、スキー場の新規開発の多くは非居住地で進んだ。しかし、既述のように、農山村の集落に近接して立地した既存のスキー場ではその拡大・拡充が急速に進んだ。それは、輸送能力の高いスキーリフトへの更新、標高の高い地域へのスキーコース拡張、セルフサービス形式の西洋風レストラン導入、駐車場の拡張などにみられる。こうしたした施設やサービスの拡充は雇用人員の増加ももたらした。

それをうけて、農山村は大きく変貌した。個々の地区での宿泊施設数の増加はそれほど多くはなかったが、スキーブームのもとで増加した宿泊者に対応するように、多くの民宿やペンションで規模拡大がなされた。こうした規模拡大は、年末年始や週末に集中するという日本人独特のスキー・ツーリズムの形態に対応したとみることができる。この時期にはそこでかなりの稼働率上昇をもたらしたが、平日もスキーバスを利用して訪れる大学生などである程度の集客があった。とくに民宿では、近代的な建物への建て替えがなされる例が多くみられた。その結果、民宿地域では、さまざまな関連産業にも経済効果をもたらした。それらは、多くの宿泊施設が建て替えや改築のために利用する建築業や関連事業、日々の食事提供のための食料品店、シーツなどのクリーニング業である。また民宿の規模拡大によって、経営が家族労働力だけでは不足する事態も生じ、近隣の知人や大学生を臨時労働者として雇用するようになった。さらに、一部の民宿地域には、居酒屋やディスコ、土産品店などの新規立地がみられた。このように観光業やその関連産業への傾倒が、当時のスキー場近隣農山村でみられたのである。

こうした変貌のなかで、農山村の重要な要素であった農業的土地利用や農業従事人口は徐々に減少していった。民宿建物への投資の拡大は、夏季営業の増加を促進し、多くの大学生合宿者を吸引した。一部の耕地はグラウンドや体育館へと転用された。また夏季営業の重要度が増し、そこでの労働が増えていくと農業にかける時間は短縮され、自家用の野菜のみを栽培する程度の耕作へと変化する傾向がみられた。

スキーブーム後の農山村

一九九〇年代の前半、バブル経済が崩壊し、時期を同じくしてスキーブームは短期間で縮小した。それ以降、二〇一〇年代半ばまでスキー人口は急速に減少し、スキー場への来訪者も激減した。スキー場では赤字経営が続き、二〇〇〇年前後から索道経営会社の変更が頻繁にみられるようになった（呉羽 二〇〇九）。さらには、スキー場の休業、さらにはその閉鎖へと至る例も多い。二〇一二年現在、休業・閉鎖のスキー場数は約二八〇カ所で、一方四八〇カ所が営業されていた（呉羽 二〇一七）。二〇一〇年代になるとスキー人口の縮小もやや落ち着いたため、閉鎖されるスキー場数は微減状態にある。

それによって、近接する農山村も大きく変化している。スキー場来訪者の減少のみならず、宿泊者の減少によって、宿泊施設は大きな打撃を受けた。まずは平日の宿泊者が減り、その後は年末年始や連休を伴う週末のみに利用がみられるようになった。予約方法もかつて主体であった電話からインターネット経由に変更され、民宿の設備水準は一九九〇年前後の状態で止まり、水廻りなどを中心に整備の遅れが目立っている。そうした状況下、高齢者のみが経営する民宿、宿泊業の不安定収入のために後継者不在となる民宿では廃業を余儀なくされた。

かつてスキー場に大きく依存した農山村では、高齢化率が高まり、人口減少がみられるようになっている。ただし、一部の地域では、外国人スキーヤーの訪問が急激に増加し、衰退傾向にストップをかけている。北海道のニセコ地域、長野県白馬村、野沢温泉村、新潟県赤倉温泉などでは、二〇〇〇年代以降、オーストラリアからのスキーヤーが長期滞在している。そこでは、広い部屋に滞在しながら夕方以降は外食を楽しむといった外国人スキーヤーの楽しみ方に対応して、アパートの立地やレストランの増加などの変化が生じている（呉羽二〇一四）。一方で、これまでの受け入れのやり方では、外国人のニーズに対応できないといった苦難も多い。

群馬県片品村におけるスキー・ツーリズム

以上では、全国の農山村におけるスキー・ツーリズムの特徴を説明してきた。本節では、群馬県片品村における変化の事例をみてみよう。

（1）片品村の概要

片品村は群馬県北東部、利根川の支流である片品川の源流に位置する山村である（図1）。伝統的には畑作に養蚕、家畜飼育、薪炭生産などの生業を組み合わせてきたが、いずれも小規模であった。村の北部には尾瀬が存在し、明治期の山小屋建設、一九五〇年前後の水芭蕉ブームなどで観光業との繋がりをもってきた。しかし、一九五五年の人口約八五〇〇人をピークに一九七五年には約六二〇〇人まで減少し、山村振興地域、過疎地域、さらには特別豪雪地帯に指定されてきた。もちろん、一九六五年に金精トンネルが開通すると日光と結合され、マス・ツーリズムで発達した周遊旅行のルートとして多くの観光者が通過した。

写真1　スノーパーク尾瀬戸倉

四季の森ホワイトワールド尾瀬岩鞍より，2014 年 3 月撮影.

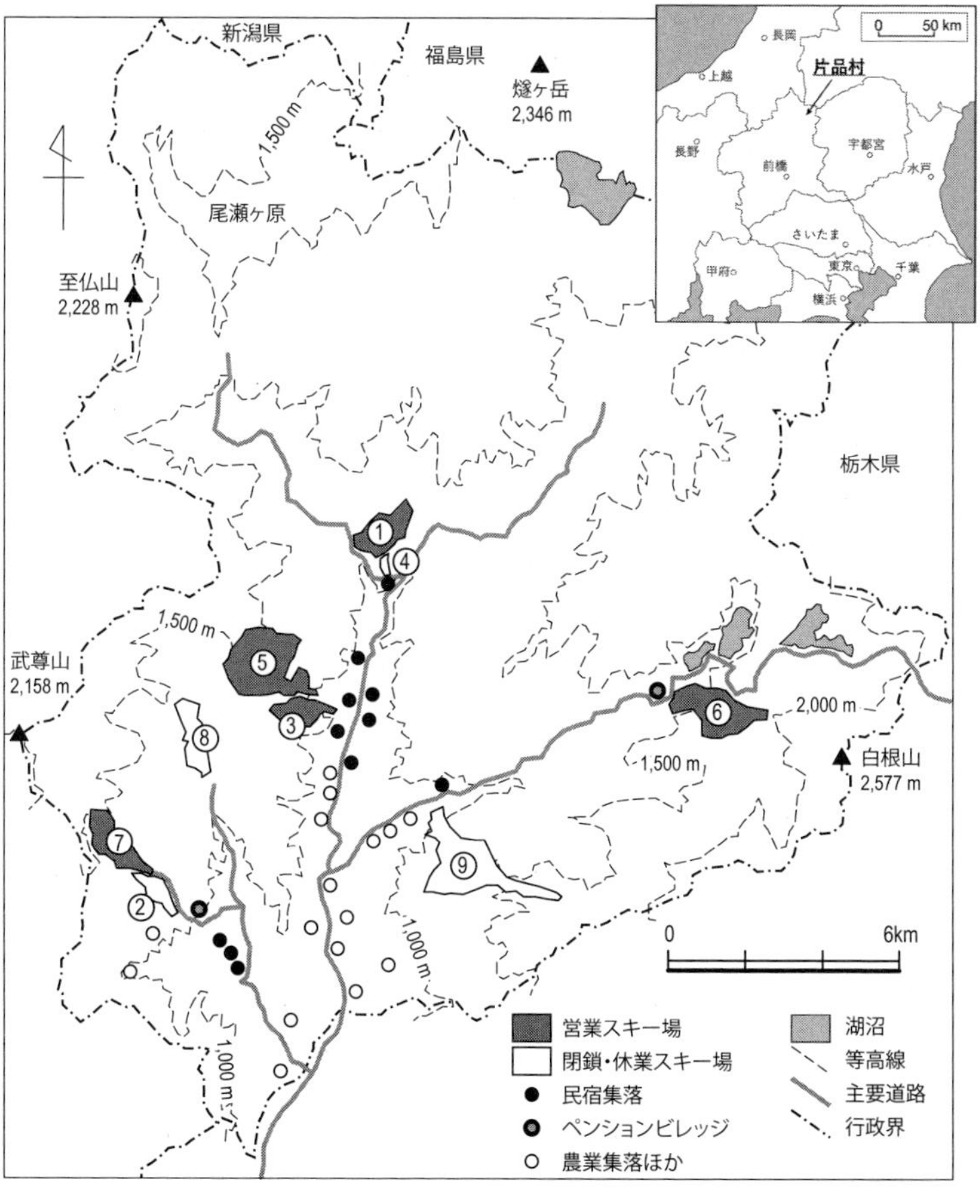

図 1　群馬県片品村の概要

注）スキー場番号は表 1 に対応する.

（2）スキー場開発の開始

尾瀬に最も近い集落「戸倉」は、標高一〇〇〇メートル内外と村内で最も標高が高く、農業生産性に恵まれない山村であった。しかし、尾瀬へのゲートウェイでもあるという性格から、もともと尾瀬における観光業との関係は深かった。戸倉では、基幹産業である農業の不振、不要となった共有採草地の存在、国内他地域でのスキー・ツーリズム発展に影響されて、外部資本の誘致でスキー場を開発することになった（呉羽 一九九一）。当時、労働者団体である総評（日本労働者組合総評議会）が勤労者のためのスキー場開設を計画しており、仲介者によって両者の意向が合致し、一九六二年一二月に尾瀬戸倉スキー場が開設された（写真1）。

この後、一九七〇年代までにさらに七カ所のスキー場開発がみられた（表1）。このうち、オリンピア（図1および表1中の2）、かたしな（同3）、岩鞍（5）は、戸倉の場合と同様に、近隣集落の共有地を利用して開発されたものであった（呉羽 一九九六）。共有地の多くは、集落単位で国有林を払い下げる際に組織された牧野組合

表1　片品村におけるスキー場の概要

番号[a)]	名称	開設当初の開発者	開設年	スキーリフト数の推移[b)] 1980	1991	2005	2018	最高点標高 (m)[c)]	標高差 (m)[b)]	備考
1	スノーパーク尾瀬戸倉	財団法人	1962	S7	S1, P6	P7	P7	1,420	340	
2	武尊オリンピアスキー場	都市資本	1964	S6	S4, P3	-	-	1,360	310	2001年4月閉鎖
3	かたしな高原スキー場	都市資本	1967	S5	P3, T3	P3, T3	P3, T3	1,270	320	
4	村営戸倉スキー場	村	1969	S2	S2	-	-	1,160	150	1994年4月閉鎖
5	四季の森ホワイトワールド尾瀬岩鞍	地元＋都市資本	1974	S3, P3	S2, P13, Q1, G1	P12, Q2, G1	P9, Q2, G1	1,700	700	
6	丸沼高原スキー場	都市資本	1974	S7	S3, P8	S2, P10, G1	S1, P7, G1	2,000	616	
7	スノーパル・オグナ武尊	村	1975	S3, P1	S3, P4	P5, Q1	P6	1,800	600	旧名称「国設武尊」
8	武尊牧場スキー場	第3セクター	1979	S3	S4, P1	S2, P4	-	1,480	380	2017年4月閉鎖
9	サエラスキーリゾート尾瀬	第3セクター	1994	-	-	P1, Q3	-	1,540	600	2013年4月閉鎖
	総　計			40 (S36, P4)	62 (S19, P38, T3, Q1, G1)	57 (S4, P42, T3, Q6, G2)	40 (S1, P32, T3, Q2, G2)			

a) スキー場番号は図1に対応する.
b) S：シングルリフト, P：ペアリフト, T：トリプルリフト, Q：クワッドリフト, G：ゴンドラリフト.
c) 閉鎖されたスキー場については閉鎖直前のデータ.
各スキー場およびスキー場ガイド(ブルーガイドグラフィック『日本のゲレンデ2019』実業之日本社, 2018)による.

の所有であり、かつては乾草や萱の採草地であった。共有地の利用権保有者は、スキー場への優先的雇用やそこでのレストハウス経営の権利をもち、冬季の経済活動にとって重要な意味をもっていた。一方、丸沼（図1および表1中の（6）、武尊（同7）、武尊牧場（8）の各スキー場は、奥地にある広大な林野の一部を借地して開発された。丸沼は親会社である十條製紙（当時）の社有林野を、武尊は国有林野を、さらに武尊牧場は村有牧場をそれぞれ利用したものであった。

（3）スキー場開発による集落変化

こうしたスキー場開発をうけて、近接する集落では民宿経営を開始する農家が増えていった。それはまずは戸倉地区でみられ、その後はスキー場の開設時期にあわせて地区ごとに増加した（表2）。民宿のほかにも、旅館、ペンション、ホテルが徐々に立地するようになった。一九八〇年では民宿（写真2）が六割を占めたが、花咲地区、東小川地区、越本地区、土出地区に多く立地していた。旅館の大半は民宿が大規模化し経営が専業化されたもので、最も観光業に依存する戸倉地区で多い。一九六〇年代まではほぼ冬季のみの営業であったが、一九七〇年代以降は夏季に

表2　片品村における宿泊施設数の地区別推移

地区	年	民宿	旅館	ホテル	ペンション	合計
花咲	1980	39	0	1	11	51
	1988	47	2	2	38	89
	1997	32	2	2	43	79
	2019	24	0	0	28	52
東小川	1980	21	1	2	7	31
	1988	25	1	2	18	46
	1997	26	1	2	24	53
	2019	13	1	1	23	38
越本	1980	30	0	1	1	32
	1988	39	2	1	3	45
	1997	38	1	1	10	50
	2019	21	4	1	2	28
土出	1980	23	10	0	2	35
	1988	32	11	3	10	56
	1997	31	11	4	16	62
	2019	21	14	2	7	44
戸倉	1980	4	28	0	3	35
	1988	5	30	1	6	42
	1997	5	28	1	8	42
	2019	2	21	2	0	25
その他	1980	1	2	0	0	3
	1988	1	2	0	0	3
	1997	1	2	1	3	7
	2019	1	2	0	0	3
合計	1980	118	41	4	24	187
	1988	149	48	9	75	281
	1997	133	45	11	104	293
	2019	82	42	6	60	190

片品村観光協会資料および同ホームページによる.

も営業する民宿が出現した。テニスコート、グランド、体育館を整備することで、夏季の合宿客を受け入れた。一九七二年に越本地区中里の四人が農地を転用し、共同で二二面のテニスコートを建設した。その後テニスコート建設がブームとなり、一九七七年には村内で約一三〇面、一九八二年には二四五面へと増加し、一大テニス合宿地となった。その一方で、民宿地域での耕地減少や夏季の民宿労働力の増加は農業の縮小をもたらし、逆に宿泊業・観光業の重要性は高まっていった。

ペンションの開設は、村外からの移住者によって一九七五年から始まった。その大半は、花咲地区と丸沼地区のペンション村に立地した。花咲ペンション村は、武尊オリンピアスキー場の東にあった個人所有採草地を東京の建設会社が買収・造成し、ペンション用地として売り出されたものである。一方丸沼ペンション村は、スキー場の開発と合わせて、十條製紙社有林に用地造成されたものである。

（4）スキーブームによる変容

一九八〇年代は、スキーブームのもとで多くのスキーヤーが来訪した。スキー場はゲレンデコースの規模拡大、人工降雪機の設置、スキーリフト（表1）やレストハウスの更新、駐車場の規模拡大などの施設整備を推進した。週末には連日、村内全スキー場で二～四万人程度が訪れるようになり、かなりの混雑が生じるようになった（呉羽 一九九二）。ただし、後述するように、宿泊施設の村全体収容人数は一・五万人（一九八八年）であったため、週末にはかなりの規模の日帰りスキーヤーが存在した。

そうしたなかで、宿泊施設はペンションなどを中心にさらに増加した（表2）。宿泊施設の種類が多様化して、

写真2　土出地区閑野の大規模化した旅館

もともと民宿であったが大規模化してスポーツ施設を有する旅館となった．2019年8月撮影．

さまざまなスキーヤーのニーズに応えるようになった。また、多くの宿泊施設では中型バスによるスキー場への送迎、スキー場と連携したリフト券を含めた格安のパック料金導入、独自の料理提供などのサービスで人気を集めた。一方で、投資の増加は宿泊施設の夏季利用を推進させた。多くのテニス合宿を受け入れ、一九八〇年代後半からはサッカー合宿も徐々に導入された。

スキーブーム期における観光業の発展は関連産業にも波及した。宿泊施設の拡大整備の増加は、建設業や関連業種を大きく発展させた。また、宿泊施設での食材を提供する、村内の商業施設では、訪問者受け入れ月には売上額の大幅な上昇がみられた。こうした経済活動の発展は後継者の確保をもたらし、人口は増えなかったものの、一九七〇年代半ばから二〇〇〇年頃までおよそ六〇〇〇人規模で維持されていた。

しかし、大量のスキーヤー訪問、さらにはその週末への著しい集中は住民の生活にも悪影響を及ぼした。とくに週末の夕方に生じる道路の大渋滞は顕著であった。ピーク時には「関越自動車道の沼田インターチェンジを先頭に尾瀬岩鞍スキー場の駐車場まで渋滞する」とまで揶揄された。村内中心部の信号システム、沼田インターチェンジへの右折進入による渋滞であるとされていたが、村民はその際には移動を控えていたという。

（5）スキーブーム後の動向

スキーブームの衰退で、片品村へのスキーヤー訪問は大きく減少した。群馬県の観光統計によると一九九〇年代前半には冬季（一二〜三月）の訪問者数は村全体で一五〇〜二〇〇万人であったが、二〇〇〇年以降は一〇〇万人前後で推移し、二〇一〇年代半ばでは八〇万人前後である。また通年の訪問者数約一六〇万人の四分の三は日帰りである（二〇一六年度）。

スキーヤー訪問の減少によって村内に開発されたスキー場のうち四つが閉鎖されている（表1）。現存する五カ所のスキー場は、スノーボード(戸倉)、子ども向け(かたしな)、コース(岩鞍)、シーズンの長さ（丸沼）など、それぞれ独自の特徴をアピールしている。しかし、一部のリフト運休、スキーリフトの未更新などの状態が続いている。さらに、二〇〇〇年前後以降は積雪の不安定さが増しており、年末年始の営業などに影響を及ぼしている。

スキー訪問者数の減少、さらには日帰りスキーヤーの増加は、宿泊施設に大きな影響をもたらした。二〇一九年現在の宿泊施設数は一九〇でピーク時の三分の二となり、とくに民宿とペンションの減少が顕著である（表2）。民宿では建物の老朽化や水廻り施設の整備の遅れが、訪問者のニーズに合致しない例が多い。大型ボイラーの維持コストの圧迫、経営者の高齢化、後継者の他出などによっても廃業されている。ただし、外観的には民宿の看板を掲げているものの実際には営業していない施設もあれば、逆に年末年始などのピーク時のみに馴染み客を電話予約で受け入れるといった限定的な経営をする施設もある。ペンションの場合には高齢化で廃業する例が多い。そのまま建物に住み続ける例、売却して転出する例もある。後者は新陳代謝と解釈することもできるが、新規の移入者はそれほど多くないように思われる。

村ではスキーブームの衰退に対して、夏季合宿、温泉開発、トレッキング、グリーツーリズムの導入などで対応してきた。とくに、多くの宿泊施設が夏季合宿受け入れに注力している。テニスの重要性は減少したものの、人工芝のグラウンド整備等を通じてサッカー合宿への対応が盛んになっている（写真3）。少年サッカー等の大会を複数企画した結果、試合ができる環境を求めて多くのチームの滞在がみられる。ただし、合宿目的地は先述

写真3　花咲地区の人工芝グラウンド

旧・武尊オリンピアスキー場下部にあった土グラウンドが人工芝化された．2019年8月撮影．

した菅平高原など代替地が多いこと、合宿受け入れへの傾倒は宿泊施設の質的向上を妨げ、一般利用者の受け入れとの共存を困難する点で、今後の持続性が危惧されるように思われる。

片品村では、伝統的な基幹産業であった農林業は一部を除いてその地位を失い、一九九〇年代前半まではスキー・ツーリズムを中心に観光業の重要性が増してきた。しかし、スキーブームの衰退とともに経済的な基盤が不安定になった。その結果、一九九〇年代まで六〇〇〇人レベルで維持されてきた村の人口は、その後減少に転じている。二〇一五年には約四三〇〇人となり、六五歳以上の割合は約三五％に達している。

片品村は、かつて大都市からのアクセスに恵まれない山村であったが、スキー場開発とともに経済基盤が安定してきた。一九八五年の関越自動車道全通によって、東京からのアクセスは格段に向上した。さらには、二〇一三年に完成した沼田市から片品村に至る椎坂バイパスによってさらに近接性は高まっている。こうしたアクセス向上が日帰りスキーヤーの利便性を増し、宿泊需要の減少をもたらしている。トレッキング人気の高まりで尾瀬や日光白根山、武尊山などが重要な目的地になっているが、そのほとんどは日帰りである。宿泊も山小屋泊が多く、駐車場での車中泊もみられる。今後は、日帰り訪問の多さを認めつつも、村内での消費を増やしながら、観光産業を持続させる方策を検討する必要があろう。

日本の農山村とスキー・ツーリズム

スキー（アルペン）というレクリエーションは、雪に覆われた山岳地域のみでなされる。そうした条件を有する適地は、多くの人口をもつ大都市から離れているために、スキーはツーリズムと結びついてきた。ヨーロッパでは、スキーはリゾートでの長期滞在の形態で発展してきた。日本でも、第二次世界大戦前は温泉地での長期滞在が主体であった。ところが日本では、第二次世界大戦後、スキーが大衆化していく過程で短期滞在が卓越するようになった。これは、同時期のヨーロッパではバカンス制度発達のもとで長期滞在が継続された点と対照的である。日本独自のスキー文化としての短期滞在は、スキー場が立地する地域と出発地である大都市との距離が比較的近いという条件のもとで強調されてきた。

しかし、このスキー文化が本章で対象とした農山村を翻弄してきたように思われる。昭和の高度経済成長期頃まではある程度の宿泊滞在者がいたが、バブル期には短期滞在がある程度定着した。ただし、後者のブーム期には多くのスキー人口がいたために、短期滞在のデメリットを感じることはなく、その状況下で特段の誘客戦略がなくとも多くのスキーヤーを受け入れることができた。しかし、スキーブームが去りまた高速交通で近接性がさらに向上すると、訪問者は激減し、さらに日帰りスキー形態が卓越するようになった。その結果、スキー関連産業に傾倒してきた農山村の問題は深刻である。

今後はどうすべきなのか。現在の日本では、日本人と外国人のスキーヤーがある程度存在する。スキー場や農山村はどのようなスキーヤーをどのように受け入れるかを検討して、アピールしてくことが強く求められている。スキー場独自の個性やアイディアが必須であり、それがなければスキーヤーの安定した受け入れは困難である。また、「白馬バレー」で複数のスキー場が連携して効果をあげており、志賀高原や片品村のような複数スキー場を有する地域ではスキー場間のネットワークづくりが求められる。

農山村、とくに山村では、背後に広がる山岳の活用が重要なのかもしれない。山岳地域では、かつてスキー場開発がなされる以前から住民によるさまざまな利用がなされていた。それが伝統的な山村の資源利用であり、スキー場は新しい資源利用形態である。これらの利用形態は完全に入れ替わったように思われる。いま利用すべき資源は夏季の山岳資源であると思われる。現在、丸沼高原や八方尾根のようないくつかのスキー場では、ゲレンデ下部や中腹にキャンプ施設などの整備がなされている。このようなかたちで、山地の地域資源に基づく宿泊を媒介とした消費の仕組み作りが重要であろう。

もし日本のスキー・ツーリズムに長期滞在が普及していれば、農山村における観光業は別の性格を示していたに違いない。ただし、短期滞在スキー文化が定着した日本では、目的地である農山村が今後もスキーヤー受け入れのために奔走しなければならないのであろう。

参考文献

石井英也（一九七七）白馬村における民宿地域の形成、「人文地理」二九―一
市川健夫（一九七五）『雪国地理誌』銀河書房
呉羽正昭（一九九一）群馬県片品村におけるスキー観光地域の形成、「地理学評論」六四A―八
呉羽正昭（一九九六）観光開発に伴う首都圏周辺山村の変容―群馬県片品村の例―、愛媛大学人文学会編『愛媛大学人文学会創立二〇周年記念論集』愛媛大学人文学会
呉羽正昭（二〇〇九）日本におけるスキー観光の衰退と再生の可能性、「地理科学」六四―三
呉羽正昭（二〇一四）グローバル観光時代における日本のスキーリゾート、松村和則・石岡丈昇・村田周祐編『「開発とスポーツ」の社会学：開発主義を超えて』南窓社
呉羽正昭（二〇一七）『スキーリゾートの発展プロセス―日本とオーストリアの比較研究―』二宮書店
白坂　蕃（一九八六）『スキーと山地集落』明玄書房
土屋俊幸（一九九七）スキー場開発の展開と土地所有―「共同体的土地所有」の意味―、松村和則編：『山村の開発と環境保全』南窓社
長津一郎（一九七三）冬季における前夜行日帰型行楽について、「東京学芸大学紀要第三部門社会科学」二五
山本正三・石井英也・田林　明・手塚　章（一九八一）中央高地における集落発展の一類型―長野県菅平高原の例―、「人文地理学研究」五

第4章

戦後開拓地を再考する

北﨑　幸之助

日本の開拓地政策

（1）開拓地政策の時代的背景

開拓とは未開拓の荒野や湿地を開墾・干拓して、農業や居住のために利用する活動のことである（北﨑二〇〇九）。日本の明治期に行われた開拓事業は、政府の近代化政策に基づくもので、主に士族授産による開拓や北海道の屯田兵村開拓などの大規模なものが中心であった。明治期の開拓は日本の耕地面積を急速に拡大させ、一八八三～一九二二年までのわずか三九年間に、全国の耕地面積は四五三万ヘクタールから六〇八万ヘクタールへと増加した（元木　一九九七）。増加面積のうち、北海道の占める面積は七八万ヘクタールに及び、屯田兵村を中心とした北海道の開拓によって、日本の耕地面積は拡大するとともに農業生産力の増大をもたらした。

昭和期に入ると既耕地が増大し、国内開拓は停滞期に入った。それにかわって海外における開拓に重点が置かれるようになった。政府は海外移民政策の一環として一九三二年に満州移民事業を策定し、「満蒙開拓団」と呼ばれる集団移民を開始した。一九四五年の第二次世界大戦終結までに、全国から約二七万人が開拓団員として送出され、中国東北部の二三万九〇〇〇ヘクタールが開墾された（満州開拓史復刊委員会　一九八〇）。

第二次世界大戦直後の開拓事業は開拓地の建設によって、ひっ迫していた食料問題の解決をはかるとともに、都市部での失業者や復員軍人、海外からの引揚者の受け皿を確保しようとする政策に基づいて行われた。戦後開拓史編纂委員会（一九六七）によると、一九四五年一一月に策定された「緊急開拓事業実施要領」の骨子は、おおむね五年間に全国一五五万ヘクタール（うち北海道七〇万ヘクタール）の開墾、一〇万ヘクタールの干拓、および二一〇万ヘクタールの土地改良を行うというものであった。この政策により、全国に一〇〇万戸（同二〇万戸）を入植させようとした。終戦当時、陸軍・海軍からの復員者数は約七二〇万～七六〇万人、軍需工場の徴用者約四〇〇万人、海外からの引揚者約一五〇万人が予想されたことから、戦後開拓地の建設は戦後復興の重要な国策に位置づけられた。

しかし、この政策は終戦直後の混乱期に策定されたものであったため、想定した規模は現実と大きくかい離していた。そこで入植戸数や開拓面積の算定方法を見直して、一九四七年一〇月に「緊急」の二文字を削除した「開拓事業実施要領」が策定された。これを契機として、本格的に開拓事業が進められることになった。その結果、一九六四年までに全国で二〇万二六〇三戸（うち北海道四万三二五五戸）が入植し、開墾面積は五三万八四八四ヘクタール（同二一万五九三九ヘクタール）になった。第二次世界大戦直後の混乱で、日本の耕地面積は一時的に減少するが、戦後開拓地の建設によって耕地面積は約一八％増加し、一九六一年には過去最大となる六一一万ヘクタールになった（元木　一九九七）。明治期の開拓によって、すでに可耕地のほとんどが開墾されていただけに、戦後開拓地の多くは、それまで粗放的な利用にすぎなかった従来の耕作限界地域に建設された。したがって戦後の開拓は、明治期の開拓よりもさらに厳しい自然条件のもとで行われた。

第二次世界大戦後の高度経済成長期になると、高冷地や寒冷地に建設された開拓地のなかには、レクリエーション用地や別荘地などの非農業的土地利用に変化したものもあった。また、都市部に立地した開拓地では工業・住宅用地などの都市的土地利用に転用が進められ、入植者の離農化が進行した。一九七五年までに開拓行政が一般農政に移行され、戦後開拓地の多くは開拓集落としてのアイデンティティを失っていった。戦後開拓史編纂委員会（一九七七）によれば、一九七三年時点で九万三〇〇〇戸の開拓者が約三〇万ヘクタールの農地を造成し、日本の農業総生産額のおよそ四％に当たる約二〇〇〇億円の生産額をあげていた。

その一方で、戦後開拓地のなかには高冷地や寒冷地などの自然条件を活かして行う大規模な酪農経営や野菜栽培などに代表されるように、戦後の日本農業の特徴的な営農形態もみることができる。こうした戦後開拓地は、国や地方自治体からの財政的支援やさまざまな農業政策を受容するとともに、厳しい自然条件に適応しながら現在まで農業地域として維持・発展してきた。農業センサスをもとに、全国開拓振興協会が算出したデータによれば、二〇一五年時点で、四万三〇〇〇戸の開拓農家が現在でも営農を行っている。

こうして、戦後から七〇年以上が経過した現在でも、日本農業の生産基盤の一翼を担っている戦後開拓地が、どのように維持・発展、そして変容してきたのかについて、いくつかの事例からみていきたい。

（2）開拓地建設の特徴

農林省農地局（一九五〇）によると、全国に建設された戦後開拓地の総数は六、二〇八件であった。都道府県別にみると北海道が八六七件と最大で、次いで岩手県四三八件、福島県三九〇件、茨城県二六二件、秋田県二一一件とつづき、北海道から東北、そして北関東にかけての各道県で件数や創設面積が多かった（図1）。一方、東京（二八件）、京都（三〇件）、大阪（三一件）などの首都圏や近畿地方の各都府県、石川（四六件）、富山（五〇件）、福井（五四件）の北陸地方の各県での開拓地件数は少なかった。首都圏や近畿地方では、近世から近代に

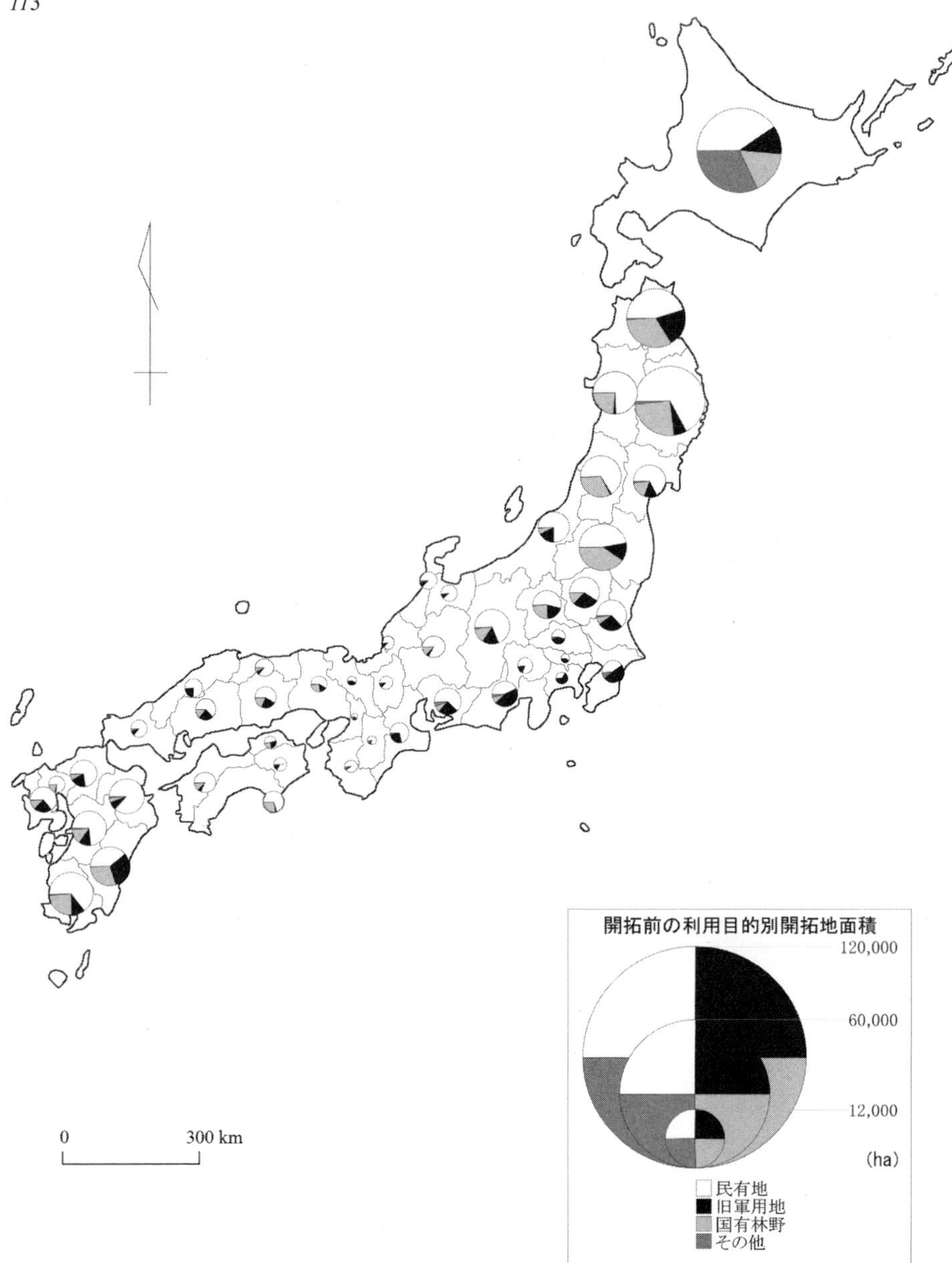

図 1　都道府県別の戦後開拓地の面積（1946 ~ 1964 年）

戦後開拓史編纂委員会（1977）より作成.

かけての開拓地が多く、人口が密集しているため、開拓面積は三〇〇〇ヘクタール以下の都府県がほとんどであった。両地域を中心として、それより外方へ向かうにつれて戦後開拓地の面積は広大となり、首都東京や京阪神といった大都市圏を中心とした圏構造の様相を示していた。また、戦後開拓地に転用される以前の用途は、全国的には民有地が最大であったが、青森、静岡、宮崎の各県では軍用地の占める割合が高かった。

戦後開拓地の立地に関しては、創設面積が大きい東北から関東、長野にかけての東日本と、鳥取、九州南部の宮崎、鹿児島の各県で、創設面積に占める火山灰土壌の割合が高かった。一方で、創設面積の小さい近畿地方などでは、火山灰土壌の割合はほとんど皆無であった。すなわち、第二次世界大戦前まで農用地などに開墾されなかった高冷地や寒冷泥炭地、および火山灰土壌に覆われた乏水地などの地力の低位な地域が、戦後開拓地の対象となったのである。北海道、東北、九州、中央高地などの地方は、第二次世界大戦後もこうした土地が広く残存しており、戦後開拓地の多くは相対的に土地生産力の低い地域に建設されたことがわかる。

農業指導者としての加藤完治の農業教育

戦後開拓地の多くは、それまで集落のなかった新しい地域に建設されたため、既存集落のような地縁・血縁関係がほとんど皆無であった。そのため開拓地の維持・発展過程には、農業指導者や農林水産省の官僚、入植者などのさまざまなアクター（行動主体）の役割が大きかったと考えられる。そこで本節では、戦後開拓地の形成に役割を果たした農業指導者である加藤完治に着目していく。

加藤完治は一八八四年一月、東京市本所（現・東京都墨田区）に、炭問屋の長男として生まれた（加藤完治全集刊行会 一九六七）。加藤の生前に父親が死去し、母親と祖母の三人で幼少期を過ごした。一九〇二年、東京府立第一中学校を卒業後、旧制第四高等学校（金沢大学の前身）に入学するため、北陸の金沢で学生生活を送った。その後、相次ぐ肉親の死去をきっかけに、キリスト教の洗礼を受けた。一九〇五年、第四高等学校を卒業し、翌年、東京帝国大学工科大学（現・東京大学工学部）に入学した。その後、体調を崩して休学し、一九〇八年、東京帝国大学農科大学（現・東京大学農学部）に転科した。在学当時、学部の同期で、のちの東京帝国大学農学部教授の那須皓らとともに「尚農会」という中小農保護政策などを話し合う勉強会を組織した。また加藤の同期には、のちに京都帝国大学農学部の教授になる橋本伝左衛門らがおり、その後の加藤の人的ネットワークはこの当時から形成されていった。

加藤は一九一一年に大学を卒業後、内務省地方局と帝国農会の嘱託職員となった。職務内容は新刊洋書の翻訳作業などが中心であり、彼が大学時代から関心をもっていた中小農の保護といったテーマとはかけ離れていたため、この仕事を続けていくことに大きな迷いがあった。そうしたなか、加藤は那須の誘いを受けて、群馬県赤城の山中に登山に出かけたが、登山中に遭難し、生死をさまよう事態に陥った。その時、加藤は「衣食住の生産に努力するは善なり」との考えをもつに至り、農業に従事することを決意した。一九一三年三月、内務省と帝国農会を辞職し、東京帝国大学の先輩で当時、愛知県立農林学校の校長をしていた山崎延吉を紹介され、同年四月、同校の教諭として働くことになった。非農家出身の彼にとって、ここでの作物栽培の実習や研究は、その後の農業指導者としてのアイデンティティ確立に大きな礎を築いた。

一九一五年、加藤はデンマークの国民高等学校（Folk High School）の設立精神を模してつくられた山形県立自治講習所の所長に就任した。加藤は同講習所で、デンマークの国民高等学校を参考にしながらも、独自のカリキュラムをつくり、山形県北部の北村山郡大高根村（現・村山市）や、最上郡萩野村（現・新庄市）の軍馬補充部跡地などで、開墾実習を中心にした教育を実践した。こうした開墾実習を通して、従来、耕作限界と考えられていた地域でも、工夫次第で可耕地となることに気づいた。しかし、彼は自治講習所の卒業生から「農家の長男には農地があっても、二・三男には耕す土地がない」という現実を突きつけられた。この時代の農村が抱える長子相続制や、強固な地主制といった現実に直面するとともに、狭小な国内農地では、農家の二・三男に新たに与えられる土地はなく、海外移民こそが、日本農村にとって喫緊の課題であるとの認識に至ったのである。

一九二二年九月から一九二四年一月まで、加藤は農商務省の指導課長をしていた石黒忠篤の強い勧めにより、アメリカ合衆国やドイツの農業地域、デンマークの国民高等学校などを視察した。加藤はこうした海外視察を通して、大規模農業や、機械化による効率的な農業の必要性を痛感した。加藤と石黒は、加藤が自治講習所の所長時代に親交があった。石黒は東京帝国大学法学部卒で、農商務省入省後は主に農村問題を担当していた。さらに一九二六年四月から翌年一月までの期間、加藤は二度目の海外視察を実施し、北朝鮮や中国東北地区（満州）、モンゴル（蒙古）の各地を廻り、これらの地において実際に日本人の移民可能な土地を調査した。

加藤が海外視察を行っている間、石黒は国内においてデンマークの国民高等学校の教育方針を模した私立学校の建設準備を進めていた。一九二五年、石黒は農村における有能な人材の育成を目指して日本国民高等学校協会を設立し、のちに理事長に就任した。石黒をはじめとして日本国民高等学校の理事には、東京帝国大学農学部教授の那須皓や京都帝国大学農学部教授の橋本伝左衛門、愛知県立農林学校校長の山崎延吉などが名を連ねていた。

一九二七年二月、茨城県宍戸村（現・笠間市）に日本国民高等学校が創設され、初代校長に加藤が就任した。日本国民高等学校での教育方針は、寮生活を基本としながら、教職員と生徒が協力して農業を行うというものであった。さらに同校は古神道の精神や武道をとり入れ、心身の鍛錬をはかることにより、将来、農村において指導的役割を果たす人材の育成を目指した。日本国民高等学校の設立と同時に、国家レベルでは海外移民の計画が進められ、一九二八年、加藤は朝鮮江原道平康郡平康（現在の北朝鮮）に、自治講習所の卒業生や日本国民高等学校の第一期生二〇名が送り出された。この時に移住した自治講習所卒業生の一部が、第二次世界大戦後、福島県西郷村に建設された戦後開拓地の白河報徳開拓農業協同組合・由井ヶ原地区への入植者となった。

その後、加藤は満蒙開拓青少年義勇軍訓練所や満蒙開拓幹部訓練所、さらには満蒙開拓指導員養成所の所長に相次いで任命され、訓練生たちに満州での農業経営に必要な農業知識や開墾の技能を身につけさせた。その結果、「満蒙開拓団」では、加藤自身を紐帯として、教え子たちの間に強い結びつきが形成された。

加藤完治の息子である加藤弥進彦によれば、敗戦を経て加藤完治は、海外からの引揚者の受け皿を日本国内において建設することが、海外移民を推進した者の責任であると考えた（加藤 一九九七）。そうしたなか、旧陸軍省内に設置されていた「退職軍人補導会」から復員軍人の入植計画遂行の要請を受けた。そこで彼は自ら限界地域における開拓地建設に乗り出し、福島県西白河高原西郷村に入植して、入植者の直接的な開拓指導に当たることになった。

福島県西白河高原での戦後開拓地建設

（1）厳しい自然条件

福島県西白河高原は、栃木・福島両県境の那須火山東麓に位置し、行政的には福島県南部の西白河郡西郷村に含まれる。西郷村は首都東京から一七〇キロ圏に位置するが、村内には東北新幹線の新白河駅、東北自動車道の白河インターチェンジなどがある。この地域一帯は、地力の低い火山灰土壌に覆われ、一〇～三月にかけての冬期には「那須おろし」と呼ばれる北西からの季節風が吹き付けるなど、農業を行うには厳しい条件があった。そのため、開拓前は陸軍の軍馬補充部が置かれ、放牧地としての粗放的な利用が行われるに過ぎなかった。この厳しい条件のなか、開拓者たちがつくったのが白河報徳開拓農業協同組合（報徳地区）と由井ヶ原開拓農業協同組合（由井ヶ原地区）である（写真1）。二つの開拓地は、海抜高度五〇〇～七五〇メートルに位置した高原であり表流水もなく、水田稲作は困難であった。

（2）加藤完治の開拓地建設方針

日本国民高等学校や満蒙開拓指導員養成所などで農業指導の実績があった加藤は、旧陸軍省内に設置されていた「退職軍人補導会」から、「農業に不慣れな多数の復員軍人の営農指導をしてほしい」との依頼を受け、元満蒙開拓指導員養成所および元満蒙開拓青少年義勇軍訓練所の訓練生らにこの入植計画を勧めた。加藤は「全国の軍馬補充部跡地のなかで、最も耕作条件が悪く、誰もが希望しない土地」への入植を主張した（白河報徳農業協同組合三十年誌編集委員会 一九七八）。そして、福島県西郷村の軍馬補充部跡地の約七〇〇ヘクタールへの入植が決定した。報徳地区への入植は、満蒙開拓青少年義勇軍の訓練課長であった菅野弘を先頭に、一六名の先遣隊（白河高原農村建設隊）によって、一九四五年一〇月に開始された。加藤自身は同年一一月一八日に入植し、同年一二月までに合計八四名が入植した。加藤は地主制の否定と自作農の創設を意図していたため、戦後開拓地建設はこうした長年持ち続けていた懸案事項の解決にも有効性をもったと考えられる。

加藤完治が入植時に示した報徳地区の開拓指導方針は、自給自足の可能な営農を行うことであった。同地区は二〇歳代の農業技術が未熟な満蒙開拓青少年義勇軍出身者らが入植したため、加藤は組合員全体で行う共同経営を指示した。加藤は一致団結して開墾作業に従事させることによって、自給食料を確保しようとした。また、そ

写真1　西白河高原からみた由井ヶ原地区
福島県西郷村にて，1997年撮影．

れぞれに地縁的・血縁的関係をもたない入植者を自然条件の厳しい開拓地に定着させるためには、こうした共同生活が適していると考えていた。

しかし、開拓地の営農基盤が徐々に確立してくると、妻帯者や経歴の違う組合員の間で独立の機運が高まってきた。そこで加藤完治は、こうした独立機運の高い組合員らを中心に「実験農場」を組織させ、共同経営からの分離を認めることによって、組合内の階層分化に対応した。その後、加藤完治の後継者となった息子の弥進彦は、組合の経営を引き継ぎ、営農基盤が確立したと判断して、短期間のブロック別経営を経ながら、完全な個人経営に移行させた。さらに加藤弥進彦は、それまでの自給的な作物生産からの脱却を目指し、酪農と種子用ジャガイモの生産を営農の柱にすえ、地方中心都市である隣接の白河市や首都東京へ向けた商品作物の栽培を開始させた。さらに報徳地区の組合員らの間で、酪農やジャガイモ、野菜などの分野において、隣接の開拓農協組合員らとともに生産組合や研究会といったネットワークが相次いで形成されるようになった。この頃から加藤完治を中心として出発した共同体的集団は分化し始め、酪農やジャガイモ、野菜などの各分野で機能集団が次第に形成され、同集団を形成した組合員が中心となって、新しい作目の導入を積極的に行った。酪農やジャガイモなどの各分野では、機械の共同所有と利用、農業技術の習得や農作物の販売といった、外的なネットワークを形成することによって、開拓集落の維持・発展に大きな役割を果たした。機能集団の形成以降も、加藤完治を中心とした組合内の紐帯は息子の弥進彦を通じて引き継がれていった。

一方の由井ヶ原地区は国鉄食糧増産本部の直轄農場として開拓が始まった。賃金労働者である農場員のなかには、加藤完治の直接的な農業指導を受けた満州や北朝鮮からの引揚者らが含まれていた。こうした入植者は報徳地区の入植者よりも約二〇歳年長で、海外での開拓経験もあったため、食糧増産本部解散後に設立された農協では、発足当初から個人経営の形態がとられた。また、報徳地区への入植者のほとんどが満蒙開拓青少年義勇軍関係者であったのに対し、由井ヶ原地区は満州からの引揚者、北朝鮮開拓経験者、樺太からの引揚者、さらには福島県内からの入植者など、大きく四つの出身者群に分かれていた。この入植前の経歴によって、生活班を越えた「組」が組織された。「組」は冠婚葬祭時の手伝いなどを行い、地区内の結びつきを強固なものにした。こうした地区を支える相互扶助の内的なネットワークが、機能集団の外的ネットワークの形成とともに重層的に開拓地内に存在することによって、集落維持を可能にした。

両地区とも地縁的、血縁的関係のなかった集団が、加藤完治の入植者の属性を勘案した営農指導によって自然条件の厳しい開拓地に定着し、開拓の基礎を築くことができた。さらに息子の加藤弥進彦は、組合の営農の柱を酪農と種子用ジャガイモの生産に置くことによって、それまでの自給的・共同体的営農から脱却させた。その結果、高冷地と比較的恵まれた交通条件を背景に、商業的農業への転換をはかった農家群と第二種兼業農家群が生じた。一九八〇年代には大規模酪農家の出現をみるまでになり、大規模酪農家と第二種兼業農家との間には、土地貸借の内的なネットワークもみられ、開拓地の維持に一定の役割を果たしたのである。

なお、白河報徳開拓農業協同組合は一九九九年一二月、近隣のＪＡ白河に編入することで、半世紀以上にわたる開拓農協としての歴史に幕を閉じた。その後、ＪＡ白河も広域合併によって創設された「ＪＡ夢みなみ」に組み込まれ（二〇一六年）、現在に至っている。

時代の変化に対応する戦後開拓地

（1）都市化に対応した大八洲開拓農業協同組合

茨城県と千葉県の県境付近を流れる利根川流域に立地したのが大八洲開拓農業協同組合である。同農協は茨城県守谷市と常総市にかけて建設された戦後開拓地である。守谷市には現在、つくばエクスプレスや関東鉄道常総線が走り、近くには常磐自動車道の谷和原インターチェンジもあり、首都・東京との交通の利便性は高い。こうした首都との近接性から一九七〇年代、同市（同時は守谷町）には、開発面積七〇〇ヘクタールの日本住宅公団の団地が建設された。それを契機として、人口が増加し、急速に都市化が進展した。

大八洲開拓農業協同組合地区は、満蒙開拓団の大八洲開拓団団長だった佐藤孝治が中心となって、戦前の満州開拓時代に築いた紐帯を戦後にも活かしながら、新しい農業地域づくりに取り組んだ開拓地である（写真2）。大八洲開拓農業協同組合地区はそれまで未利用地や粗放的な利用にすぎなかった低湿地帯や関東ローム層に覆われた乏水性の洪積台地上に建設された。第二次世界大戦後、佐藤孝治の指導のもと、満蒙開拓第一次武装移民の分村である大八洲開拓団出身者らが多く入植し、共同生活をしながら開拓を開始した。

佐藤孝治は農業指導者の加藤完治の影響や満州開拓時代の自らの経験から、初期段階は共同で開拓を行うように指示し、開墾作業と同時に組合員を他市町村に派遣して、製塩や木材加工などの業務に従事させ、組合の運営資金を捻出させた（大八洲開拓農業協同組合一九七五）。

一九五五年に組合の経営主体が個人に移行された後は、大原・流作・浅間山・素住台の四地区で、それぞれの土地条件に応じた経営が行われるようになった。各農家は地力をあげるために「水稲作・酪農」、「水稲作・養豚」など、家畜を組み合わせた複合経営を行った。佐藤は個人経営移行後も満州開拓期から継続していた人的紐帯を重視し、「共済金制度」という相互扶助の生活ネットワークを形成して、組合員の医療費や冠婚葬祭費用などをまかなった。

写真2　大八洲開拓農業協同組合本部

茨城県守谷市にて，2019年撮影．

一九六〇年代中頃から始まる高度経済成長期には、素住台地区が都市化の影響を受けて大規模ニュータウン建設の候補地となり、集落移転を余儀なくされた。そこで佐藤は土地売買に関するアクターネットワークを形成させ、組合員を一丸となって補償交渉に当たらせた。そして佐藤は、移転時に支払われる補償金を活用して、新たな用地を買収し、畜舎を新築させることによって組合員の経営規模を拡大させた。また、ニュータウン地区内に離農して貸アパートや駐車場経営を始める組合員も現れたが、佐藤は地区分裂や離農による組合員の紐帯の低下を相互扶助のネットワークを形成することによって、集落を維持させようとした。なお、この共済金制度は現在も続けられている。

水稲作農家は国からの補助金によって地区内にライスセンターが建設されたのを契機として、一部の専業的農家に水田を管理させる「請負耕作」制度を開始した。二〇〇〇年代になると、六戸の稲作専業農家が三五戸の農家の所有する水田を管理するネットワークが形成された。さらに、地区によって水稲品種を変更するとともに、小麦への集団転作を行いながら、集団化のメリットを活かした営農を行った。二〇一〇年代になってからも、こうした請負耕作の形態は続けられている。転作作物については、政府の奨励策もあり、現在は小麦から飼料用米に変更されている。

酪農家は機械購入とその管理や牧草の共同収穫を行うネットワークを地区ごとに組織していたが、一九九〇年代に入り、より効率的な機械の集団所有をはかるため、大原、流作の両地区は一つのネットワークを二〜四つに分割した。機械の購入や営農規模の拡大には国や県からの補助金を積極的に活用していた。

牛乳の販路拡大・多様化を目指すなかで、二〇〇〇年から守谷市内に「ミルク工房もりや」を開設している。大八洲開拓農業協同組合管内で搾乳された生乳を使用し、牛乳と、飲むヨーグルトなどを工場で製造している。

写真 3　畜産団地化した流作地区
茨城県守谷市にて，2019 年撮影.

施設の建設には国庫補助金を活用した。現在、守谷市内のスーパーマーケットや、常磐自動車道の守谷サービスエリアで乳製品の販売を行っている。

二〇〇三年には酪農家が集中する流作地区において、治水対策の一環で集落移転計画がもち上がった。そこで、農協では二一戸の対象農家をとりまとめ、鬼怒川の対岸の場所に集団移転を開始した。二〇〇九年には国庫補助による畜産団地化も進め、流作地区内の土地を盛り土して畜産団地も形成した（写真3）。これにより飼養頭数の多頭化が進展し、現在は一一戸の酪農家でおよそ一〇〇〇頭の乳牛を飼養している。

戦後開拓行政が一般農政に移行された一九七〇年代以降、戦後開拓地では世代交代が進み、営農の主体が入植二代目に引き継がれていった。大八洲開拓農業協同組合地区では、そうした世代交代時にも、入植時の紐帯を維持するために、初代入植者の多くは、その子弟を加藤完治の農業指導が継承されていた日本国民高等学校に入学させた。こうして戦後開拓地の入植者の子弟が同校へ入学することにより、加藤完治の農業教育が、開拓地にも受け継がれていった。このことが、戦後開拓地として現在まで維持できた要因の一つとなった。

（2）ネットワークが変容する富士開拓農業協同組合

富士山南西麓の静岡県富士宮市に建設されたのが富士開拓農業協同組合である（写真4）。富士宮市南部にはＪＲ身延線が走り、隣接の富士市には東名高速道路や新東名高速道路のインターチェンジが設置されていて、首都・東京と近接性がある。また、世界文化遺産に登録された富士山の麓にあるため、夏季を中心に登山客や観光客なども多い。気候は平坦地域では温暖であるが、高冷地域は冷涼で、とくに梅雨時期から夏季にかけて濃い濃霧に覆われる

写真4　富士開拓農業協同組合本部
静岡県富士宮市にて，2019年撮影．

ため、日照時間は少ない。土壌は富士山から噴出して花崗岩が風化した「富士マサ」と呼ばれる土が厚く堆積しており、一般に保水性は乏しく、地力は低い。

富士開拓農業協同組合地区は、満蒙開拓青少年義勇軍内原訓練所の元教官である植松義忠を初代組合長として設立された。その後、元長野開拓団団長の伊藤義実が組合長を引き継ぎ、この二名が中心となって開拓が進められた(富士開拓三〇年史編纂委員会 一九七六)。とくに植松は地方や国のアクターとの結びつきを強める過程で、開拓地維持・発展に関するネットワークを形成した。富士開拓農業協同組合地区はこうしたネットワークを活かしながら、補助事業などを通して、脆弱だった営農基盤を整備していった。一九八〇年代以降、各農家では入植二代目に経営の主体が移行したが、高冷地域に位置する標高の高い富士丘、荻平、広見の三地区では、酪農に専門化して経営規模を拡大させていった。

その土地に人々を結びつける地縁や血縁関係が存在しない戦後開拓地において、同地区では「長野開拓団」がその基盤となった。地域内には各地区の代表者を中心とした連絡組織だけでなく、さまざまな機能的な集団が形成された。とくに標高の高い富士丘、荻平、広見の各集落では、酪農を主体としたネットワークが重層的に形成され、集落の維持・発展に大きな役割を果たした。一方で、標高の低い人穴や東地区などの各集落では、酪農を経営の中心としていなかったため、こうしたネットワークが形成されず、市中心部への通勤が主体となり、農業集落としては存在しなくなった。

二〇一九年現在の富士開拓農業協同組合管内の酪農家戸数は四七戸である。二〇〇一年には七一戸存在したため、二一世紀に入り、およそ三分の二まで減少したことになる。一方で、一戸当たりの乳用牛飼養頭数は増加傾向にあり、二〇一九年現在で一〇一頭以上飼養している農家は一六戸で、全体の三四%を占める。うち、最新のロボット搾乳機を導入している農家が二戸あった。

富士山が二〇一三年七月にユネスコの「世界文化遺産」に登録されて以降、乳牛の糞尿処理方法に起因する苦情が、市役所などに多く寄せられるようになった。そこで、農協では二〇一六年から、し尿処理プロジェクトを始動した。その後、環境省のモデル事業に採択され、二〇一八年、補助金の交付を受けてバイオマス実証実験施設プラントが完成した。組合所有の土地に建設したプラントに、業者が収集した糞尿を発酵槽に投入し、メタン発酵して得られた電力は富士宮市内の下水処理場の運転電力として売電している。このほか、液肥の生産も行い、市内の農家に試験的に提供している。しかし、ランニングコストが年間一億円程度かかり、実証実験終了後の施設の活用方法が課題となっている。

二〇〇〇年代初頭、組合内の農家を中心に「有機の里」を合い言葉に、有機野菜の生産を拡大する動きがあった。「朝霧高原作物研究委員会」や「富士朝霧高原有機農業経済振興会」などの新たなネットワークが形成され、野菜栽培のさかんな地域への視察や栽培方法の研究会などが頻繁に行われた。生産物は地区内にある「富士ミルクランド」の農産物直売所などで販売を行っていた（写真5）。しかし、二〇一〇年代になると、中心的に活躍していた入植初代が高齢化し、手間のかかる有機栽培だけでなく、農地の維持・管理も難しくなり、二つのネットワークは解散を余儀なくされた。現在は、一部の農家が継続して生産・販売を行っているものの、徐々に規模は縮小傾向にある。

こうしたネットワークの変化は他にもみられる。例えば、「青年部」である。現在、農協の中心世代が入植二代目から三代目に移行するなか、二〇一〇年代初頭に同組織が廃止となった。組合員の子女が通う小中学校の通学区は地区によって分かれており、地区をまたいで頻繁に行っていた青年部主催のイベントが少なくなるにつれ、若い世代間の交流がほとんどなくなり、

写真5　富士ミルクランド
静岡県富士宮市にて，
2019年撮影．

青年部の役割を終えることにしたという。このほか、「乳質改善向上委員会」や「朝霧放牧豚研究会」などの各種研究会的組織も所属会員の高齢化を理由に、二〇〇〇年代に解散となった（表1）。

一方、大規模化を進める酪農家のなかには法人化して経営規模をさらに拡大させる動きもみられる。二〇一九年現在、六戸の酪農家が法人化している。また、後継者不足を背景に、農業研修生を受け入れる農家も増えており、現在、一〇戸の酪農家が各戸一～二名の研修生を受け入れている。研修生の出身地は中国やベトナム、ネパールなどが多い。

入植二代目がリタイアとともに離農化したケースでは、農協が仲介する形で新たな酪農家を組合外から誘致する取り組みも始めている。現在、二名が新たに就農し、離農した農家の施設を継承して、五〇頭規模の酪農経営を行っている。しかし、離農した農家は自身が開拓した土地への思い入れが強く、その地にそのまま住み続けるケースが多いため、新規就農者の住居確保が新たな課題となっている。

表1　富士開拓農業協同組合のネットワークと地区別加入数の変化（2019年と2005年の比較）

組織名	地区長会	女性部	青年部	西富士霊園管理委員会	営農推進委員会	乳質改善向上委員会	富士宮市農業農村活化塾 富士ミルクランド部会	富士地区農業青年申告会 富士開拓農協支部	朝霧高原作物研究委員会	朝霧放牧豚研究会	富士朝霧高原 有機農業経済振興
地区名	2019年の営農戸数,（　）は2005年の営農戸数からの増減数										
富士丘	1	23 (1)	0 (-6)	30 (-2)	1 (-2)	0 (-1)	7	19 (-5)	0 (-5)	0	0 (-3)
荻平	1	20 (-2)	0 (-3)	25 (-5)	1 (-2)	0 (-1)	4	15 (5)	0 (-5)	0	0
広見	1	37 (2)	0 (-2)	33 (-1)	1 (-2)	0 (-2)	8	16 (-10)	0 (-15)	0 (-1)	0 (-1)
人穴	1	0	0	2 (1)	0	0	1	1 (1)	0 (-2)	0	0
見返	1	0	0	8 (-1)	0	0	1	2 (-2)	0 (-3)	0	0
一の竹	1	0	0	5 (-2)	1 (1)	0	1	3	0	0	0
東	1	0	0	0 (-1)	0	0	1	0	0 (-9)	0	0
農協専従職員	1	0	0	0 (-1)	2	0 (-7)	7	2	0 (-3)	0 (-1)	0 (-2)
その他	3 (-1)	0	0 (-5)	6 (-14)	0	0 (-4)	7	0 (-2)	0 (-8)	0 (-6)	0 (-20)
合計（増減数）	11 (-1)	80 (+1)	0 (-16)	109 (-26)	6 (-5)	0 (-15)	37 (0)	58 (-23)	0 (-50)	0 (-8)	0 (-26)

資料：富士開拓農業協同組合提供資料により作成.

※組織名の網掛けは2019年時点で存在していないもの.

入植開始から七〇年以上が経過し、主力世代が入植二代目から三代目に移行した農家がおよそ六割となった。今後は新しい考えを持った三代目がどのような営農を実現していくのかが、戦後開拓地に建設された農業集落の維持・発展に大きな意味をもつだろう。

戦後開拓地が現代にもたらしたもの

現代農業は、農業従事者の高齢化による担い手不足や外国人就労問題、自給率低下と耕作放棄地の拡大、さらには食の安全・安心を実現するための環境保全型農業への取り組みなど、持続可能な農業・農村への転換に向けて、それぞれの課題はより深刻さ・複雑さを増している。本稿はそうした諸課題の源流を、戦後開拓地から読み解いてきた。

戦後開拓地は第二次世界大戦後まもなくに建設が開始された。江戸期や明治期にすでに可耕地は農地としての転用が進められていたため、戦後の開拓はさらに自然条件の厳しい土地の開墾を余儀なくされた。そうしたなかで戦後開拓地は、食料増産と海外からの引揚者や都市における失業者の受け皿の確保を主目的に開墾が進められることになった。しかし、実際の開拓地では予想以上に厳しかった自然条件に難儀し、入植者たちは次々に開拓地を後にした。そのため、最終的には当初の計画を下回る二一万戸余りの農家が開拓民として、新しい農業集落の建設に取り組んだ。

このように、戦後開拓地という当時の新たな農業集落の建設にはさまざまな困難がともなった。政府は開拓営農資金などの経済的な支援を行い、開拓地の基盤整備事業を推進していくが、それだけでは入植者を開拓地に定着させることはできなかった。そこで重要になってきたのが、開拓地を統轄する指導者の役割であった。なかでも、農業指導者の加藤完治の存在は、戦後開拓地に大きな影響を与えた。加藤は、従来耕作限界と考えられていた高冷地などの条件不利地域（ＬＦＡ）においても、適切な作物選定や耕作方法を工夫すれば営農が可能になるとの考えを、第二次世界大戦前の愛知県や山形県での農業実習で体得していた。すなわち、農民がいかにその土地の風土（自然）の特徴を把握し、実践できるかということが重要であるとの考えを持っていた。加藤は入植者に対して、この営農方法を教えるとともに、さまざまな新しい農業技術も習得させることで、開拓当初の困難を乗り切ろうと考えたのである。この営農方法は自らが入植し、農業指導を行った福島県西郷村の戦後開拓地だけではなく、農業実習を通して、より実践的な農業教育による人材の育成を行っていた日本国民高等学校の生徒たちにも受け継がれていった。結果として、全国各地の戦後開拓地やその他の農業地域へ加藤の考え方が伝播し、農業集落の維持に一定の役割を果たしたのである。

しかし、一九七〇年代前半の開拓行政の一般農政移行を機に、戦後開拓地は発展的解消や消滅が相次いだ。これはもちろん農政転換によって、それまでのさまざまな優遇措置が打ち切られたことが大きいが、一九七〇年代から全国的に始まる米の生産調整や、牛乳消費量の低迷による乳価の下落など、食料増産時代から需給調整時代に入ったことに、組織が対応できなくなってきたことが指摘できる。食料増産などが主目的であった開拓地にとって、需給調整はそれまでの営農形態を大きく転換せざるを得ない状況になったが、戦後開拓地の多くは新しい農政に対応できるノウハウをもちえていなかったため、結果的に一九七〇年代が大きな転換点となった。

そうしたなか、開拓行政が終了した以降も農業集落として開拓組織を維持させてきた戦後開拓地の多くは、それまでの営農基盤を時代の変化に合わせて大きく転換させることで生き残りをはかってきた。二〇〇〇年代になり、入植三代目が経営の中心を担うようになると、その流れは一層加速し、営農を現在まで継続させてきた農家の多くは経営規模の拡大をはかる一方で、戦後開拓開始当初から続いてきたさまざまなネットワークが一部で途絶え始めているのも現実である。

戦後開拓地は七〇余年にわたり、世代を超えて、厳しい自然に向き合い、風土の特徴を理解しながら「生命をつなぐ」という農業本来の姿を表現してきた。現代の農薬や化学肥料の大量投入、化石燃料の大量使用によって実現した「農業の産業化」に、さまざまな負の側面が表出するなかで、開拓地が戦後の日本農業に与えたインパクトは、戦後から七〇年経った今でも、決して色あせてはいない。今後、これまで以上に経営環境は厳しさを増すなかで、戦後開拓地の変化に着目していく意義は大きい。

参考文献

大八洲開拓農業協同組合（一九七五）『大八洲開拓史』大八洲開拓農業協同組合
加藤完治全集刊行会（一九六七）『加藤完治全集第一巻　日本農村教育』加藤完治全集刊行会事務局
加藤弥進彦（一九九七）『志を継いで〜私の愛農人生〜』農村報知新聞社
北﨑幸之助（二〇〇九）『戦後開拓地と加藤完治―持続可能な農業の源流―』農林統計出版
白河報徳開拓農業協同組合三十年誌編集委員会（一九七八）『白河報徳開拓史』白河報徳開拓農業協同組合
戦後開拓史編纂委員会（一九六七）『戦後開拓史完結編』全国開拓農業協同組合連合
戦後開拓史編纂委員会（一九七七）『戦後開拓史完結編』全国開拓農業協同組合連合
農林省農地局（一九五〇）『昭和二四年度開拓地組合別営農概況』農林省農地局
富士開拓三〇年史編纂委員会（一九七六）『富士開拓三〇年史』富士開拓農業協同組合
満州開拓史復刊委員会（一九八〇）『満州開拓史』全国拓友協議会
元木　靖（一九九七）『現代日本の水田開発―開発地理学的手法の展開―』古今書院

第5章

日本における小型鳥類の狩猟

山本　充

日本の小鳥猟

野生の鳥獣を狩るという行為は、世界の多様な環境のなか、それぞれの時代において、さまざまな目的と方法をもって行われてきた。こうした狩猟に関しては、幾多の分野で多くの研究の蓄積をみている。そこでは、狩猟の実態(1)や狩猟にかかわる儀礼や伝承(2)が明らかにされてきた。

これら狩猟に関する研究は主として獣類に関するものであり、鳥類の猟に関してはあまり関心が向けられてこなかったように思われる。だからといって、鳥の猟が獣の猟よりもその重要性が低かったとはいえない。鳥猟、とりわけ小型鳥類の狩猟は、獣類の狩猟と比較して、必要とされる技術水準が低い。熊などの大型動物の猟は専門技術者集団によって担われることが多いのに対して、雀などの猟は個人で、そして子どもの遊びとしても行われてきた。また、大型獣の狩猟は、困難をともなうと共に、猟にかかわる各種の儀礼をもち、誰しもが行うことができるものではない。そこはマタギと呼ばれる専門職集団の世界でもあった。さらに、獣の猟は、その行動範囲が広く、山林における他の活動との競合も大きいのに対して、鳥猟は点で行うこともでき、他活動との競合は少ない。そして、

(1)千葉徳爾(一九七〇)や池谷(一九八八)など。
(2)千葉徳爾(一九六九)、千葉(一九七五)、千葉(一九八一)など。

鳥の生息域は人間の生活空間である里山と重なり合う部分も多く、獣猟のように奥山へ行かずとも猟が可能である。こうした特徴から、人間にとって鳥猟はより身近なものであったとみることができる。実際、一九三七年の『狩猟統計』によると、捕獲数はもちろんのこと、価格においても鳥類が獣類を上回っている。鳥類においてより多いと考えられる申告されない捕獲数を考慮すると、その差はよりいっそう大きくなるといえよう。

鳥類の狩猟、鳥猟の対象として、生息環境から水鳥と陸鳥にわけることができる。なかでも、広範囲の地域において一定の位置を占めてきたと考えられる陸鳥の狩猟が重要であったろう。鳥猟がいつどのような技術や制度のもとで行われ変容してきたのか、どこでどのような鳥が狩られてきたのか、鳥は食生活のなかでどのような位置を占めてきたのか、鳥類の保護や鳥猟の規制はどのように進展してきたのか、鳥類の猟を巡る課題には事欠かない。

本章では、生業において一定の位置を占めてきたと考えられるツグミやアトリといった小型の鳥類の狩猟に焦点をあて、鳥猟が大きく規制される以前の戦前を中心として、その分布、鳥猟の技術と鳥にかかわる食文化、そして鳥猟に対する意識の変化とそれにともなう鳥猟に対する規則の変遷を概観する。

全国における小鳥猟の分布

（1）近世における小鳥猟の記録

小鳥猟は、縄文時代においても行われていたことが知られている（新美 一九九四）。また、万葉集にも題材として用いられているように、古代においても鳥猟が行われており、それは中世にも引き継がれていく。近世において小鳥猟に関する記録が増えてくるが、こうした記録が多く残されているのは、加賀周辺、東濃・木曽周辺、そして栃木県奥日光であり、これらの地域で小鳥猟が盛んに行われていたことがわかる。むろん、他地域でもなされていた可能性は高く、今後の資料の発掘がまたれる。以下で、これら三地域における小鳥猟の記録をみてみよう。

東濃の旧・山岡町（現・恵那市）において、一六七六（延宝四）年の久保原と上手向の入会山出入りの扱い証文のなかに、入会山に鳥屋をつくる際の規程がみられる。鳥屋（とや）とは、鳥を捕獲する場所のことをいう。その後、一六八七（貞享四）年の同地の山絵図において七カ所の鳥屋が記されている。このなかでは「古鳥屋」と記されており、以前から小鳥猟が行われていたと考えられる（山岡町史編纂委員会　一九八四）。苗木藩（現・中津川市）では鳥の捕獲に対する税である鳥運上を課していた（拓植成實　二〇〇六）。そして、「売渡し申す鳥やの事　一　本人　扣えの鳥屋壱ヶ所　この地鳥屋、このたび貴殿へ代金壱両い売渡し申す処実正也　文政二己卯年十二月　売主本人　長左エ門」（安江赳夫　一九六八）とあるように、鳥屋の権利の売買も行われていた。明治に入り、一八七一（明治四）年、苗木県はこれまでの運上を税銀に改めた。その際、鳥屋の総数は六八カ所、見積全銀が最高銀六匁、最低銀一匁であったという（安江赳夫　一九六八）。

隣接する木曽においては、『岐蘇古今沿革誌』に、「此殿の時萩原村登り玉の梁出來再興し又菅村風吹の峰にて秋來小鳥を黐にて取甲府及ひ伊奈等へ表贈し玉ふといふ」（用拙武居彪ほか　一九一四）という記載がある。木曽において元亀年間（一五七〇～一五七三年）にすでに、小鳥を黐（モチ）を用いて捕獲しており、甲府などに移出されていたことがわかる。

一方、江戸時代の加賀藩では、一六五九（万治二）年に金沢で、そして一六六五（寛文五）年に石川・河北郡で天之網禁止令がだされたように、この頃にすでに、「天之網」という網を用いた鳥猟が行われていたことが明らかである(3)。その後も、藩士によって、「鳥構（とりかまえ）」という名称のもとに鳥猟が行われていたことが知られる。武士による鳥猟は、生業というより武芸としてなされていたという。しばしば禁令がだされたが、禁令にもかかわらず行われており、なかには、山中に小屋掛けして女性を連れていくものやら、禁止区域で猟場を設けるために樹木を伐採

（3）前田育徳会（一九二九～一九四三）。以下の記述も同書による。

して罰せられるものもいた。

武士による鳥猟以外に、農民によっても鳥猟が行われていたことを、『加能越三箇国高物成帳』(4)にある一六七〇（寛文一〇）年の小物成「鳥役」からうかがい知ることができる。小物成とは、年貢として納める米以外の諸産物にかかる税をいい、鳥役は、捕獲された鳥に応じて支払うべき税金である。図1は、この鳥役を納めた村々とその額を、現市町村（平成の大合併以前）を単位として集計し表したものである。これによると現・金沢市から小松市にかけて大きな額の鳥役が納められており、この地域で鳥猟が行われていたことがわかる。とりわけ多くの鳥役を納めていたのは、現・小松市の長野田・八幡・吉竹、能美市（旧・根上町）中庄・赤井、現・金沢市大場・戸水などである。これらは、里方の村であり、表1にもみられるように、里方における額が最も多くを占めていた。一方

表1　1670（寛文10）年における立地別の鳥役高

立地	匁	立地	匁	立地	匁
奥山方	134	山方・里方・浦方	62	海辺川入間所	9
山方	248	片山浦方	161	海辺方	46
片山方	455	片山海辺方	32	砂浜続	48
山方・里方	181	里方・浦方	245	福野潟縁	50
片山方・里方	279	里浦方	77	片山邑知潟縁	85
里方	2420	浜方	7	邑知潟縁	44
				邑知潟縁浦方	60

『加能越三箇国高物成帳』より作成.

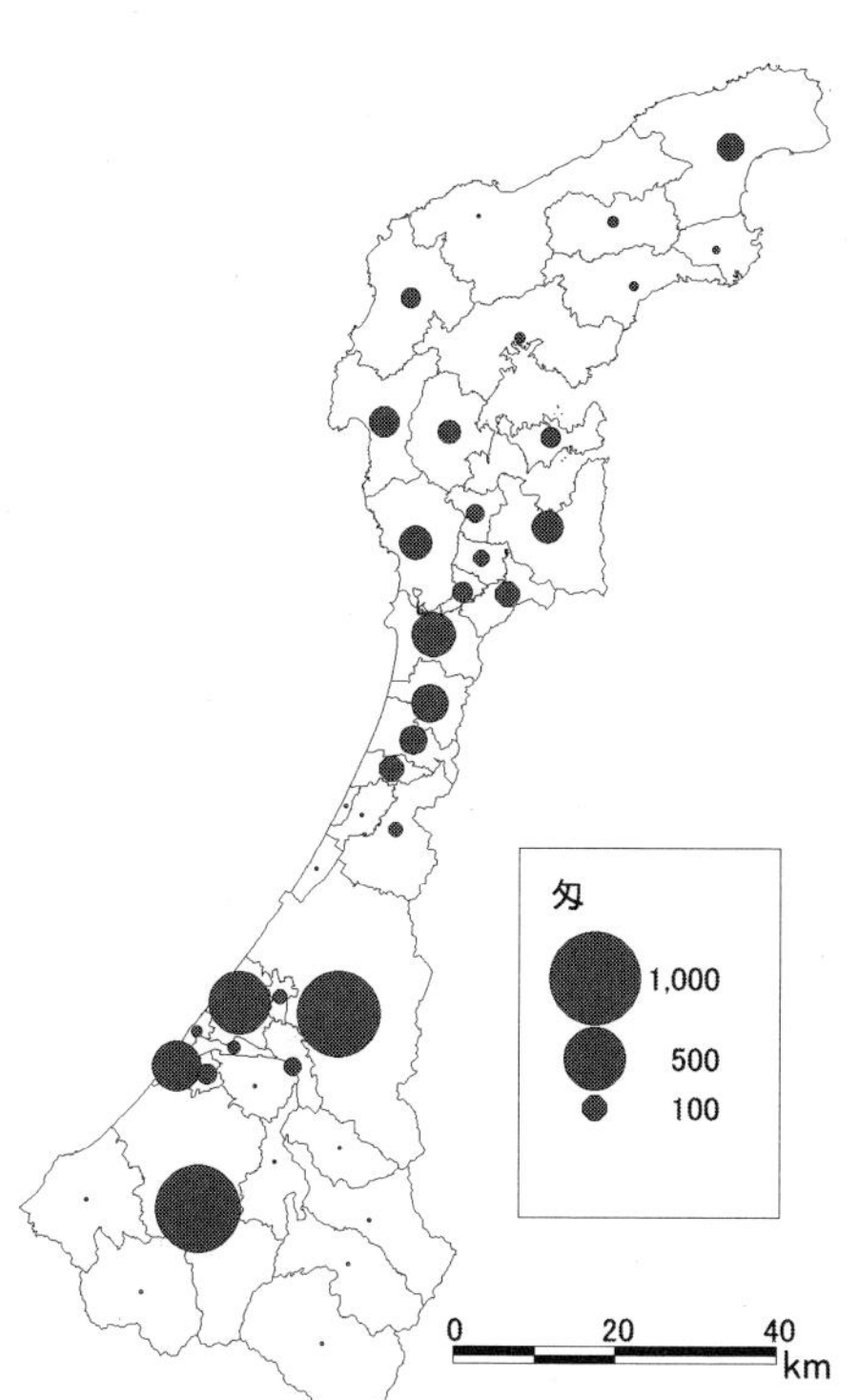

図1　1670（寛文10）年における鳥役の分布

『加能越三箇国高物成帳』より作成.

(4) 金沢市立玉川図書館近世史料館編（二〇〇一）。

で、山地に位置する村々では、とりわけ奥山方ではその額は比較的多くはなく、鳥猟は山地内部というより、山麓や平地部で主として行われていたことを示唆している。また、沿岸の村々における鳥役は、カモなどの水鳥の猟によるものであろう。もう一つの分布地域は、能登半島、とりわけ宝達山西麓一帯であった。現・羽咋市、羽咋郡の村々で鳥猟が行われていたが、このなかでも羽咋では、邑知潟における水鳥の猟の占める比率が大きいと考えられる。

栃木県奥日光、旧・湯西川村（現・日光市）や旧・栗山村（現・日光市）において残されている文書からも、当地で小鳥猟がなされていたことが伺える。例えば一七〇一（元禄一四）年に三分二朱で「とや」を引き渡すという「相渡申鳥屋証文」がだされている(5)。同じように、鳥屋の売買や貸借を示す証文が、一七〇〇年代、一八〇〇年代にいくつもみられた(6)。鳥猟の場である鳥屋が一定の価値を有していたことがみてとれる。加えて、一七九四（寛永六）年には、「差出申一札（とふあみ御法度の場所へ、あみ打ちした詫状）(7)」がだされており、鳥猟を網で行う場所が定められていたこともわかる。明治になってからは、一八八〇年代には、捕鳥場の確保のために官有地拝借願が数カ所においてだされており、明治以降も小鳥猟が継続して行われたことがわかる(8)。

（2）昭和前期における小鳥猟の分布

昭和一〇年代に刊行された『狩猟統計』によって、一九三七（昭和一二）年における日本における鳥猟の分布をみてみると、岐阜県で一六〇万羽と最も多く、次いで長野県の一三二万羽、愛知県の一二五万羽と続き、これら中部地方南部で捕獲数が多い。加えて、富山県（五三万羽）、石川県（七七万羽）。福井県（四九万羽）と北陸でも捕獲数の多さが目立つ。さらに、山形県（六五万羽）、福島県（九〇万羽）、栃木県（六六万羽）と北関東から南東北にかけても捕獲数が多い（図2）。前述のように、これらの地域は近世においても小鳥猟が盛んに行わ

（5）『山口（栄）文書』栃木県文書館蔵。
（6）『百目鬼家文書』『山口（久）家文書』など。栃木県文書館蔵。
（7）『小松家文書』栃木県文書館蔵。
（8）『阿久津（忠）家文書』栃木県文書館蔵。

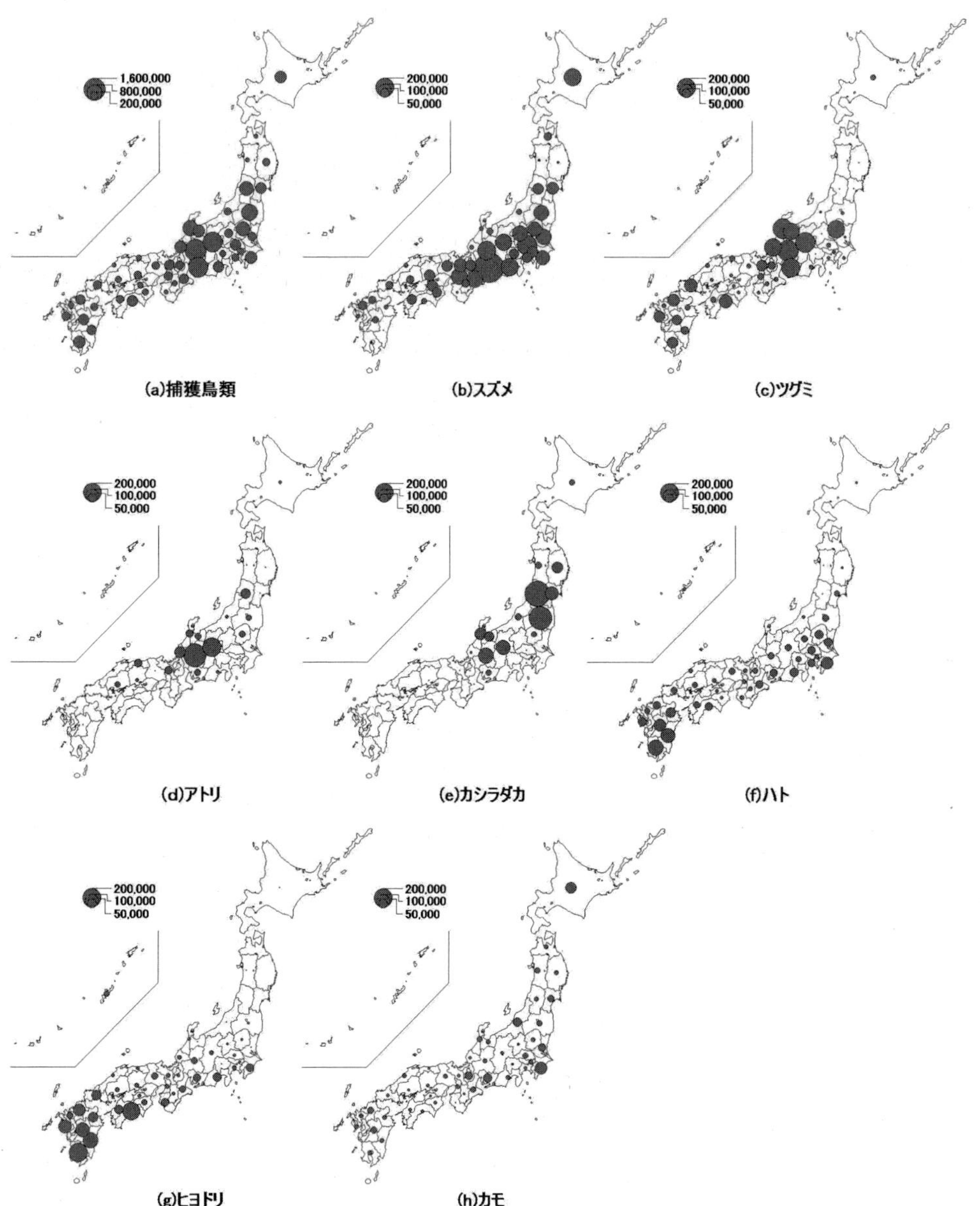

図 2　1937 年における都道府県別鳥捕獲数
『狩猟統計』より作成.

れた地域であり、昭和前期まで継続的に小鳥猟がなされてきたといえよう。また、この『狩猟統計』によると、これらの地域では、網、わなによる狩猟を許可された甲種免許が多く発行されており、鳥猟が、主として網やわなによって行われていることもわかる。

個別の鳥ごとに捕獲数をみると、スズメが最も多く約三八一万羽が捕獲された。次いで、ツグミ二四四万羽、ヒヨドリ一四八万羽、カシラダカ一四三万羽、ハト一三二万羽である。スズメやヒヨドリ、ハトなどは日本に年中生息する留鳥(りゅうちょう)であり、一方、ツグミやカシラダカ、アトリなどは渡り鳥である。当時の猟期は、一般鳥獣については一〇月一五日から四月十五日(北海道九月一五日~四月一五日)であり、以下で示す個々の鳥の捕獲数の分布は、この時期におけるそれらの鳥の生息域の分布を示すともいえる。

スズメは関東から東海にかけての太平洋側で捕獲数が多い。スズメは、露出土が多い草地を好み、イネ科やタデ科、キク科などの草の種子を食する。したがって、ある程度、人間により開発が進展した人家の周辺に生息する[9]。人口の多い平野部においてスズメが多く生息していたとみてとれるが、秋から春にかけて留鳥であるスズメが、積雪のある日本海側から太平洋側に移動している可能性もある。

ツグミは、東濃・木曽・三河を含む岐阜県、長野県、愛知県で、そして、北陸三県で捕獲量が突出している。続いて、奥日光を含む栃木県で捕獲が多く、近世における主要な狩猟地域において依然として、小鳥猟が行われていることがわかる。ツグミは、シベリア東部からカムチャツカ半島付近を繁殖地とし、日本や中国南部において越冬するために渡ってくる。その渡りのルートとして、日本海から能登半島に上陸し中部地方内陸に至ると推定されており、こうしたツグミの飛来地において伝統的に猟がなされてきたといえる。ツグミは、山地から平野まで広く生息し、昆虫や果実を食べる。栃木県において周辺諸県でツグミの捕獲がみられないなか、その捕獲数が多いことは特筆される。アトリもカシラダカもユーラシア大陸の針葉樹林帯で繁殖し、冬鳥として日本に飛来する。ア

(9) 中村・中村(一九九五)と日高(一九七九)による。以下の鳥の生態に関する記述も本書による。

トリは、飛来初期には山林で、越冬期から春先にかけて山麓の雑木林や農耕地に出現し、ナナカマドやズミなどの果実や種子を食べる一方、カシラダカは、低地の農耕地、雑木林、川辺で生息し、イネ科などの種子を食べる。アトリの捕獲では山間地の多い岐阜県と長野県が突出し、カシラダカは水田開発の進んだ山形県と福島県で捕獲が多く、次いで中部地方で捕獲がみられ、西日本においては捕獲がみられない。このように、それぞれの鳥の主要な生息地において、それぞれの鳥が狩猟の対象とされていたと思われる。

ハトは多様な環境に適応し、その生息地は非常に広く、種子や果実などを食べるが、九州と関東を中心として両地域を結ぶ太平洋岸で捕獲される。ヒヨドリは多様なタイプの樹林帯に生息し、夏は昆虫を冬は果実や種子を食べる同じ留鳥であるが、秋に北から南へ移動し、春に北上する。図2で示されるヒヨドリの狩猟地域は、九州と四国南部であり、ヒヨドリが冬季においてこの地域で生息することを物語っていよう。水鳥である。カモの捕獲数は、以上の陸鳥と比較して少なくなる。そして、捕獲される場所は、千葉県や新潟県など、カモ猟のできる水場のあるところに局所的に点在している。

主要小鳥猟地域における鳥猟の実態

（1）小鳥猟の方法

どのような方法をもってして小鳥の猟はなされてきたのだろうか。農商務省が一八九二（明治二五）年に編集した『狩猟図説』や、写真家である堀内讃位が昭和初期に各地の狩猟を記録した『日本鳥類狩猟法　写真記録』（堀内　一九三九）や『写真記録　日本伝統狩猟法』（堀内　一九八四）によって知ることができる。また、一九二五（大正一四）年の法定猟具として、①銃器、②網：ムソウ、カスミ網その他の張網（ハリアミ）、突網（ツキアミ）および投網（ナゲアミ）、③黐縄（モチナワ）：

流黐(ナガシモチ)および張黐縄(ハリモチナワ)、④ハゴ：高ハゴおよび千本ハゴ、⑤鉤(ツリバリ)：流鉤、⑥罠(ワナ)：括罠(ククリワナ)、箱罠(ハコワナ)、箱落(ハコオトシ)、圧(オシ)および虎挟(トラバサミ)が定められており(10)、これらが伝統的な鳥獣を狩る方法として位置づけられる。

これらのなかで鳥を捕獲する猟の方法として、まず網が挙げられる。ムソウ網とは、平野など平坦な場所で、鳥が集まってくところに網を仕掛け、えさや囮(おとり)によって鳥をおびき寄せる。鳥が集まってきた頃合いを見計らって網をかぶせて捕獲する。ムソウ網にはスズメの捕獲に用いる穂打ちや、キジ、カモ、スズメのための片ムソウ、ハトのための双ムソウなどといった変種がある。ハリ網は、木綿や麻などの糸で編んだ網を地上に張って鳥を捕獲するためのものである。ハリ網のうち、カモを捕獲する網を張切網といい、カモの移動するであろう場所に設置する。一九四六（昭和二一）年に使用が禁止されたハリ網にカスミ網がある。図3では、棚糸が三本で鳥が入り込む網袋が二段ある三段網、棚糸が四本で網袋が三段ある四段網が示されている。糸を細くしているため、離れて見た場合にカスミがかかったようになり、鳥からは気づかれない。山腹や尾根の鞍部に網を張り、囮を用いてツグミやアトリ、カシラダカなどの渡り鳥をおびき寄せて捕獲した。こうした網を張る場所を鳥屋や鳥屋場という。

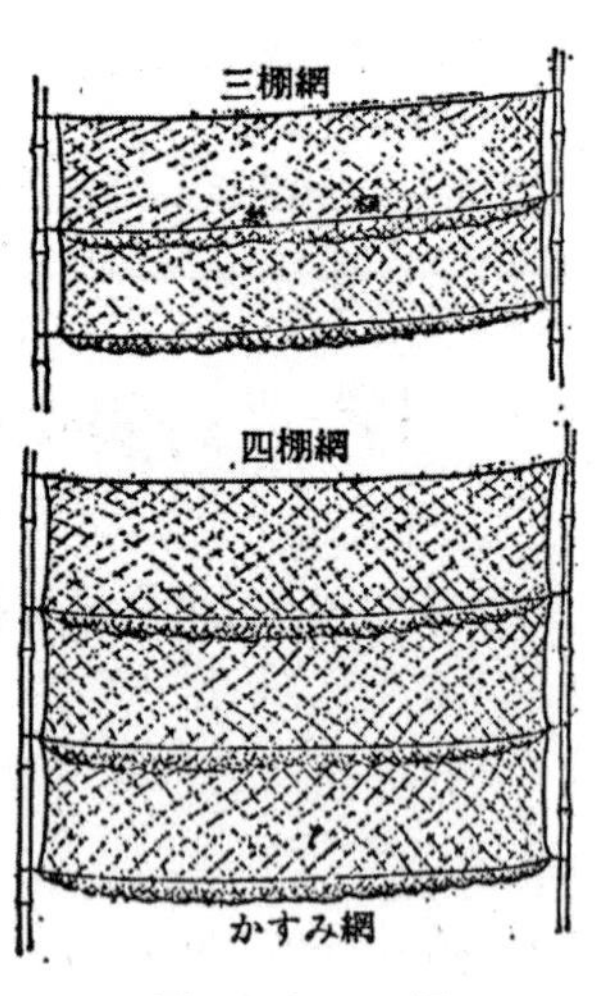

図3　カスミ網
『鳥獣行政のあゆみ』より引用.

この鳥屋の仕立て方はさまざまである（信濃教育會木曾部會編　一九三六）。木曽式と呼ばれるものは、尾根の頂上付近の樹木を刈り立てて、高さ二～三間の樹木群を仕立てる。そして、それを取り囲むように半円形に一重にカスミ網を張る。この中央の樹木群を鳥代(トシロ)と呼び、囮の鳥を籠に入れてかけておく。この網場の後方二〇～三〇間離れた場所に、猟師である鳥屋師が隠れる鳥屋袋と呼ばれる小屋を建てる。ここはまた、捕獲した鳥を調理して振る舞う宴席の場ともなるという。美濃式では、木曽が一重に対して半円形に二重・三重に網を張る。そ

(10) 林野庁（一九六九）。以下の猟法の記述も本書による。

の際、内側の網を外側より低くする。木曽式が比較的急傾斜な尾根で採用されるのに対して、美濃式はなだらかな傾斜地で仕立てられる。越前式は、鳥代となる木立のなかに縦横、格子状に低い網を張り巡らし、その合間に囮の鳥を置く。木曽式、美濃式はツグミやアトリなどの一群を一気に捕獲するのに向いており、一方、越前式は、シロハラ、カシラダカなどの小鳥を捕獲するのに向いている(11)。

網ではなくモチを用いる方法の一つにモチナワがある。モチとは、モチノキの樹皮から得られる粘りの強い物質をいう。このモチナワには、長い縄にモチを塗って、夜間に湖面を流してカモなどを捕獲するナガシモチと、水面に竹を刺してモチを塗った縄をそれに結わい、水面より少し高いところに張って同じように夜間にカモを捕獲するハリモチナワがあった（図4）。モチを使う別の方法にハゴがある。ハゴは、枝や竹串にモチを塗って、田畑や樹上に刺して、鳥を捕獲するものである。ハゴのうち、タカハゴは大樹の上に竿を結んで、これに囮の鳥を入れた籠をつけ、また別のモチを塗った竿を下から動かせるように結ぶ（図5）。千本ハゴは、

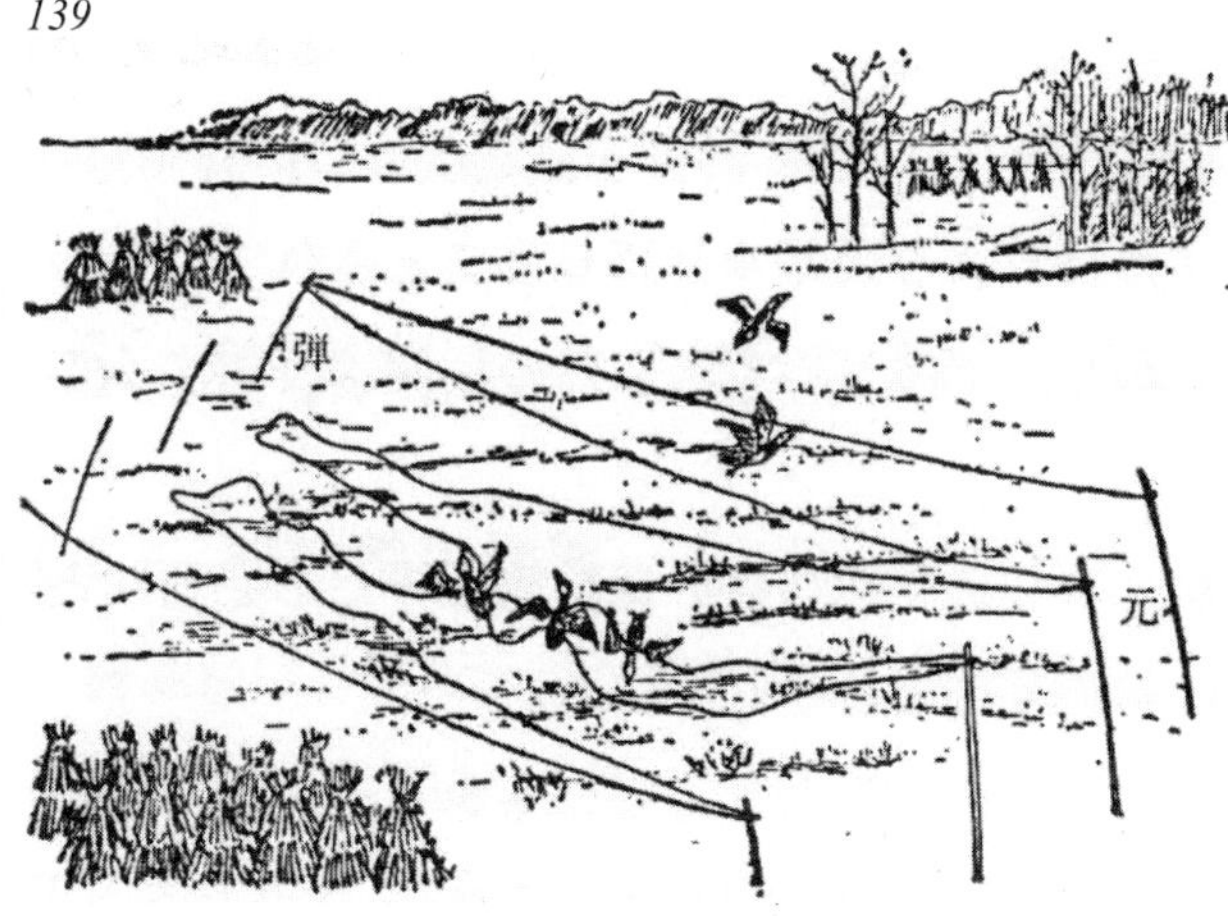

図4　ハリモチナワ
『鳥獣行政のあゆみ』より引用.

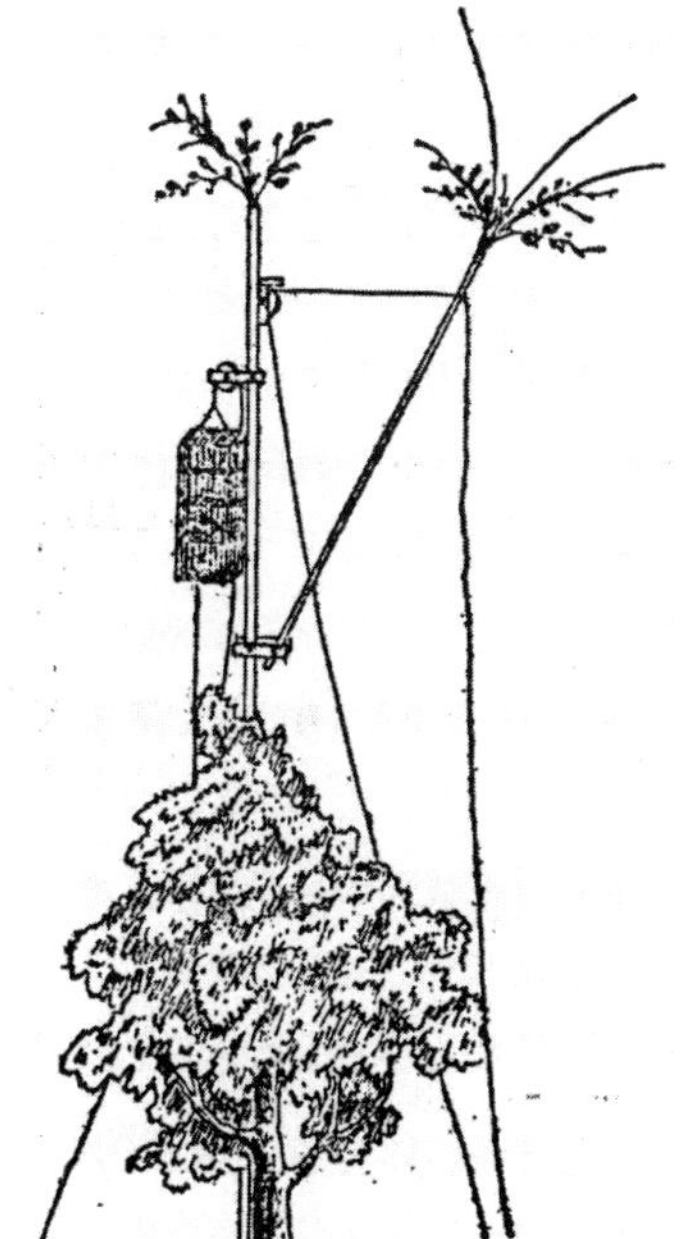

図5　タカハゴ
『鳥獣行政のあゆみ』より引用.

(11)（堀内（一九三九）においては、金沢流、長野流、岐阜流、三河流、三春流、栃木流があるとされる。

枝や竹串にモチを塗り、これを三〇センチほどの間隔で地面に密に並べるものであり、渡り鳥に対しても、カモなどの水鳥に対しても用いられた。ちなみに、加賀藩では、一六一〇（慶長一五）年に金澤町に対して捕鳥の方法に関する禁令が発せられたが、このなかに、千本ハゴが含まれていた(12)。

近世以降、こうした小鳥猟は各地でどのように継承されてきたのだろうか。以下で主要な小鳥猟地域においてみてみよう。

(12) 前田育徳会（一九二九〜一九四三）。

（2）加賀地方における小鳥猟

加賀藩における鳥構と呼ばれる網を用いた小鳥猟は、明治以降も行われてきた。対象となる鳥は、「大もの」と呼ばれるツグミ、シナイ、クロツグミ、そして「小もの」と呼ばれるアオ、カシラダカ、アトリなどであった（石川県山林会編　一九一一）。「大もの」を捕獲する網として「張り切」が、「小もの」の猟には「天の網」が用いられたという。網は生糸か麻を使い、それぞれ目の粗さが異なる。これらの網は張網の一種であり、「天の網」はカスミ網であるとされてきたが、「張り切」も同様の構造を有していたのか定かではない。

猟には囮を用いる。囮として「一、若きものにて黄爪なるもの　二、胸は本末川二牧ぶ　三、次て本松川一牧ぶ　四、背の毛色は可成青きもの　五、毛筋の鮮明なるもの　六、嘴はツマリたるもの　七、尾の長かるもの」（石川県山林会編　一九一二）が古来より選択されてきた。よい囮とは、いかなる場合でも鳴き通す鳥である。鳥の鳴き方には、鳥の来否にかかわらず鳴く「地」、鳥が網場に入ったときに鳴く「クス」、鳥が網場に入ったときに鳴く「タキリ」、網場より鳥が立ち去るときに鳴く「アゲ」がある。この「アゲ」を鳴くことができる鳥が無類の名鳥とされた。囮には、米粉糠、玄米、淡水産小海老を煎り上げて石臼で粉末にし、それをすり鉢で摺った青菜と水とで混ぜ合わせて飴のようにして一日一〜二回与える。猟場は、雑木林の生える山中の峰筋に置かれ、網を張れるように樹木を刈り、樹木の少ないときには、網が目立たないように樹木を刺した。鳥構と呼ばれるこの猟は、一〇月一五日の解禁から一一月中旬頃まで行われた。一方、冬季から春季にかけて、「小もの」を捕ることを目的とした同様の猟が行われたといい、これを伝統的には「伐り立」、昭和初期においては「松立」と呼んだ。

次に、比較的、狩猟関係の統計資料のある富山県についてみてみると、網やわなをもちいた猟を許可する甲種免許の発行は、一八九九年以降、統計に示されるようになる。これによると、それ以降、急激に発行数が増加しており、銃以外による猟、網などをもちいた鳥猟が普及していったことが伺える。富山県では、明治後期から大正にかけて、狩猟関係の項目が統計から抜け落ちるが、一九一五（大正四）年から復活する。そして、一九二一（大正一〇）年の統計から、鳥類の種類ごとの捕獲数量と価格が現れてくる。このことはとりもなおさず、鳥類の猟がこの時期頃から盛んに行われ、経済的にも一定の位置を占めるようになったことを示していよう。当時の富山市、高岡市、および各郡単位で主要な捕獲鳥類の捕獲数をみると、西礪波郡で最も捕獲数が多く、この地域が富山県においても鳥猟の中心であった。次いで、富山市であるが、当時の富山市域で行われていたものか、富山市在住者が他地域に出向いて行ったものか、検討を要する。種類別でみると、西礪波郡を中心とする県西部においてはツグミが多くの割合を占めており、一方、県東部においては、アオジの比率が高くなる。むろん、年による変動があろうが、それぞれの生育環境の差異を反映していると思われる。また、一九四一（昭和一六）年一一月一日の新聞に「福光地方は鶫（つぐみ）の本場で、石黒、西野尻、加越国境蟹谷・西太美の山林に霞網は十二、三カ所もあり…」とあるように（福光町史編纂委員会 一九七一）、この時期においても県西部において小鳥猟が盛んに行われていた。

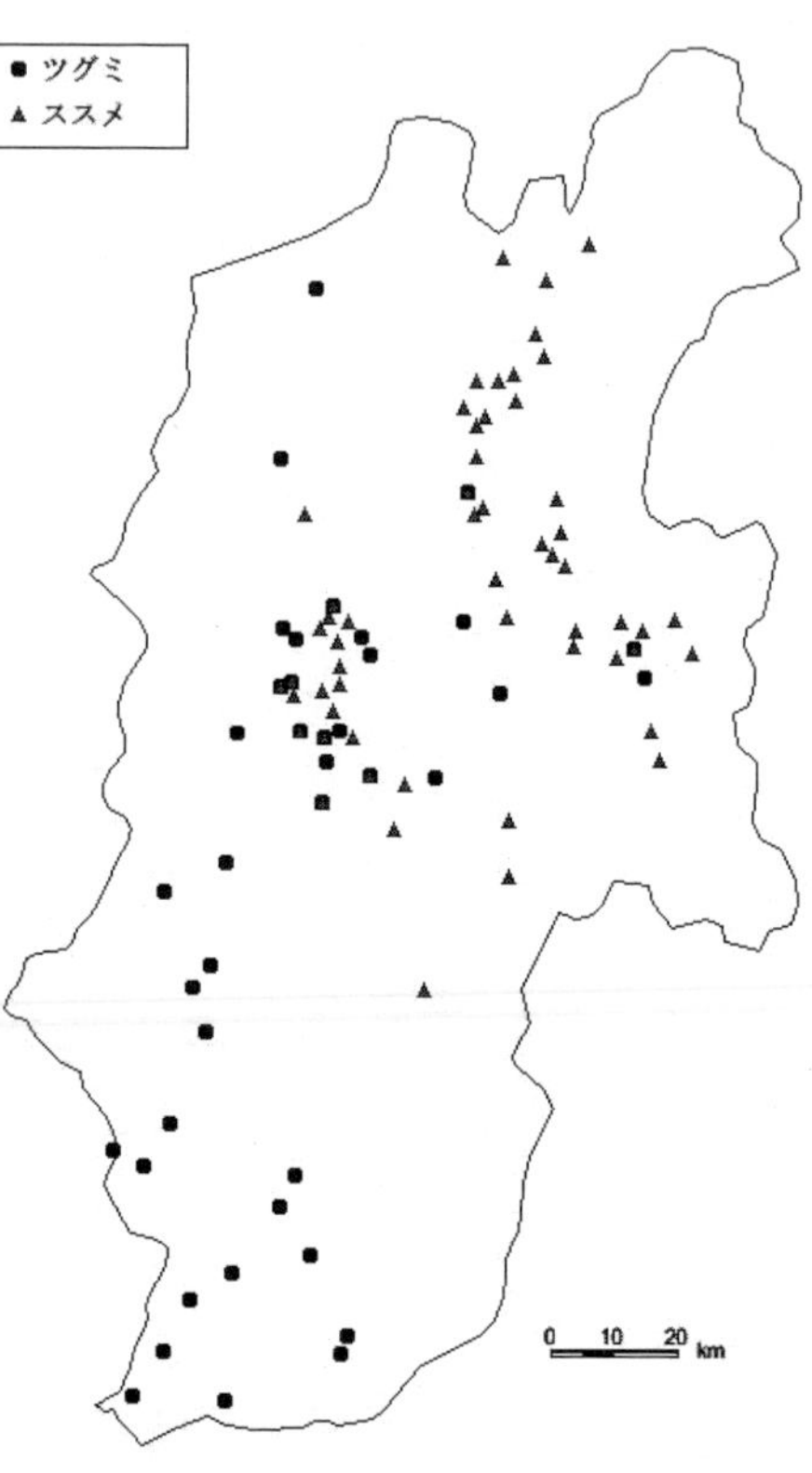

図6　長野県における捕獲鳥類の分布
『長野県史民俗編』より作成.

（3）東濃・木曽地方における小鳥猟

『長野県史民俗編』は、長野県の各市町村、各集落ごとに同じ民俗事象について記述がなされており、全県に渡り小鳥猟についても、どこでどんな鳥を対象として、どのような猟が行われていたのか知ることができる(13)。図6は、ツグミとスズメについて、猟がなされていた集落を示している。県内全域において小鳥猟が行われていたことが明瞭であり、加えて対象となる鳥の種類は場所によって異なっている。長野盆地や佐久平周辺では、主としてスズメが捕獲されていた。そして松本平周辺ではスズメに加えてツグミの捕獲がみられるようになり、木曽谷や伊那谷になると、ツグミの分布が卓越する。開発が進んだ平地部においてはスズメが、そして森林の豊富な山間部においてはツグミが捕獲されてきた。

(13) 長野県 一九八八『長野県史民俗編 第一巻(二) 東信地方 仕事と行事』長野県史刊行会：一五九～一六六頁。長野県 一九八八『長野県史民俗編 第二巻(二) 南信地方 仕事と行事』長野県史刊行会：一八五～一九四頁。長野県 一九九〇『長野県史民俗編 第三巻(二) 中信地方 仕事と行事』長野県史刊行会：一八一～一九三頁。長野県 一九九〇『長野県史民俗編 第四巻(二) 北信地方 仕事と行事』長野県史刊行会：一八一～一九三頁。ただし、いつの時代に行われていたのか定かではない。

図7は、鳥を捕獲する網の種類の分布を示している。これによると、スズメの捕獲地域、すなわち長野盆地を始めとする平坦地においてムソウ網が、ツグミの捕獲地域、すなわち木曽など山間部においてはカスミ網が主として用いられていることがわかる。カスミ網では、カラスをオトリとしてスズメを、また、旗を振ったり、鷹の鳴き声に近い笛を鳴らしたりして脅かし、ツグミなど小鳥を捕獲したという。

一方、竿の先にトリモチをつけて獲ることをトリサシ、ハゴ、タテモジと呼び、モチは小麦粉で作られた。また、蚕かごや目ざるを伏せて獲ることをヒッケーシ、ヒッケシ、ヒッケイシ、オトシ、カゴオトシ、ヒキワナなどといい、主としてスズメを捕獲した。馬の尾の毛を仕掛けて獲る方法は、クビッチョ、ヒッコクリ、セッツワナと呼び、スズメやメジロ、ツグミ、オオジロなどが獲られた。

現在の木曽郡を表した『西筑摩郡誌』（長野県西筑摩郡編　一九一五）には、「狩猟者は郡下一町十五か村に

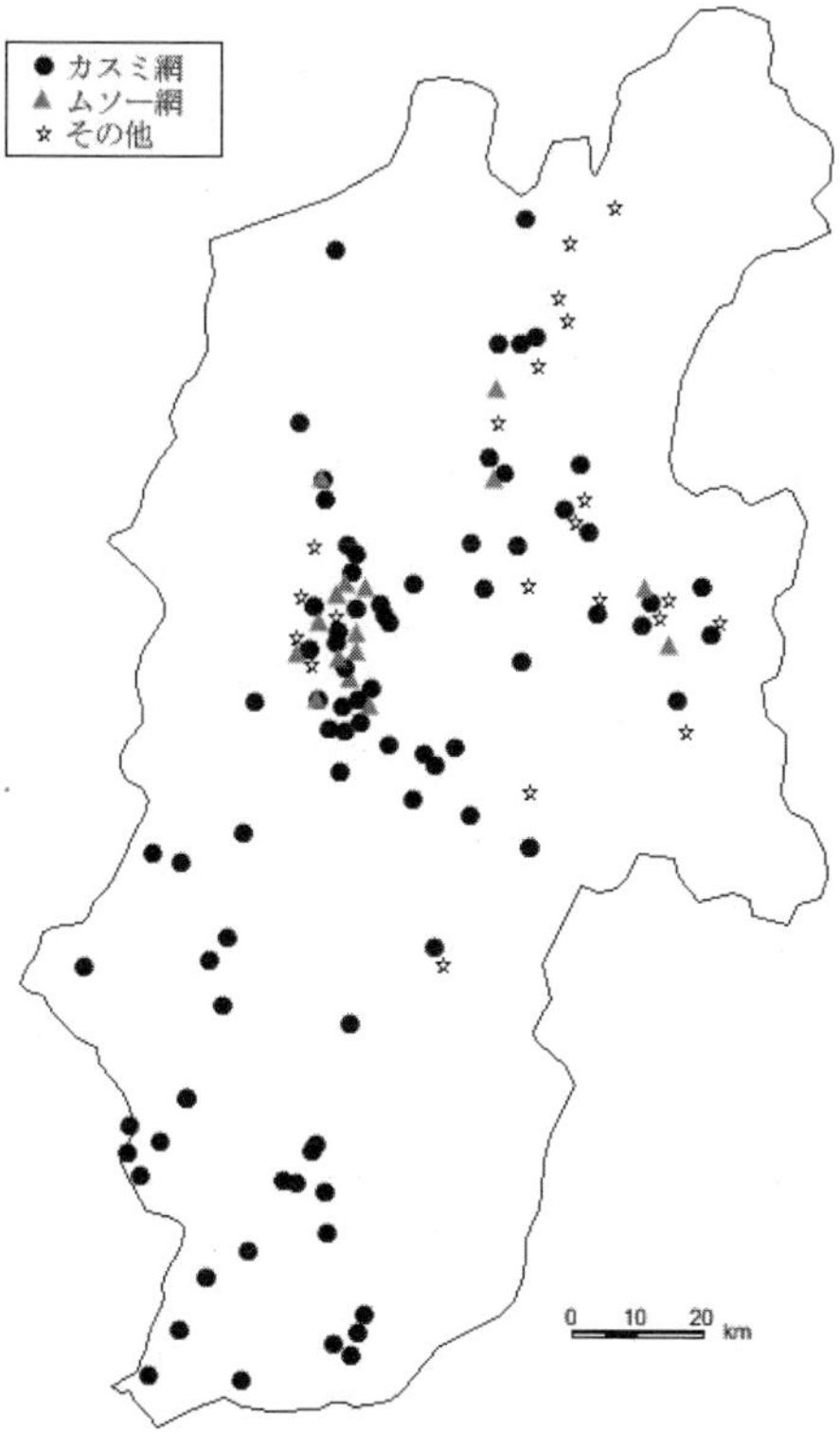

図7　長野県における捕獲方法の分布

『長野県史民俗編』より作成.

わたり五三六人、小鳥の捕獲は毎年五〇万羽にのぼり、その盛況を察すべし」とある。その後も、一九三三年度（一九三三年一〇月～一九三四年四月）の木曽猟友会の調査によると、木曽谷では、ツグミ一九万羽、アトリ一六万羽、マヒワ六万羽、シロハラ九千羽、イカル九千羽、ウソ五千羽、ホオジロ三千羽、シメ三千羽、マミチャジナイ三千羽が捕獲されている（上松町誌編纂委員会 一九九五）。このように、木曽では、この時期まで盛んに小鳥猟が行われていた。

木曽の木祖村では、櫛引職人や農家の副業として、鳥猟が行われていたという（木祖村誌編纂委員会 一九九八）。猟は、明治初年まではモチを用いたモチドヤで行われた。これは尾根に松の枝を一列に挿して、松の林に見立て、この枝の先に「ハンゴ」と呼ばれる、先にモチをつけた二～三尺の棒を数本結わえる。そして、囮を入れた籠をかけ置いて小鳥をおびき寄せるものである。そこに、青木伊平氏が、明治一〇年代になって、美濃から網師「文」を招き、木綿によるカスミ網を作成し使い始めたとされる。青木氏は、木綿糸が太くて鳥の目につきやすいことから、飼育していた蚕の繭糸を用いて生糸の網を作らせたという（長野県木曽郡木祖村教育委員会 一九七三：一一七～一一八頁）。一方、美濃には、加賀よりカスミ網が伝わったと言われる。前述のように、加賀ではすでに生糸によるカスミ網が用いられており、技術の伝播とその改良について、より多くの資料に基づく検討が必要である。

囮の飼養方法も木曽で工夫がされたという。鳥は春先に良く鳴くので、春の彼岸過ぎになると、午前中は囮の籠にござをかけて暗くして「ネカス」。夏の間は、風通しのよいところに置いたり、うちわで風を送り、できるだけ涼しく過ごさせる。秋の彼岸になって、「ヒイレ」といい電灯で照明し、春が来たと思わせる。解禁日の一〇月一五日が間近になると、良く鳴くように、餌であるハゼ、ヒビ（サナギ）、青身（菜っ葉）の量を加減し「セメ」にかかる。『木祖村誌』にある小林助逸氏の「捕鳥記録」（一九二三年一〇月一五日～一九四七年一一月一五日）によると、この間に、一猟期あたりツグミ類が二五〇～一二〇〇羽、アトリ、小トリが二五〇～一六一〇羽、ヒワは変動が大きく二羽から一七〇〇羽など、全ての鳥を合わせて少ない年で六〇〇羽程度、多い年で三八〇〇羽、捕獲されていた。実際に猟を行うのは、六〇日から一〇〇日であり、一日あたり一二羽から四六羽、シーズンを通してほぼ一〇〇〇羽以上、多い年で三八〇〇羽近く捕獲されていたことになる（木祖村誌編纂委員会 一九九八：二八一頁）。

一方、岐阜県において鳥猟に関する記載を行っている市町村史誌類は多い。東濃のみならず、その他の地域、とりわけ飛騨地方においても広く鳥猟が行われてきたことがわかる。旧・清見村（現・高山市）や旧・久々野町（現・高山市）においても、ツグミやアトリがカスミ網で捕獲されていた（清見村誌編集委員会 一九七六）。一方、東濃に隣接する愛知県三河北部においても東濃と同様の鳥猟が行われてきた。当地で実際に小鳥猟にかかわってきた佐々木重夫氏が『霞網猟の実際』をまとめている（佐々木重夫 一九八〇）。また、東濃においては、今井友樹監督がかつての鳥猟を記録するドキュメンタリー映画『鳥の道を越えて』を作成している（今井友樹 二〇一四）。この映画や『恵那市史通史編第三巻（2）生活・民俗・信仰』（恵那市史編纂委員会 一九九一：五八二頁）によると、東濃からは、狩猟の時期になると越前にでかけて鳥屋を設けて小鳥猟をするものがいたという。福井県越前市瓜生野町の山中には、彼らが一九一四（大正三）年に建てた「捕鳥供養」碑が残されている。

（4）奥日光地方における小鳥猟

栃木県においては奥日光の旧・栗山村や旧・湯西川村において鳥猟の記録が残されていたが、旧・栗山村土呂部においては近世以降も小鳥猟が行われてきた（斎藤・山本 一九九二）。この地域に飛来したツグミは群れをなし朝方、東の鶏頂山から西の鬼怒沼方面へ、夕方、逆の方向へ尾根筋の鞍部を通過し移動する。したがって、土呂部では村を取り囲む尾根筋の鞍部に鳥屋場を設け、ツグミを捕獲した。鳥屋場は少なくとも一軒一カ所は所有していたという。鳥屋場にはカナバタ、ジューベーダ、クビリッタなど夕のつく名前がつけられており、前述のように、田畑同様、借金の担保や売買の対象とさえなっていた。

大正末にカスミ網が導入される以前、ツグミ猟には、幅一・五～二間、高さ二間の麻糸製のハッキリ網が使用された。この網はツグミを一羽ずつ捕獲するもので、強い風が吹いてもツグミが懸かった場合、地上に落とせるよう仕掛けられた。幅五メートル・高さ三メートルのカスミ網が導入された後もツグミ猟には囮が使われた。一〇月中旬から一一月中旬にかけて本地域に飛来するツグミの群れから雌鳥を呼び寄せるため雄の囮を使った。囮は、本来春の発情期に鳴く声を秋に鳴かせるよう、前年度に獲らえた元気のよい雄鳥を馴致したものである。ツグミの囮鳥は夏の間、活動を押えるため羽を切り暗い所で飼育し（ネカセルという）、初秋に昼をだんだん長くするよう調節（オコスという）しつつ、米糠、魚粉等を与え栄養をつけ、仲間が飛来する頃よく鳴くよう飼育されたものである。この囮を鳥屋場のカスミ網の下に置くと、仲間の飛来する羽音を聞きつけ激しく鳴くという。

捕獲したツグミは、かつて二〇羽一束として販売された。ツグミはハラワタを抜いて取り引きされ、また、ハラワタは塩、醤油と一緒に漬け込み塩辛にされた。この塩辛は、アユの場合と同様、ウルカと呼ばれ販売された。同じ栃木県の葛生町秋山（栃木県立郷土資料館編　一九八二：九一～九五頁）でも、ハッキリ網とカスミ網が用いられたという。ハッキリ網の方が古く、麻を撚り合わせて黒く染めた糸で編んだ縦横七尺の網である。小屋がけして、小屋の北西に神棚を設けて山の神を祀る。一日に一〇〇羽のツグミを捕獲したときには、餅米でオソナエをつくり、山の神に供えた。

食料としての小鳥類と小鳥猟への意識

（1）小鳥食の文化

江戸期において出版された料理本のなかに、鳥を素材とした料理が散見される。一六四三(寛永二〇)年刊行の『料理物語』(14)において料理の対象となる鳥とその料理が記されている。そこでは、鶴、白鳥、ガン、鴨、雉子、ヤマドリ、バン、ケリ、サギ、ゴイ、ウズラ、ヒバリ、鳩、シギ、クイナ、ツグミ、スズメ、鶏が挙げられており、鶴や白鳥といった大型の鳥からツグミ、スズメといった小鳥まで多様な鳥が食べられていたことがわかる。

さらに、『古今料理集一』(15)（刊年不記）では、魚鳥と青物の旬の時期が示されている。これによると、三月から出始める鳥のなかで、七月にかけて「むなくろ」（ムナグロ）、「きあし」（キアシシギ）、「鶴鴫」（ツルシギ）、九月までは「きやうじやう」（キョウジョウシギ）、「青鷺」、一〇月にかけて「水鳥」、五月から七月は「雲雀」、九月から三月は「つくみ」（ツグミ）、一〇月からとして、正月まで「雉子」、三月まで「鳩」、二月まで「万小鳥」（よろず鳥）、一一月から正月かけて「ひよ鳥」、「白鳥」、三月にかけて「鶴」が挙げられている。このように多様な鳥が季節ごとに食されていた。これら鳥類の料理方法を、『合類日用料理抄』（元禄二年）(16)にうかがい知ることができる。ここで、「鳥こくしょう」は、鳥を汁ものの具とするものである。「鳥こくしょう」とは、味噌を水で溶いで酒を入れ、そこに細かくたたいた鳥をいれて鍋で煮込む。それに山椒を入れてもよいし、ほかに何をいれてもよい。同じ汁ものとして、小鳥を細かくたたき、もち米粉と等分に混ぜてすり鉢ですった後、丸めて湯で煮て煮物に入れる「小鳥団子」や、鍋に古酒としょうゆと水を等分に混ぜて花がつおを少し入れ、そこに鳥を浸して煮る「小鳥の煎鳥（いりどり）」などがある。また、「焼鳥」は、文字通り、鳥を串に刺し、薄く塩を振りかけて焼き、よく焼けた頃に、酒を加えたしょうゆの中にそれを二度付けして膳に出す。「鶏飯」や「雉子飯」といったものもみられる。これは、

(14)『料理物語』（吉井始子 一九七八『翻刻 江戸時代料理本集成 第一巻』臨川書店：三〜三七頁）。

(15)『古今料理集一』（吉井始子 一九七八『翻刻 江戸時代料理本集成 第二巻』臨川書店：三〜一五頁）。

(16)『古今料理集一』（吉井始子 一九七八『翻刻 江戸時代料理本集成 第一巻』臨川書店：二二一〜二九一頁）

鳥をゆでたそのゆで湯で飯を炊き、煮立った頃に飯の中にゆでた鳥を細かく引き裂いて入れ、上から飯で押しつけ、ふたをして蒸す。そして、飯が黄色くなった頃合いに、鳥を上にして椀にもる。「鳥醤（とりびしお）」は、ツグミなどを粕に二〇日漬けて取り出し、よくたたいた後、古酒を入れて練り、もち米と麹と少しの陳皮（ちんぴ）とともに一〇日ほどおく。いわば発酵させた保存食であり、塩辛といえる。

このように、鳥の料理法としては、焼き鳥とすることを始めとして、汁ものの具としたり、ご飯と混ぜて鳥飯としたりする他、塩辛とされたりした。

こうした鳥の食文化は各地で継承されてきた。地方ごとに伝統的な郷土食を収集した『日本の食生活全集』（農山漁村文化協会編　一九九三）における鳥料理の分布を図8に示した。主としてこの全集に採録された記録に基づき、どのような鳥がどのようにして調理され食されてきたのか以下でみてみたい。

ヤマドリは、キジと共に現在でも狩猟対象となっている鳥であり、ヤマドリの料理は全国的に分布する。北海道では、内臓をとり、水洗い後、頭から骨ごと鉈や山刀でたたいて挽肉状にする。ギョウジャニンニクなどをまぜ団子にし、澱粉に転がして汁に入れて煮込む。岩手では、鶏肉入りの雑煮が一般的だがキジやヤマドリがあれば最高とされ、ソバのだし汁やしみ豆腐の煮付けのだしにヤマドリが用いられた。秋田県北鹿角、宮城、阿武隈

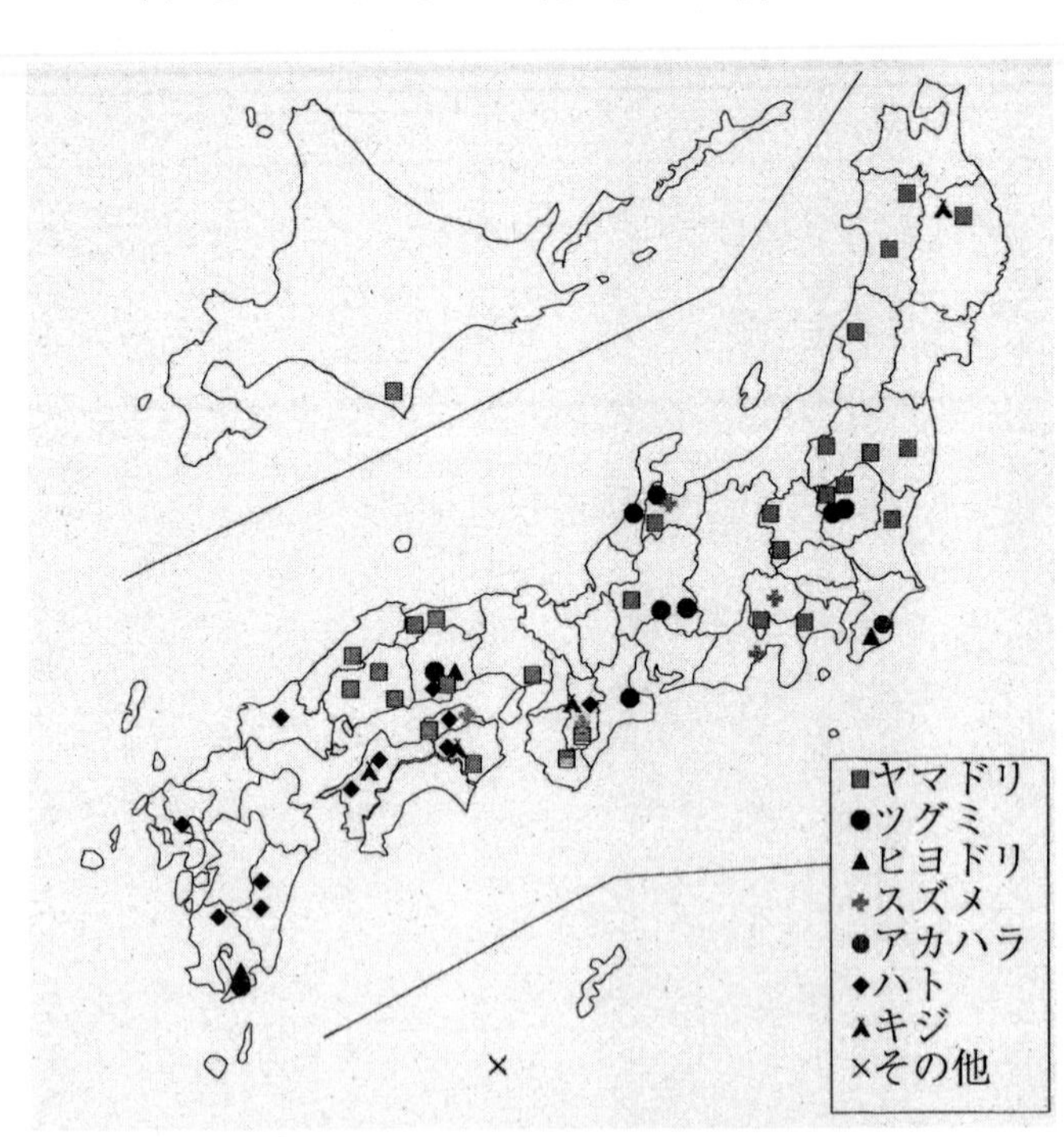

図8　日本における鳥料理の分布

『日本の食生活全集』より作成.

丘陵でも雑煮にヤマドリの肉を使った。ヤマドリをだしとして用いるところは、その他にも、福島会津山間や神奈川足柄山間など多くみられる。こうしたヤマドリは、福島南部では、鉈(なた)の背でたたいて団子としたり、栃木日光山間（栗山）では、肉と骨を斧でたたき、ダイコン、ネギ、バンダイモチと煮たり、群馬吾妻でも肉と骨をつぶして団子としたりして、骨も肉とともに食された。また、山梨富士川流域では、ゴボウやキノコと一緒に煮てご飯に混ぜ込み、島根県石見山間部でも、ヤマドリなどをゴボウ、ニンジン、油揚げなどと醤油、酒とともに、炊きたての白飯に混ぜて鳥飯とした。東京奥多摩でも五目飯の具として用いられており、混ぜご飯の具としての利用も一般的であった。千葉南総では、ヤマドリに代えてヒヨドリ、アカハラをゴボウ、ニンジンと煮て炊いてご飯と混ぜ、鳥飯として食していた。

ツグミは、栃木県の日光山間部では、黒檜(くろび)の串に刺して、塩をふりかけて焼き、焼き鳥として食された。また、塩焼きしたツグミをどんぶりに入れ、熱く燗にした清酒を注ぐ「つぐ酒」があった。同じ栃木の秋山では、捕獲したツグミはすぐにつぶす。その際、内蔵を取り出すが、内蔵をワタといい、これをワタヌキと呼んだ。板の上にワタを絞り出し、塩でまぶし、カメや一升瓶に保存したという。これを湯に溶かして飲むと、疫痢(エキリ)、喘息、心臓病に効くといわれ、自家用だけでなく販売もされたという（栃木県立郷土資料館編 一九八二：九四頁）。秋山では、こうしてワタヌキされた鳥は、一〇羽を縄で結い、足利や桐生の鳥肉店へ販売された。さらに、山中で酒とともに振る舞うトヤマチがなされた。トヤマチでは、竹串にさして、タレをつけて囲炉裏の回りで焼いてヤキトリとして食べられた。さらに、サンゴジヅケと称するが、塩と米麹のなかにツグミを漬け、正月の酒の肴として焼いて食べた。

氷見灘浦では、ツグミをつむぎと呼び、雪の山に穴を空けてそのなかへ餌を入れておき、多く入ったところを投網で捕獲した。そして、羽をむしって産毛を焼き、醤油を口から注いで七輪の炭火でこんがりと焼いて骨ごと食べた。金沢商家における治部煮(じぶに)は、通常はカモを用いるが、ツグミや鶏肉で代替させることもあったという。

岐阜恵那の平坦地（東野）では、ツグミをこうじ漬けとし、年取りや正月のごちそうとされた。『美濃国土岐郡釜戸村統計表　明治一四年』には、名産物として、陶器や松茸と並んで、鶫麹漬二〇〇〇羽が挙げられており（瑞浪市教育委員会 二〇〇九）、「此ノ鶫ヲ麹漬ト為シテ販賣スルモノ美濃三河ノ山中ニ多シ味ヒ極メテ美ナリ（農商務省編 一八九二：五一頁）」と称賛されている。また、東濃の焼き鳥は最高の味とみなされ、加えて、鳥の贓物は塩辛にして珍重された。三重の伊勢では、皮を取って熱湯をかけ、湯煮したゴボウをもり醤油を加えた鳥汁として食べられた。

ハト料理は、九州を中心として西日本にみられる。大分の祖母・傾山麓では、大晦日に、ハトの毛をむしり、さっと焼き、塩洗いして内蔵を取り除いたうえで、丸ごと厚い包丁でたたき、団子にする。これを椎茸やネギとともに味噌汁やすまし汁に入れる。佐賀の太良山麓では、ハト肉の入ったハトそばを食べる習慣があった。宮崎の米良や山口の長門でも、大晦日に食べるそば切りには、ヤマドリや山バトの肉で出汁をとったという。

富山県氷見では、スズメはツグミと同様、羽をむしって醤油を口から注いで七輪で焼いて食べた。岐阜恵那では、ここでもツグミと同様に、スズメが麹漬けとされた。また、岡山県南部平野・丘陵地帯では、スズメは、焼き鳥にするほか、多く捕れた時にはたたきとし、かけ飯にしたという。ここではツグミやヒヨドリも同様にたたきとしてかけ飯として食された。

それぞれの地方ごとに特色ある料理があるなかで、江戸時代における調理法の継続もまたみられる。そして、小鳥料理の特色として、焼き鳥にして骨までも食したり、肉も骨もたたいて団子にして汁に入れて食べたり、肉も骨も共に食べられることが挙げられよう。こうした事実も踏まえたうえで、食生活全般のなかで、小鳥料理がどのような位置を占めてきたのか評価することも必要であろう。

（2）風流としての小鳥猟

小鳥猟は万葉集において謳われており（池添 一九九〇）、その後も小説や俳句に読み込まれている。小鳥猟は、その土地の風物、名物として、さらには、季節を感じさせる生業として認識されていた。

幕末から明治維新にかけての信州を舞台とした島崎藤村の小説『夜明け前』（島崎藤村 一九三二）には、小鳥猟の場面がよくでてくる。「ちょうど鳥屋のさかりのころで、木曾名物の小鳥でも焼こうと言ってくれるのもこの主人だ。鳥居峠の鶫は名高い。」とされ、小鳥が木曽の名物であること、なかでも鳥居峠はツグミで有名であることが示される。また、「囲炉裏ばたの方で焼く小鳥の香気は、やがて二人のいる座敷の方まで通って来た。」と、小鳥を焼く際には「香気」が漂うとまで表現されている。さらに、「……まだ夜の暗いうちに山道をずんずん上って、案内者の指揮の場所で、かすみを張って囮を揚げると、夜明け前、霧のしらじらに、向うの尾上を、ぱっとこちらの山の端へ渡る鶫の群れが、むらむらと来て、羽ばたきをして、かすみに掛かる。じわじわととって締めて、すぐに焚火で附け焼きにして、膏の熱いところを、ちゅッと吸って食べるんだが、そのおいしいこと、……」と、鳥屋における猟と食を楽しむ様が描かれる。また、泉鏡花の『眉隠しの霊』においても、「旦那様、帳場でも、あの、そう申しておりますの。鶫は焼いてめしあがるのが一番おいしいんでございますって。」（泉 一九二四）など、小鳥料理についての記述は頻出し、その味が称賛されている。

加えて、詩歌にも小鳥猟は謳われていた。若山牧水は、第一四歌集『山桜の歌』（農山漁村文化協会編 一九二三）のなかで、一九二一（大正一〇）年に「美濃の国中津町在永滝の鳥舎といふに小鳥網を見」て、「恵那ぐもり網張りて待つ松原のいろの深きに小鳥寄りこぬ」「恵那ぐもり寒けき朝を網張りて待てば囮のさやか音に啼く」「小松原寒けきかげにかくされて囮のひはの啼きしく聞ゆ」「網張りて待つやささ鳥ちちちと啼きて空ゆくそのささ鳥を」といった歌を謳っている。

このように、鳥料理のみならず、鳥を捕るという鳥猟そのものもまた、風情あるものとして認識され、小説や詩歌の題材として取り上げられていた時代があった。こうした状況も以下で示すように大きく変化することになる。

小鳥猟を巡る法制と小鳥の保護

（1）戦前における狩猟法制の変遷と鳥類保護思想の普及

日本の狩猟に関する法制は、一八七三（明治六）年の「鳥獣猟規則」を嚆矢とし、その改正をもって狩猟に関する規制は今日に至っている(17)。この規則では、銃猟を職猟と遊猟に区分し、免許鑑札制として鑑札をもたない者の銃猟を禁止した。また、人家のある場所や禁猟とされた場所などで銃猟を禁止し、銃猟期間を一二月一日から翌年三月までに限定し、規則違反者からは銃器を没収し、罰金を科した。このように、この規則は、銃猟のみを規制し、銃器以外の猟具を用いた鳥獣の捕獲を放任するものであった。結果として、野生鳥獣の減少が顕著となり、一八八三（明治一六）年には実態調査が行われ、加えて、農商務大臣に鳥獣猟の禁止を求める上申が鳥取県知事（一八八六（明治一九）年）や栃木県知事（一八八七（明治二〇）年）からなされるほどになる。これらを受けて、一八九二（明治二五）年になって、狩猟規則が定められ、狩猟とは「銃器、各種ノ網、放鷹、黐縄又ハハゴヲ以テ鳥獣を捕獲スルヲ謂ウ」と定義され、網など銃器以外の狩猟も規制の対象に含まれるようになった。そして、保護鳥としてツル、ツバメ、ヒバリ、セキレイ、シジュウガラなど一四種の鳥類の捕獲が禁止され、キジ、ヤマドリ、ウヅラなど一五種類の鳥類について三月一五日から一〇月一四日までを保護期として捕獲を禁止した。このように、基本的には鳥類の捕獲が認められ、特定の鳥類のみが保護の対象とされた。

一八九五（明治二八）年になって狩猟法が公布されるが、その内容はそれまでの狩猟規則と大きな違いはな

(17) 林野庁編（一九六九）。以下の記述も本書による。

かった。この狩猟法では、保護鳥一〇種と、保護期間がある狩猟鳥一二種が定められた。一九一〇（明治四三）年の狩猟法改正では、捕獲が禁じられる絶対的保護鳥が七〇種と大幅に増加し、保護期間を定める相対的保護鳥は、種類の入れ替えをともないつつ一四種となった。そして、これらに定められない鳥は猟が可能であった。続く一九一八（大正七）年の狩猟法改正では、保護すべき鳥獣を提示するのではなく、鳥獣は原則、捕獲を禁止し、捕獲が可能な鳥獣が示されることとなる。これは狩猟法制上の大きな転換点であり、狩猟鳥獣としてアトリやツグミ、ヒワ、ヤマドリなど四七種が指定された。一九二五（大正一四）年に、これら四七種からハクチョウ、ケリ、オシドリが除外され、一九二六（大正一五）年にコジュケイが狩猟鳥獣に加えられた。

こうした規則の整備が進められるなか、鳥類の調査研究も進展した。一八九二（明治二五）年に農商務省からさまざまな猟法が解説された『狩猟図説』が出版され、一八九八（明治三一）年には、飯島魁理博士が農商務省の委託によって『保護鳥図譜』を出版する。さらに、一九一二（明治四五）年になって、日本鳥学会が発会し、その会誌である「鳥」が一九一五（大正四）年に創刊された。その巻末の学会規則の第三条において、「本会の目的」が「1 鳥類ニ趣味ヲ有スルモノノ懇親ヲ計ルコト　2 鳥類ニ関スル学術ノ進歩ヲ促スコト　3 鳥類愛護ノ思想ヲ普及セシメ鳥類ノ保護増殖ヲ計ルコト」とされている。そこでは、単に、鳥について学術的な研究を行うだけではなく、鳥類愛護の思想を普及させ、鳥類の保護を図ることも目されたことがわかる。また、一九三二（昭和七）年、山階芳麿博士が、私邸内に鳥類標本館を建て、一九四二（昭和一七）年、財団法人山階鳥類研究所を設立した。その後、この研究所は鳥類学の調査研究を担うと共に、そのなかで希少鳥類の保護・回復にもかかわっている。

さらに、一九三四（昭和九）年、鳥の知識と保護思想の普及を趣旨として、中西悟堂により、「日本野鳥の会」が創立される。同年、会誌「野鳥」が創刊、鳥の渡りをテーマとした特集号が刊行され、鳥学関係者だけではなく与謝野晶子や斎藤茂吉らも寄稿した。加えて、富士山麓において、柳田国男や北原白秋なども交えて、鳥の見学会である探鳥会が開催された。今日、一般的に用いられる「野鳥」や「探鳥会」は、この時に造られた用語である。さらに、一九三六（昭和一一）年の京都支部、翌年の阪神支部を皮切りとして各地に支部が作られていった。

（2）戦後における狩猟規制の強化と鳥類保護の進展

第二次世界大戦後に狩猟法制は大きな変革を迎える。全国の鳥猟の実態を調査した連合軍総司令部天然資源局野外生物科長オリバー・エル・オースチン博士の勧告に基づき、一九四七（昭和二二）年、鳥類保護連絡協議会が開催され、その後「鳥類保護連盟」と改称した。この連盟は、関係諸団体の連携協力により、国民に鳥類に関する科学的知識を提供し、鳥類を保護し、愛護する精神を養うことを目的とした。バードデー（愛鳥日）が設定され（その後、バードウィークとなる）、「美術に現はれた鳥類展示会」、「鳥類に関する展覧会」などが開催された。一九五八（昭和三三）年、この連盟は財団法人となり、今日に至る。

一方、一九四七（昭和二二）年、狩猟法施行規則が改正され、狩猟鳥が四六種類から二一種類に減少し、ツグミ、アトリ、カシラダカなどが除外された。また、法定猟具から、ライフル銃、カスミ網、モチナワ、ハゴ、ツリバリが除外され、新たに空気銃が加えられ、狩猟鳥についても捕獲数量に制限がなされた。そして、一九六二（昭和三七）年、法律の名称が「狩猟法」から「鳥獣保護及狩猟ニ関スル法律」に改められる。このことは、野鳥が狩猟の対象から保護の対象へと徐々に移り変わってきたことを如実に示していよう。この法律は、その後、幾度かの改正を経て、「鳥獣の保護及び管理並びに狩猟の適正化に関する法律」いわゆる鳥獣保護法として機能している。

ただし、こうした野鳥保護への流れが一方的に生じてきたわけではない。禁止されたカスミ網を用いたツグミなどの密猟が戦後も継続的に行われていた。一九五七（昭和三二）年には、日本甲種猟友連合会から「カスミ網解禁に関する私共の主張」という刊行物がだされ、それを受けて、翌一九五八（昭和三三）年には、ツグミ、アトリカシラダカなどの狩猟鳥への再編入とカスミ網禁止解除が衆議院で決議される。これは、野鳥の会などの保護団体の反対があり実現には至らなかった。一九六九（昭和四二）年にも、中部ブロック甲種猟友会がカスミ網猟復活を図る。これに対しても日本野鳥の会は、カスミ網反対運動本部を発足させ、カスミ網反対の集いを開催したりした（財団法人日本野鳥の会野鳥保護研究会 一九九〇）。カスミ網の復活はなされなかったが、カスミ網の販売が継続して行われ、しかも網が耐久性のあるナイロン製となったことも相まって、カスミ網による密猟は依然として行われてきた。これに対して、日本野鳥の会は、対策会議を開催したり、現地調査を実施したり、環境庁長官に要望書「カスミ網による野鳥の密猟取締り強化について」（一九八六年）を提出したり、多様な活動を行ってきた（財団法人日本野鳥の会 保護・調査センター 一九九八）。こうした活動を受けて、一九九一年に鳥獣保護法が改正され、カスミ網の使用のみならず販売と所持も禁止となった。しかし、一九九七年、農作物の鳥獣害増加を背景として、農林業有害鳥獣対策議員連盟が「鳥獣保護及び狩猟制度の改善方策（案）」を提言し、カスミ網の使用を都道府県知事の裁量で認める方向性が示された。しかし、その後の一九九九年の鳥獣保護法改正においては、カスミ網を含む「鳥獣の保護繁殖に重大な支障を及ぼすおそれのある猟具を使用する場合」は国の権限で許可することとなった。

世界の小鳥猟

以上みてきたように、日本においては獣だけではなく、小鳥もまた狩って食されてきた。益鳥としての鳥の有用性の認識、鳥の個体数の減少、鳥に対する認識の変化のなかで、こうした小鳥猟は大きく縮小した。小鳥猟の記録や小鳥猟の経験者も見いだすことがますます困難になる一方であろうが、体系的に小鳥猟の手法やその変遷、各地の手法間の関連性、小鳥の流通や食材としての加工法などを整理しておくこともまた求められる。

そして、小鳥猟はじつは日本でのみ行われてきたわけではない。ヨーロッパにおいても各地で小鳥猟が行われ、狩猟において重要な位置を占めていた。例えばドイツのゾーンヴァルトSoonwald(18)南部では、森林の開発が進み、大小の空隙地、荒れ地ができたところで、灌木が鳥の群れが集まる場所となる(Bauer, 1974)。三〇年戦争の後、森林所有者がこうした荒れ地を、保護のための規定の下で農民や市民に貸し出し、彼らは生業として鳥猟を行ったという。最盛期は一八世紀前半であった。ツグミの大きさの鳥は五羽、ヒバリの大きさの場合、一〇羽がひもにつなげられ、二〇〜二五クロイツァーKreuzerで売られた。鳥は非常に好まれており、一ポンド(〇・四五キログラム)の牛肉が五クロイツァーであった当時においてかなり高額であった。一七四六年まで、全ての場所が貸し出されているが、それ以降は空きがでる。なぜなら、ベリー類や肉の燻製のための用材が切り出されて灌木が縮小し、また、荒れ地が開墾され耕地や草地へ転換したりして、あまり鳥が獲れなくなったからである。一八八八年には、有用鳥の保護のための法律が施行され、一九〇八年には、全ての猟が禁止されている。

このようなヨーロッパの事例のみならず、世界各地における小鳥猟や小鳥食の実態、そして鳥猟の規制と鳥の保護の動向などを収集し、そのなかで日本の小鳥猟を位置づけることも肝要である。

(18) フランクフルトの西六〇キロメートルほどに位置し、中位山地であるフンスリュック山地の一部をなす森林。現在では自然公園となっている。

参考文献

上松町誌編纂委員会(一九九五)『上松町誌 第一巻 自然編』上松町教育委員会
池添博彦(一九九〇)万葉集の食物文化考—Ⅱ動物性の食を中心にして—、「帯広大谷短期大学紀要」二七
池谷和信(一九八八)朝日連峰の山村・三面におけるクマの罠猟の変遷、「東北地理」四〇
石川県山林会編(一九一一)『石川県山林誌』
泉　鏡花(一九二四)『眉かくしの霊』苦楽

今井友樹（二〇一四）『長編ドキュメンタリー「鳥の道を越えて」』工房ギャレット
恵那市史編纂委員会（一九九一）『恵那市史 通史編第三巻（2）生活・民俗・信仰』恵那市
大野郡久々野町史編纂委員会（一九五七）『久々野町史』大野郡久々野町役場
金沢市立玉川図書館近世史料館編（二〇〇一）『加能越三箇国高物成帳』
木祖村誌編纂委員会（一九九八）『木祖村誌　源流の村の民俗』
清見村誌編集委員会（一九七六）『清海村誌　下巻』清見村誌編集室
財団法人日本野鳥の会野鳥保護研究会（一九九〇）『野鳥保護資料集　野鳥保護の現状と課題』財団法人日本野鳥の会
財団法人日本野鳥の会　保護・調査センター（一九九八）『野鳥保護資料集 第一一集　カスミ網の復活は断じて許せない！
一九九七年から一九九八年の動きを中心に』
斎藤　功・山本　充（一九九二）栃木県栗山村土呂部集落における生業の変遷と資源利用の空間的変化―ブナ帯山村の一事例―、
「人文地理学研究」一六
佐々木重夫（一九八〇）『霞網猟の実際』
信濃教育會木曾部會編（一九三六）『木曾の鳥』
島崎藤村（一九三二）『夜明け前　第一部 上』新潮社
千葉徳爾（一九六九）『狩猟伝承研究』風間書房
千葉徳爾（一九七〇）沖縄・八重山諸島のイノシシとその狩猟、「愛知大学文学論叢」四四
千葉徳爾（一九七五）『狩猟伝承』法政大学出版局
千葉徳爾（一九八一）山地における狩猟秘伝書の伝播について、「歴史地理学」一一二
拓植成實（二〇〇六）『飯地の歴史（一）古代・中世・近世』
栃木県立郷土資料館編（一九八二）『秋山の民俗：葛生町大字秋山』栃木県立郷土資料館
長野県（一九八八）『長野県史民俗編　第一巻（二）東信地方　仕事と行事』長野県史刊行会
長野県（一九八八）『長野県史民俗編　第二巻（二）南信地方　仕事と行事』長野県史刊行会・
長野県（一九九〇）『長野県史民俗編　第三巻（二）中信地方　仕事と行事』長野県史刊行会
長野県（一九九〇）『長野県史民俗編　第四巻（二）北信地方　仕事と行事』長野県史刊行会
長野県木曽郡木祖村教育委員会（一九七三）『木曽の鳥井峠』木祖村教育委員会
長野県西筑摩郡編（一九一五）『西筑摩郡誌』
中村登流・中村雅彦（一九九五）『原色日本野鳥生態図鑑〈陸鳥編〉』保育社
新美倫子（一九九四）『縄文時代の鳥類狩猟』動物考古学研究会

農山漁村文化協会編（一九九三）『日本の食生活全集　全五〇巻』農山漁村文化協会

農商務省編（一八九二）『狩猟図説』東京博文館

日高敏隆監修（一九九七）『日本動物大百科　第四巻　鳥類Ⅱ』平凡社

福光町史編纂委員会（一九七一）『福光町史　上巻』福光町

堀内讃位（一九三九）『日本鳥類狩猟法　写真記録』三省堂

堀内讃位（一九八四）『写真記録　日本伝統狩猟法』出版科学総合研究所

前田育徳会（一九二九～一九四三）『加賀藩史料　第一編～第一五編　藩末篇上巻藩末篇下巻』（復刻版一九七〇、清文堂出版）

瑞浪市教育委員会（二〇〇九）『瑞浪市史　近代編　行政　明治・大正』

安江赳夫（一九六八）『生きている村―中野方町史―』中野方町史刊行会

山岡町史編纂委員会（一九八四）『山岡町史通史編』岐阜県恵那郡山岡町

用拙武居彪ほか（一九一四）『岐蘇古今沿革誌』発光堂

吉井始子（一九七八）『翻刻　江戸時代料理本集成　第一巻』臨川書店

吉井始子（一九七八）『翻刻　江戸時代料理本集成　第二巻』臨川書店

林野庁編（一九六九）『鳥獣行政のあゆみ』林野弘済会

若山牧水（一九二三）『山桜の歌』新潮社

Bauer, E. (1974) *Der Soonwald-Auf den Spuren des Jägers aus Kurpflaz-*. Stuttgart:DRW-Verlag

文書資料

『阿久津（忠）家文書』栃木県文書館蔵

『小松家文書』栃木県文書館蔵

『百目鬼家文書』栃木県文書館蔵

『山口（栄）文書』栃木県文書館蔵

『山口（久）家文書』栃木県文書館蔵

第6章

田んぼダムによる治水効果と生物多様性

大竹　伸郎

多面的機能の認識

日本の伝統的農業である水田稲作農業には、日本人の主食であるコメを生産する以外にも洪水被害の抑制や地下水の涵養、生物多様性の保全などさまざまな機能を有している。こうした機能は、農業・農村の多面能機能と呼ばれているが、近年、この多面的機能に対する関心や認知度が高まっている。

その背景には、毎年のように記録が更新される最高気温や集中豪雨、イワシやシラスウナギの漁獲量の激減など、地球温暖化による気候変動に起因すると思われる異常気象や生物資源の枯渇という現実に対して、不安を抱く人々が増加しているためであると思われる。農林水産省が二〇一四年に行った調査（図1）によれば、農業・農村の多面的機能に対する認知度は、農業者が九二・七％、消費者が六三・〇％であった。さらに、農業者と消費者の多面的機能の重要性に対する意識調査の結果をみると、農業者と消費者の間で、多面的機能に対する重要性に違いがあることがわかるが、洪水調整機能と生物多様性保全機能については両者とも関心が高いことがわかる。

そこで、本稿では農業・農村地域が有する多面的機能のなかから、人々の関心が高い洪水調整機能と生物多様性保全機能について解説する。さらに、「田んぼダム」という新たな試みによって、水田の洪水調整機能の向上に取り組む地域の特徴や課題について考える。

農業・農村の多面的機能と深刻化する地球環境問題

農林水産省では、「国土の保全、水源の涵養（かんよう）、自然環境の保全、良好な景観の形成、文化の伝承等、農村で農業生産活動が行われることにより生ずる、食料その他の農産物の供給の機能以外の多面にわたる機能」を農業・農村の多面的機能と定義している。

こうした機能が重要視されるようになった要因は、現在、われわれが行っている暮らしが自然環境のもつ復元力を超え持続可能性が失われているためであると思われる。犬井（二〇〇二）は、持続可能な暮らしを実現するためには、「大量生産・大量消費・大量廃棄に支えられた効率主義のライフスタイルを見直し、自分たちが暮らしている地域の風土をどのように理解し、そしてそこで長い間育まれてきた生活様式の履歴を読み解き、自然環境に負荷が少ない地場産業を再評価していくこと」が大切であると提言し、人間と風土のかかわりを重視し、人が管理し続けることで維持される農用林や里

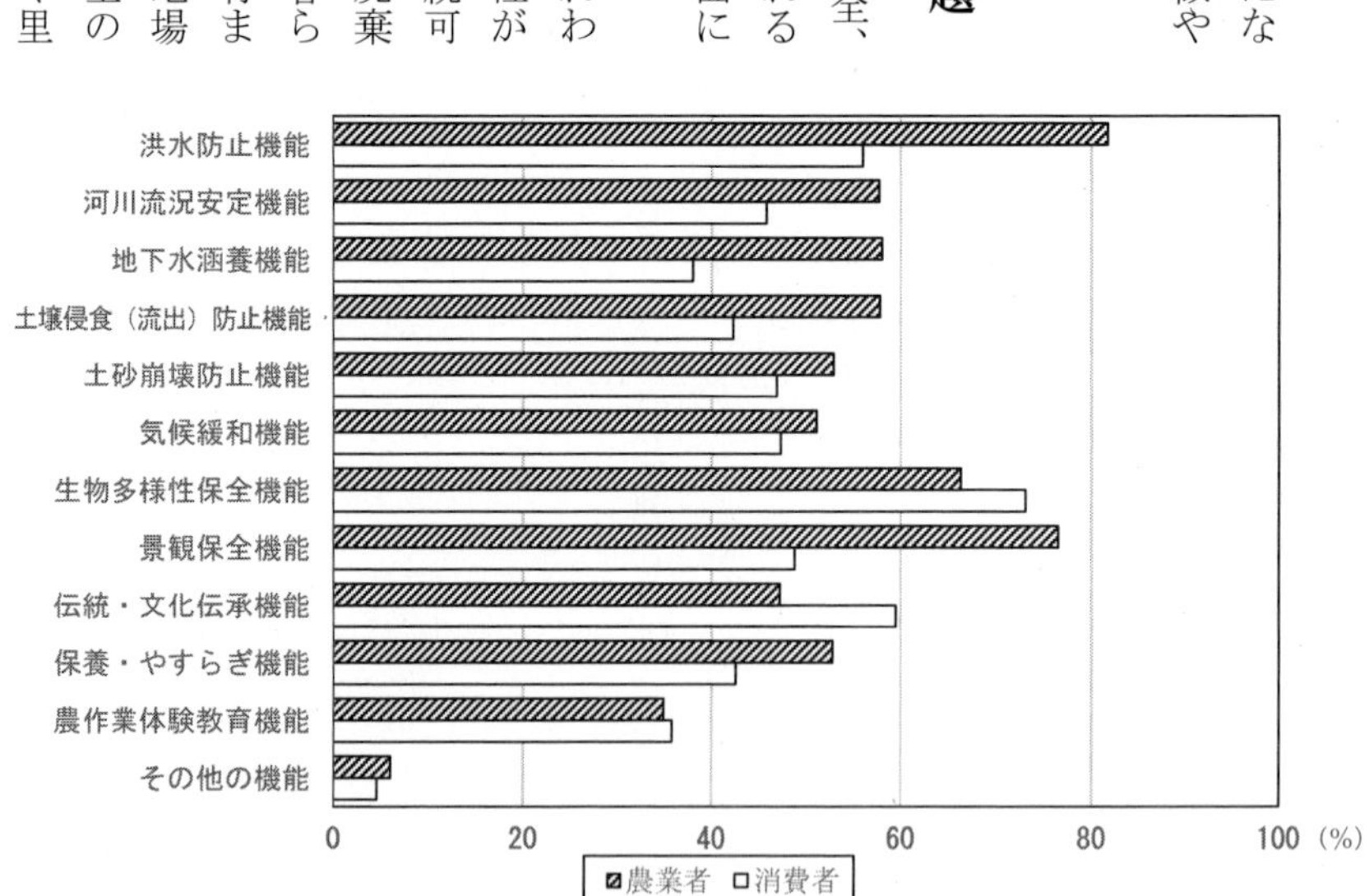

図1　農業・農村地域の多面的機能の重要性に対する農業者と消費者の意識調査

農林水産省「食料・農業・農村及び水産業・水産物に関する意識・意向調査結果」（2014年5月公表）を元に作成.

・農業者モニターは1,269人（回収率87.9%）. 消費者モニターは987人（回収率87.7%）である.

・調査結果の機能表記は，文字数が多いため著者の判断で短い語句表現に改めた.

山の価値や多面的機能の重要性を指摘している。

また、「持続可能」という意味については、「自然や環境の負荷（インパクト）が、もはやそれから回復できなくなる限度すなわち「環境容量（carrying capacity）」を超えないことと定義し、自然環境の過度の利用（overuse）に対して警鐘をならしている（犬井 二〇一七）。

二〇一五年九月の国連サミットで採択された「持続可能な開発目標（Sustainable Development Goals：SDGs」のなかにも、持続可能な農林水産業の実現による食料資源の安定供給やその基盤となる自然環境の保全が掲げられている。こうしたことを考慮すれば、われわれは今こそ現在置かれている状況を理解し、自らの暮らしを見直すとともに、農業・農村の有する多面的機能について再考することが必要であろう。

（1）激甚化する水害

近年では「ゲリラ豪雨」や線状降水帯による局地的な集中豪雨が発生し、都市部における内水面氾濫の危険性の増大や被害の甚大化についても深刻な問題となっている。ゲリラ豪雨という言葉は、二〇〇八年の流行語大賞にもノミネートされ広く認知されるようになったが学術的な用語ではない。気象庁では、一時間当たり五〇ミリ以上の降雨を局地的大雨や短時間強雨と定義しているが、本稿ではより広く認知されているゲリラ豪雨を使用する。

表1は気象庁が統計を開始した一九七六年から二〇一八年までのアメダス観測地点で計測された一時間当たり五〇ミリ以上の降水回数を概ね一〇年ごとの平均値で示したものである。この表から読み取れることは、第一期から第五期までの間に全体の発生回数が一五〇回以上増加していることと、第三期以降八〇ミリや一〇〇ミリを超える豪雨発生回数が倍増していることである。さらに、気象庁の数値は全

表1　計測期間別「ゲリラ豪雨」の1時間当たり年平均発生回数

計測期間	50 mm 以上 / h	80 mm 以上 / h	100 mm 以上 / h	計
第 1 期（1976 ~ 1985）	209.0	12.5	2.2	223.7
第 2 期（1986 ~ 1995）	233.9	15.3	2.2	251.4
第 3 期（1996 ~ 2005）	290.0	21.5	4.7	316.2
第 4 期（2006 ~ 2015）	316.2	24.5	4.1	344.8
第 5 期（2016 ~ 2018）	347.7	24.0	4.3	376.0

資料：気象庁「アメダス電子データ」をもとに作成.

国約一三〇〇カ所の観測地点の数値であるため、実際の発生回数はもっと多い。ウェザーニュース社のデータによれば、日本全体のゲリラ豪雨の発生件数は、二〇一四年から二〇一九年までの五年間の平均値で四三〇九回／年となっている。

現在の治水工学では、一時間当たりの最大降水量を五〇ミリと想定し、堤防や排水機場を建設しているが、表1やウェザーニュース社のデータが示すように想定をはるかに超える豪雨が毎年頻発している。こうした想定外の豪雨被害の低減策として期待されているのが、水田を使った田んぼダムの取り組みである。

（2）減少する天然生物資源と生物多様性

マグロやウナギといった水産資源にとどまらず、近年では異常気象による農産物への影響など、われわれが必要としている生物資源の減少が深刻な問題となっている。例えば、一九六〇年代初頭まで二〇〇トンほどであったシラスウナギ（ニホンウナギの稚魚）の漁獲量は、一九七一年には一〇〇トン以下へと半減し、一九八一年には五〇トンを下回り、二〇一九年には三・七トンと七五年の間におよそ五五分の一まで減少している(図2)。シラスウナギが減少した要因には、乱獲や海洋汚染、海流の変化、河川護岸のコンクリート化など生育環境の変化などが指摘されており絶滅も危惧されている（海部ほか 二〇一八）。

シラスウナギの減少はわれわれの食文化にもかかわる身近な問題であるが、現在ではウナギ以外にも多くの生物が絶滅の危機にさらされている。生態学者N・

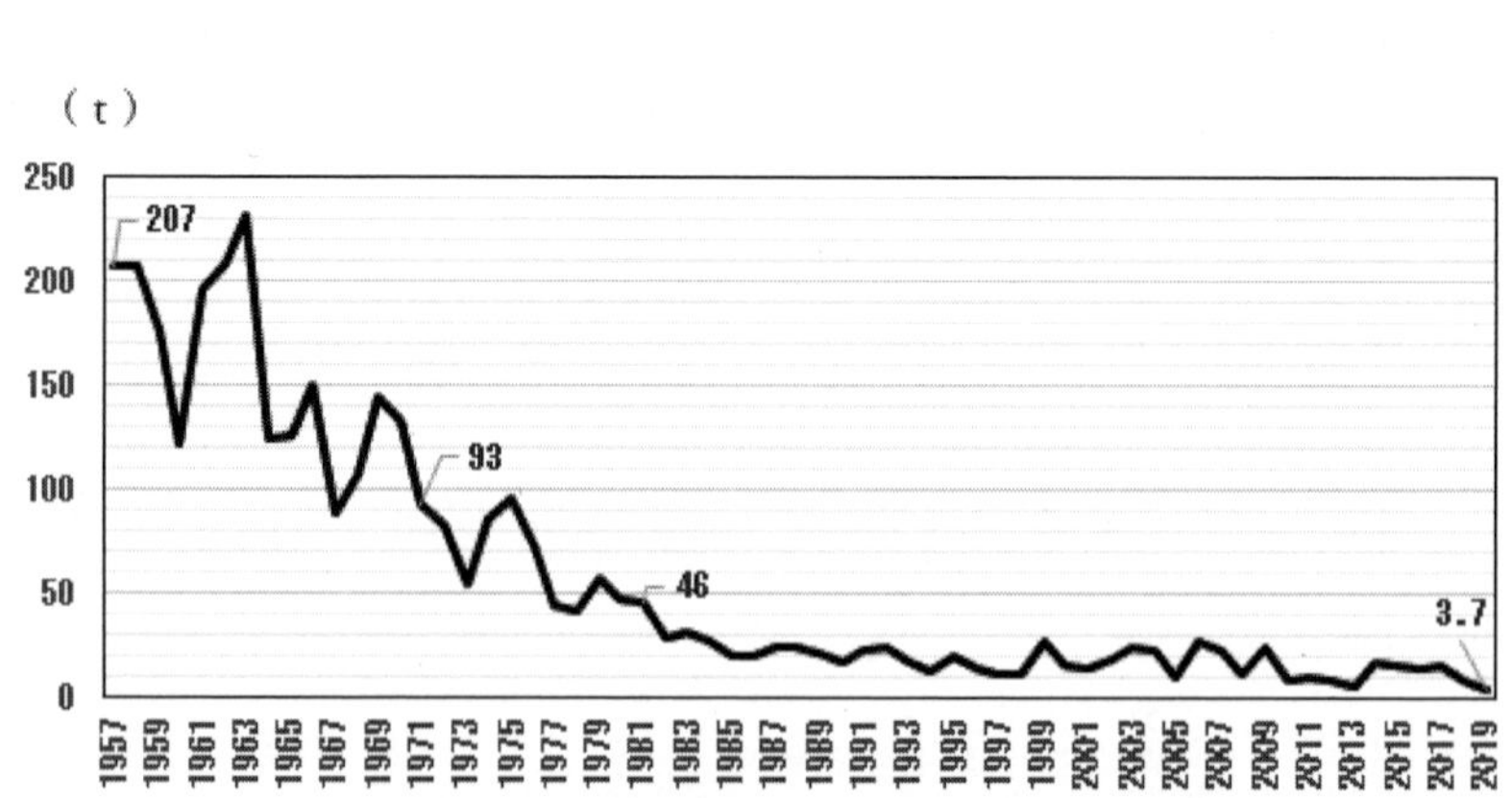

図2　シラスウナギの漁獲量推移（1957～2019年）
水産庁「ニホンウナギ稚魚漁獲量推移」をもとに作成.

マイアース（一九八一）によれば、恐竜が生きていた六五〇〇万年前は一年間に絶滅する生物種は〇・〇〇一種（二〇〇〇年に一種絶滅）、一六〇〇年から一九〇〇年頃は〇・二五種（四年に一種）、一九七五年頃には一年に一種、二〇〇〇年以降には一年に一〇〇〇種から四万種に上ると推定している。一〇〇〇種と四万種では大きな開きがあり正確さには欠けるという指摘もあるが、これは現在でも未発見の種が非常に多いこと、さらにその種が人知れず絶滅する可能性を考慮したものである。こうした大量の生物種絶滅の要因が、われわれの経済活動に起因していることは明らかである。

地球上には、いまだ発見されていない生物種が多数いると考えられているが、未発見の生物種も含め一つの生物種が絶滅することは、人類にとっても大きな損出となる。それは、マラリヤの特効薬であるキニーネが、キナの木から採取されるように、さまざまな種のもつ遺伝子情報が今後人類を救う可能性を有しているからである。こうした生物種を守っていくためには、生物多様性を保全していくことが大切であるが、生物多様性を保全していくためには、単に生物種を保全するのではなく、同じ種でも異なる遺伝子をもつ種が存在すること、またそれらの種が暮らすことができる多様な生態系も併せて保全していくことが重要となる。すなわち多くの生き物は、住処だけで暮らしているのではなく、採餌地や産卵場所など広範囲な空間をセットで利用しながら暮らしているからである。***Nipponia nippon*** の学名をもち、日本を代表する鳥であるトキが、佐渡島で暮らしていくためには、営巣地の他に季節変化に応じた採餌地が必要となる（大竹 二〇〇五、二〇〇九）。また、生態系を考える際には、餌となる生物の生態系も考慮するなど、食物連鎖の関係性についても考える必要がある。

日本人が長年維持してきた水田は、他の土地利用と比べて生物多様性の保全機能が極めて高い空間の一つである。生物多様性条約ＣＯＰ10が二〇一〇年に名古屋で行われた際に「ＮＰＯ法人田んぼ」が作成・展示したポスターによると、水路や畦畔を含めた田んぼの環境には、現在確認されているだけでも五六六八種の生物が暮らしているという（犬井 二〇一七：八〇頁）。農薬や化学肥料を使用する慣行農業の普及や用排水機能を高めるための水路のコンクリート化などにより、現在では水田で見られる生物は減少しているが、今なお水田は多くの生物を育む生物多様性保全機能を有している。

（3）農業・農村の多面的機能とは

これまで水田稲作農業の有する洪水抑制機能と生物多様性保全機能について述べたが、農業・農村地域にはそれ以外にも多面的機能を有している。図3は農林水産省のHPで紹介されている図を引用したものである。農業・農村地域には洪水や土砂崩れ、土の流失を防ぎ、川の流れを安定させ、地下水を作るといった「治水機能」に加え、暑さをやわらげ、有機性廃棄物を分解し、生き物のすみかになるといった「自然環境保全機能」、農村の景観の保全や、文化の伝承に寄与する「景観文化保全機能」、人々に癒しや安らぎをもたらすとともに、子どもたちに農業体験学習の機会を提供する「保養・教育機能」などを有している。

これらの機能は、日々の暮らしに必要不可欠な機能であるとともに、水田稲作農業を継続していけば、自動的に付与されるという特徴をもっている。さらに、現在よりも畦畔を高くしたり、農

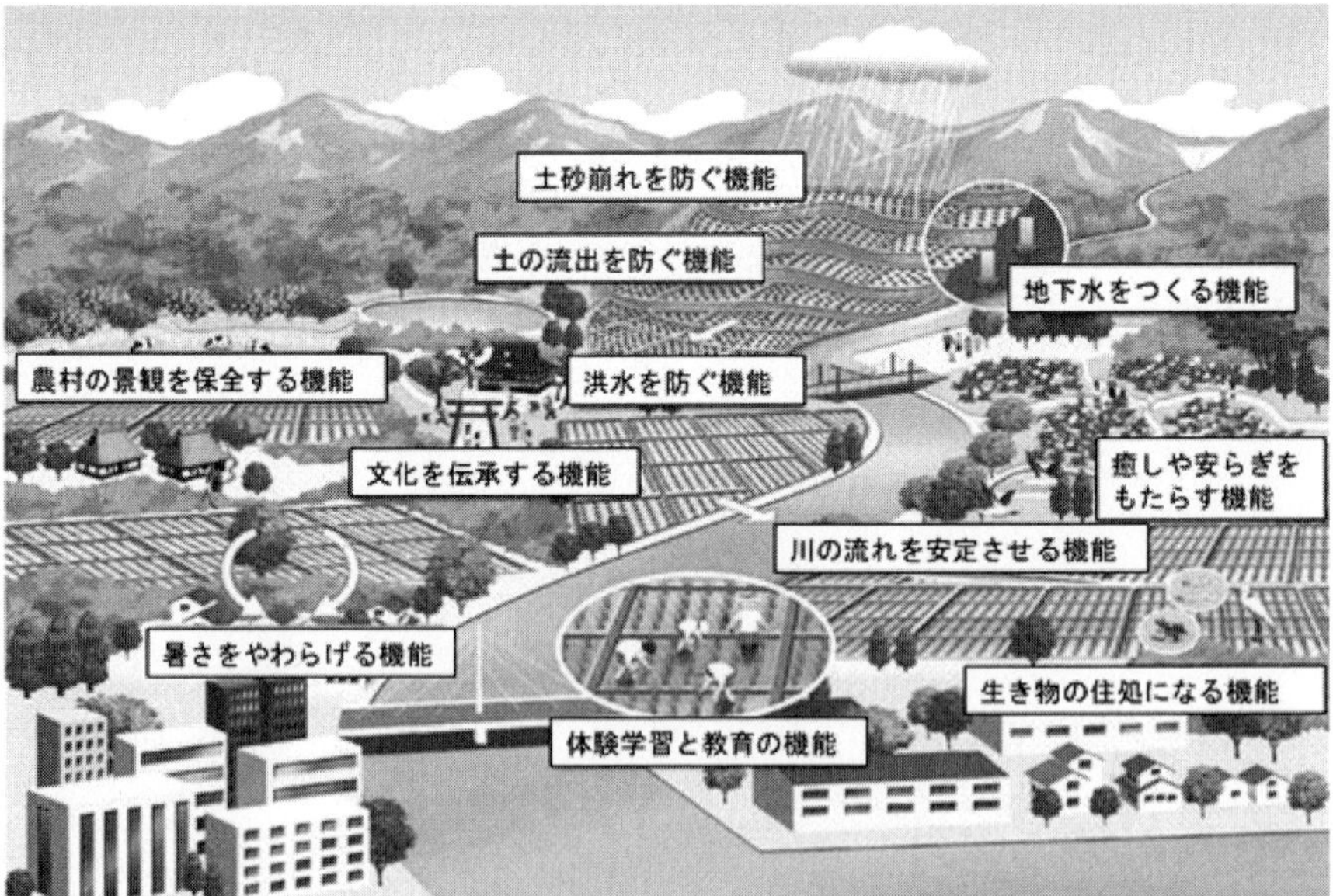

図3　農業・農村の代表的な多面的機能

農林水産省 HP「農業・農村の有する多面的機能」をもとに一部改変.

薬や化学肥料の使用量を制限したりすることで、その機能をさらに高めることができるという特徴を有している。したがって、こうした多面的機能に対する国民的な理解を深め、国民全体で支援していく仕組みを作ることができれば、国民にとっても大きな利益をもたらすものになるであろう。

表2は、日本政府が農業・農村地域の有する多面的機能について学術諮問会議に依頼して行った貨幣評価の結果を示したものである。この諮問結果については、他の研究者や研究機関から異なる見解も出されているが（独立行政法人農業工学研究所 二〇〇四）、政府機関では現在でも使用しているため、本章でもこれを使用する。

農業・農村地域は貨幣換算できる機能だけ取り上げても、洪水防止調整機能として三兆四九八八億円、河川流況安定機能として一兆四六三三億円、地下水涵養機能として五三七億円、土壌侵食(流出)防止機能として三三一八億円、土砂崩壊防止機能として四七八二億円、有機性廃棄物分解機能として一二三億円、気候緩和機能として八七億円、保健休養・やすらぎ機能として二兆三七五八億円の公的サー

表2　農業・農村地域の有する多面的機能に対する貨幣評価

機能の種類	年間評価額	評価方法
洪水防止機能	3兆 4,988億円	水田および畑の大雨時における貯水能力を，治水ダムの減価償却費および年間維持費により評価（代替法）
河川流況安定機能	1兆 4,633億円	水田のかんがい用水を河川に安定的に還元する能力を，利水ダムの減価償却費および年間維持費により評価（代替法）
地下水涵養機能	537億円	水田の地下水涵養量を，水価割安額（地下水と上水道との利用料の差額）により評価（直接法）
土壌侵食（流出）防止機能	3,318億円	農地の耕作により抑止されている推定土壌侵食量を，砂防ダムの建設費により評価（代替法）
土砂崩壊防止機能	4,782億円	水田の耕作により抑止されている土砂崩壊の推定発生件数を，平均被害額により評価（直接法）
有機性廃棄物分解機能	123億円	都市ゴミ，くみ取りし尿，浄化槽汚泥，下水汚泥の農地還元分を終処分場を建設して終処分した場合の費用により評価（代替法）
気候緩和機能	87億円	水田によって1.3℃の気温が低下すると仮定し，夏季に一般的に冷房を使用する地域で，近隣に水田がある世帯の冷房料金の節減額により評価（直接法）
保健休養・やすらぎ機能	2兆 3,758億円	家計調査のなかから，市部に居住する世帯の国内旅行関連の支出項目から，農村地域への旅行に対する支出額を推定（家計支出）

資料：「地球環境・人間生活にかかわる農業及び森林の多面的な機能の評価について（答申）」日本学術会議（2001年1月），「地球環境・人間生活にかかわる農業及び森林の多面的な機能の評価に関する調査研究報告書」（株）三菱総合研究所　2001年11月.

※1：農業の多面的機能のうち，物理的な機能を中心に貨幣評価が可能な一部の機能について，日本学術会議の特別委員会等の討議内容を踏まえて評価を行ったものである.

※2：機能によって評価手法が異なっていること，また，評価されている機能が多面的機能全体のうち一部の機能にすぎないことなどから，合計額は記載していない.

※3：保健休養・やすらぎ機能については，機能のごく一部を対象とした試算である.

ビスに相当する機能を毎年われわれに供給している。貨幣換算できる機能の総額は、八兆二三二六億円となる（表2）。

二〇一七年現在の農業総生産額は九兆二七四二億円であったので、農業が国民に提供しているサービスは一七兆四三六八億円以上ということになる。さらに、生物多様性の保全機能や地域の文化を伝承していく機能など、貨幣換算することが難しいが、その価値が広く認知されている機能も存在している。こうしたことを考慮すれば、日本において水田稲作をはじめとする農業・農村地域を維持していくことはとても重要なことであろう。

しかし、農林業はさまざまな公益的・多面的機能を有する反面、外部効果として環境にマイナスの影響を及ぼしていることも確かである。近代農業は機械化が進展し、農薬、化学肥料が多投入されており、土壌汚染や水質汚染・汚濁があり、畜産、酪農の家畜糞尿による環境汚染では、硝酸態窒素の水質汚染や悪臭などがあげられる。また、屠殺により生産される肉とほぼ等量のくず肉、骨の残渣が廃出される。こうした農産物残滓の処理による煙害や、農業資材として使用されたビニール・プラスチック資材の焼却に伴う「ダイオキシン類」の発生などもある。農業は本来、自然生態系の循環機能を利用して行われてきた産業であるが、現在では逆に、自然循環機能を損なう事態にもなっている（犬井 二〇〇六、犬井・大竹 二〇一一）。

したがって、農業が引き起こしている環境破壊の規制だけではなく、農業がもつ環境保全機能の発揮と環境負荷の軽減が要請されている。農業の公益的・多面的機能の重要性について、洪水調整機能や生物の多様性を高める「田んぼダム」の取り組みについて考察する。

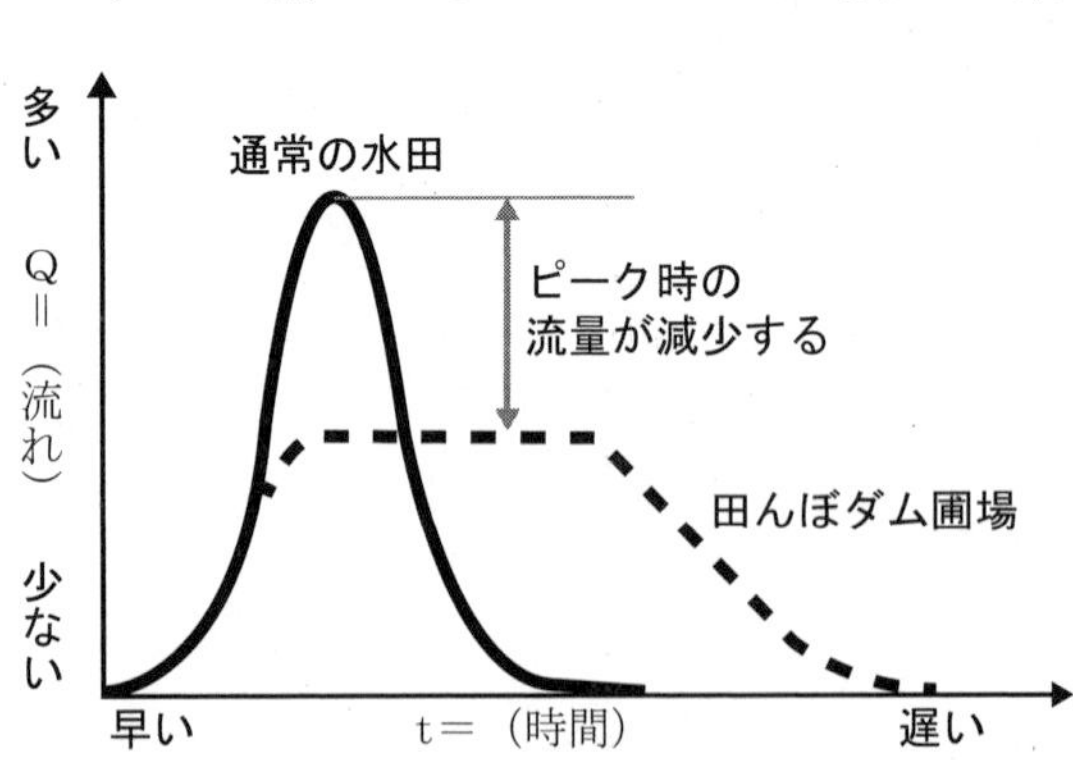

図4　田んぼダムによる河川流量の低減効果
新潟県農地部「田んぼダムで安心な暮らしを」をもとに一部改変.

田んぼダムによる洪水被害低減の取り組み

田んぼダムとは、水田が本来有している洪水調整機能を強化し、水害を低減しようとする取り組みである。その仕組みは、従来の排水桝に排水管の口径よりも小さい調整板を設置することで、排水量を減少させるというものである（写真1）。従来よりも排水口を小さくすることで、水田内に水が留まる時間が長くなり、排水路や流下する河川への流入量を減らすことで（図4）、洪水被害を軽減することができる。田んぼダムの取り組みを最初に始めたのは新潟県の村上市で二〇〇二年から始められた。初年度の導入面積は、四七一ヘクタールであったが、洪水被害低減機能の認知度の高まりや、二〇一四年度の制度改正により田んぼダムが多面的機能支払い交付金の対象となったことなどを受けて導入面積も拡大し、二〇一八年現在で一万四六四〇ヘクタールと新潟県の水田面積（約一五万ヘクタール）のおよそ一〇分の一の面積まで拡大している。さらに現在では新潟県だけにとどまらず、隣接する富山県をはじめ北海道や愛知県、兵庫県、福井県など他の自治体にも同様の取り組みが広がっている。

また、こうした取り組みの特徴の一つとして、土地改良区単位での地域住民主導のものが多く、これまでのように自治体が主導して行う事例がすくないことがあげられる(1)。これは、田んぼダムの洪水被害低減効果が、

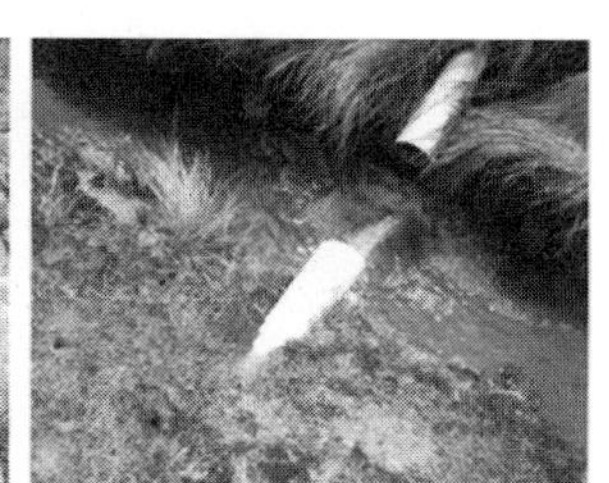

写真1　排水桝に合わせた調整板（左・中）と実施・未実施圃場（右）との排水量の違い

新潟県農地部「田んぼダムで安心な暮らしを」より，部分引用．排水桝および調整板については，圃場の状況に応じてさまざまなタイプがある．右写真（排水量の違い）は，上方の排水パイプが田んぼダム実施圃場，下方のパイプが未実施圃場である．

（1）取り組み事例のなかには、新潟県の見附市のように自治体が主導し、設置費用を全額負担するとともに管理費用も支払うというケースもみられる（椿二〇一七）。新潟県の見附市では、「平成一六年新潟・福島豪雨」の際に家屋半壊一棟、一部損壊二棟、床上浸水八六九棟、床下浸水一一四〇棟という甚大な被害を出したが、田んぼダムにより床下浸水は一五分の一に減少し、床上浸水は〇になるといった研究成果や分析結果を受けて、自治体主導で田んぼダム化を推進している。

ダムや河川改修といった従来の治水施設と比べて効果を及ぼす範囲が狭いためである。しかし、前述したように異常気象が常態化し、これまでの常識を超えるような局地的な集中豪雨が頻発している現代においては、ダムや遊水池の建設、堤防の大規模化といった従来の治水機能を補完する取り組みとして有効である。加えて従来の治水工事では莫大な費用が必要となるが、田んぼダムの場合は、一圃場への設置費用が五〇〇～三〇〇〇円という低コストで済むという点も魅力である。

(1) 村上市神林地区における田んぼダムの取り組み

前述したように村上市神林地区は、田んぼダムの発祥の地である（図5中の②の付近）。この地域は、現在では魚沼産コシヒカリに次ぐブランド米である「岩船産コシヒカリの産地」である。この付近では日本海にそそぐ石川に、百川、笛吹川、助渕川、七湊川の四河川が合流する地域であるため、鎌倉時代にはこれらの河川が運んだ土砂が岩船潟と呼ばれる干潟を形成していた。その干潟を江戸時代以降干拓事業によって埋め立て、農地を拡大してきた地域である。そのため塩害や水害の頻発に悩まされてきた地域でもあった。田んぼダムの取り組みが始まった二〇〇二年以前に水害となった豪雨の記録をみると、一九六三年八月（総雨量三五九ミリ）、一九六四年七月（同二〇九ミリ）、一九七八年六月（同二四三ミリ）、一九八〇年六月（同一四〇ミリ）、一九九三年七月（同一六四ミリ）、一九九七年六月（同一九九ミリ）、二〇〇一年六月（同一二六ミリ）、二〇〇二年七月（同一五〇ミリ）と度重なる水害に襲われている。しかも、現在に近づくにつれてしだいに少ない降水量でも水害が発生するようになっている。これは標高が低い地域であることに加えて、日本海への吐口が石川一つのみであること、河川改修による河川の直線化や護岸のコンクリート化により、河川の流量や流速が増加したこと、都市化によってこれまで治水機能を担ってきた農地や水田が失われたことなどが要因となっている。

聞き取り調査によれば、河川改修が進んだことで河川が合流する神林地区周辺の水田では少しの降雨でも水害が発生するようになったという。こうした現状を受けて、当時地区の農業委員会の代表であったT氏を中心に、新潟県の治水担当者に改善を求めたが、上流で進める治水事業が、下流域で洪水被害を発生させているということが理解してもらえなかった。そこでT氏は自ら水田の排水量を減少させるための調整板を作成するとともに、他の農家への協力要請を行い田んぼダムの取り組みを始めていった。さらに、田んぼダムの効果を科学的に証明するために、筑波大学の佐藤政良や新潟大学の吉川夏樹に協力を依頼した。現在では、吉川をはじめ多くの研究者が田んぼダムの洪水被害低減効果について研究成果を報告している（吉川ほか 二〇〇九、吉川 二〇一七、朝倉 二〇一八）。

現在、荒川沿岸土地改良区では、域内水田面積の約三分の一にあたる一二〇〇ヘクタールで田んぼダムに取り

図5　村上市荒川沿岸土地改良区における田んぼダムの導入状況（2018年現在）

荒川沿岸土地改良区より提供資料をもとに作成．以下の①～⑲は図中の田んぼダムの取り組み団体名と導入面積（ha）を示している．

①環境保全「海老江」40.5
②小口川資源保全隊 25.44
③小岩内環境保全部会 26.89
④地域創造チーム里本庄 36.47
⑤新飯田活動組織 42.5
⑥川部環境保全会 39.86
⑦上助渕環境保全会 44.96
⑧山屋環境保全隊 51.22
⑨殿岡グリーンクラブ 52.52
⑩指合保全会 37.34
⑪有明環境保全会 101.3
⑫山田環境保全会 58.21
⑬松沢みどりを守り隊 58.41
⑭飯岡環境保全会 64.08
⑮牧目保全会 73.69
⑯桃川環境保全会 76.08
⑰下助渕緑みらい 88.29
⑱クリーン牛屋環境保全会 130.46
⑲宿田せせらぎの会 135.67

組んでいる。この地域では田んぼダムに取り組んだ要因は、下流域の水田での洪水被害の軽減であるため、農家と非農家間の利害対立(2)はない。また、排水不良によって洪水被害が多かったこの地域では、洪水となった場合、上流の水田は下流の水田の水が引くまで落水しないという農家間の取り決めが長い間の慣行として残っているなど農家間のつながりも強い。そのため、田んぼダムの維持管理に対しては、農水省の多面的機能交付金が経営水田面積当たりで按分されるが、そのお金は地区ごとにプールし被害を受けた際の復旧費用に充てるといった取り決めもなされている。

また、田んぼダムを維持していくためには、畦の強度を保つことが必要となる。しかし、畦畔に除草剤を散布すると植物が根まで枯れ、畦畔が崩れやすくなるためＪＡと協力して「緑の畦畔事業」に取り組んでいる。緑の畦畔事業とは、除草剤を使わず草刈り機で畦畔の除草を行うというもので、労力は必要となるがその分一俵当たりのコメのＪＡ買取価格が五〇〇円上積みされるというものである。

（2）新潟市江南区天野地区における田んぼダムの取り組み

二〇一八年現在、新潟県では一五市町村、一万四六四〇ヘクタールで田んぼダムに取り組んでいる（図６）。

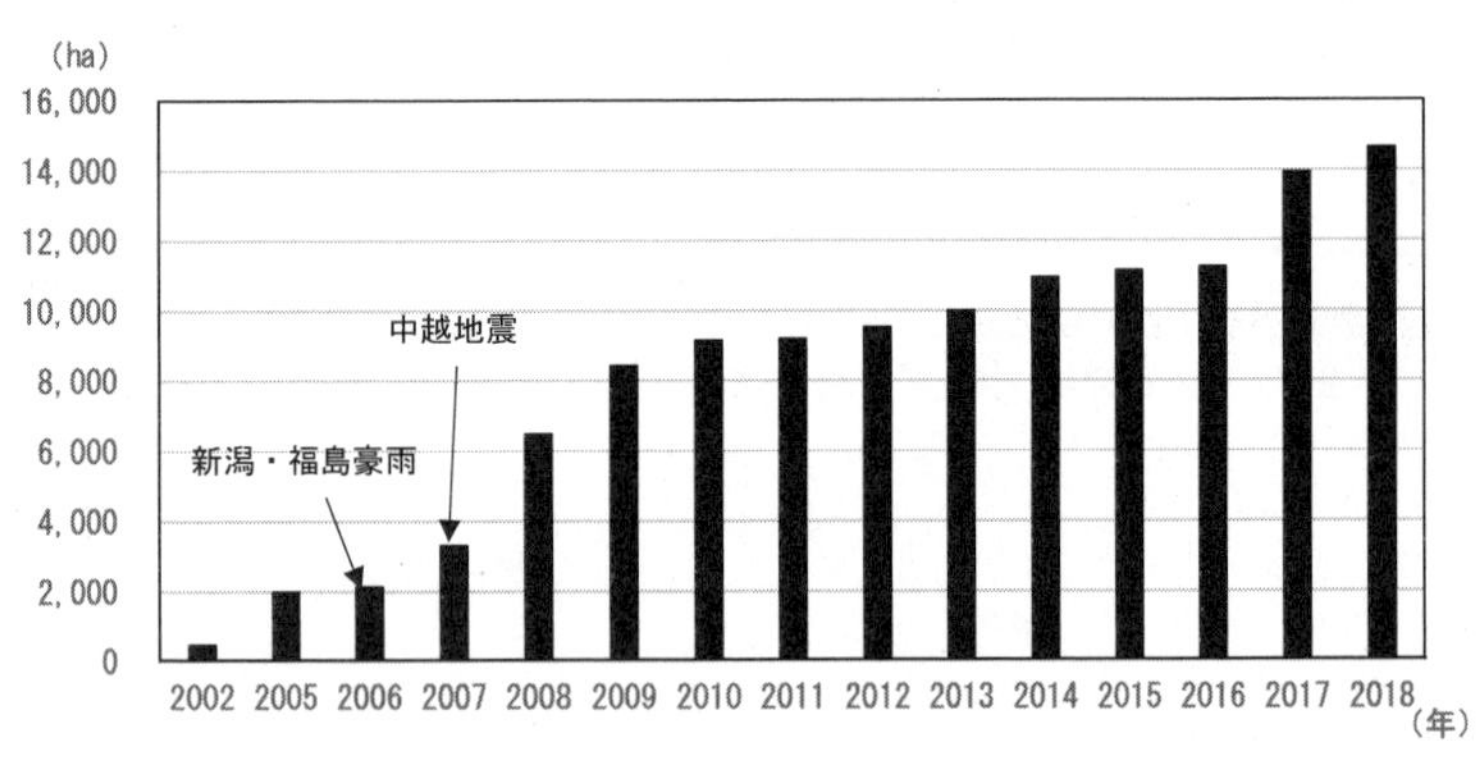

図６　新潟県内の田んぼダム導入面積の推移（2002・2005～2018年）

新潟市農林水産部農村整備・水産課提供データにより作成.
※2003, 2004年は欠損値.

(2) 田んぼダムの導入地域において、事業を実施することで得られる洪水被害の軽減効果を、非農家も受益する場合、田んぼダムの実施によって水稲作に被害が生じた場合その費用を都市住民も負担すべきかどうかという問題が生じている。

前述したように田んぼダムの取り組みは、村上市から始まったが二〇〇八年頃から導入面積が拡大していることがわかる（図6）。これは二〇〇六年の「新潟・福島豪雨」や二〇〇七年の「中越地震」などを経験したことで、市民の防災意識が高まったことや田んぼダムの効果が広く認知されるようになったことの影響であると推測される。聞き取り調査によれば、二〇一八年現在、新潟市の田んぼダム取り組み面積は約六〇〇〇ヘクタールと新潟県のなかでも最大の導入面積となっている。これは新潟市が多くの町村との合併により市域が拡大したことや、日本有数の大河川である信濃川の河口部に位置するため、土地の高度も低く水害を受け易い場所が多いためである。

表3は、新潟市江南区天野地区で田んぼダムに取り組んでいる農家に対して行ったアンケート調査の結果である。田んぼダムの導入による洪水抑制機能は、域内の水田全てで導入することで、その本来の効果が発揮できるものである。天野地区は五〇ヘクタールの水田全てを田んぼダムにしている地域である。調査農家全ての田んぼダム導入面積は、二〇・一ヘクタールと天野地区の導入面積の約四割を占めている。

アンケート調査の結果をみると、二〇一四年に導入した農家は複数回に分けて導入している（農家③⑤⑦⑧）。一方、二〇一五年から導入している農家は、その後増加していない（農家①②④⑥⑨）。これは二〇一四年

表3 新潟市江南区天野地区における田んぼダム導入農家に対する意識調査

NO.	農業従事者 ※1	経営耕地面積（a）		田んぼダム導入面積（a）		勧めた人	質問1 ※2	質問2 ※3	質問3 ※4
		水田	畑	導入初年度	現在				
①	●55 ○54 ●85 ●26 ○24	680	50	150（2015）	150	土地改良区	①	①	①
②	●47 ●71 ○70	650	30	120（2015）	120	地区役員	②	①	⑤
③	●61 ○58 ●29	570	70	110（2014）	290	土地改良区	②	①	②
④	●58 ○50 ●82	490	40	270（2014）	270	地区役員	②	①	③
⑤	●66 ○63 ●40 ○38	420	100	110（2014）	300	土地改良区	②	①	④
⑥	●57 ○57 ○79	350	90	300（2014）	300	土地改良区	①	②	⑤
⑦	●58 ○57	340	40	110（2014）	290	土地改良区	②	①	②
⑧	●72 ○70	260	40	40（2014）	230	地区区長	③	①	⑤
⑨	●54	160	20	60（2015）	60	地区役員	①	②	⑤

アンケート調査（2019年8月実施）結果をもとに作成.
※1 ●は男性，○女性，数値は年齢を表す.
※2 導入して良かった点：①畦畔が強化された，②排水路が奇麗になった，③田の漏水が減った
※3 導入して悪くなった点：①排水桝の横から水漏れ ②特になし
※4 その他要望：①用水路も整備してほしい，②区画整備と同時に行うべき，③建設業者の変更，④受委託や農地の集積についても考慮すべき，⑤特になし

度に導入した農家の状況をみた後に導入を決めたためである。次にこれらの農家に田んぼダムを「勧めた人」をみると土地改良区の職員や地区の役員の説得によって導入を決めていることがわかる。これらの農家に対して行ったアンケート調査の内容は次の質問1から3である。

質問1「導入して良かった点」については、この地区では導入後まだ水害が発生していないため畦畔や排水路が奇麗になったという意見が多かった。質問2「悪かった点」については、ずさんな工事により排水桝の脇から漏水するという農家が七件あった。質問3「本件に対する要望」については、区画整備事業（用水整備）や農地の受委託など地域全体の将来像を考えた取り組みへの要望が多いことがわかった。また、天野地区では農地に隣接する形で十数軒の住宅地もあることから、農家と非農家間の利害対立についても聞き取り調査を行ったが、特に問題視している農家はいなかった。しかし、今後、住宅地が増加し農業への理解が希薄な非農家が増加すれば、農家と非農家間の利害対立も深刻化するものと思われる。そうした対立を回避するためにも、農業・農村地域の有する多面的機能に関する国民的な合意形成を進めることが重要である。

新たな治水思想に向けて

日本の伝統的農業である水田稲作農業は、他の穀物のなかでも群を抜いて高い人口支持力を有している。さらに、日本の風土に最も適した農業であり、地の理に適った土地利用でもある。日本の国土は、そのおよそ七割を山地が占め、多くの人々が暮らす平野部は三割に満たない。また、この平野部は河川の三作用と呼ばれる浸食・運搬・堆積といった働きによって形成されたものである。日本には春の雪解け水、台風、梅雨前線や秋雨前線など年間を通して大量の降水がもたらされる。さらに、山がちな地形が生み出す急勾配が、河川の流れを加速させ、河川の三作用を強化している。

われわれは、このような作用が強力に働くことによって生じる土砂崩れや、堤防の決壊・越流による洪水などの被害を自然災害と呼ぶが、現代社会に暮らす多くの人々は、日本の平野部がこうした自然災害によって形成された地域であることを忘れて暮らしているのではないだろうか。それは河川工学や土木工学、建築技術の進歩によって、それまでよりも自然災害の発生件数が減少し、災害が非日常的なものになったためであろう。しかし、こうした安心感が人々から「土地の記憶」を奪い、河川の氾濫原に広がる水田や沼沢地、河口部の砂州といった居住地には適さない排水不良な低湿地域への人口集中という現象をもたらし、都市という人口密集地域での内水面氾濫被害を深刻化させているように思われる。

日本政府は現在、激甚化する自然災害に対し「国土強靭化（ナショナルレジリエンス）」計画を進めているが、その内容をみると河川堤防や河床のコンクリート化や盛り土、病院などへの自家発電設備の建設、車両型携帯電話基地の増設などこれまでと同様の公共事業の延長に過ぎないように思われる。政府はレジリエンスを「強靭化」と訳しているが、レジリエンスの本来意味するところは復元力や弾力性、回復力である。

前述したように水田稲作は、洪水被害の低減や生物多様性を保全する以外にも多くの機能を有している。日本の国土面積三八万平方キロメートルのうち、人間が暮らすことができる可住地面積は約四分の一の一〇万平方キロメートルである。水田面積は減少しているとはいえ、今なお四・五万平方キロメートルと可住地面積の約半分を占めている。これまでの常識では予想できなかったゲリラ豪雨や線状降水帯が多発している現在の状況を考えれば、従来型の治水思想の延長で国土のコンクリート化を進めるよりも、「信玄堤」(3)と遊水地の組み合わせのように、自然の猛威を分散させることで、治水効果を高めるといったパラダイムの転換が必要なのではないだろうか。

(3) 戦国時代の武将、武田信玄によって築かれた堤防。河川の流路を変えたり、霞堤と呼ばれる洪水時に水が溢れるように設計した堤を築いたりすることで、河川の流量を分散させ被害が軽減するように作られている。

参考文献

朝倉良浩（二〇一八）気候変動による水災害の増加と田んぼダム事業による水災害軽減の試み、「財界福島」九：一一〇～一一七頁
犬井　正（二〇〇二）『里山と人の履歴』新思索社
犬井　正（二〇〇六）農業の多面的機能と持続的発展、山本正三他編『日本の地誌Ⅱ　人文社会編』朝倉書店
犬井　正・大竹伸郎（二〇一一）グローバリゼーション下の日本農業・農村の持続的発展、星野昭吉編『グローバル社会における政治・法律・経済・地域・環境』亜細亜大学購買部ブックセンター
犬井　正（二〇一七）『エコツーリズム　こころ躍る里山の旅―飯能エコツアーに学ぶ』丸善出版株式会社
海部健三ほか（二〇一八）日本におけるニホンウナギの保全と持続的利用に向けた取り組みの現状と今後の課題、「日本生態学会誌」六八：四三～五七頁
大竹伸郎（二〇〇五）佐渡市新穂地区における環境保全型稲作の導入と展開への課題、「埼玉地理」二九
大竹伸郎（二〇〇九）トキとの共生を目指す農業の取り組み、「月刊地理」五四―六
椿　一雅（二〇一七）水田の有する多面的機能を活用した地域防災の取組み、「水土の知」八五―一二
独立行政法人農業工学研究所（二〇〇四）『農業・農村の有する多面的機能の解明・評価―研究の成果と今後の展開―』農研機構
N・マイアース著・林雄次郎訳（一九八一）『沈みゆく箱舟―種の絶滅についての新しい考察』岩波書店。
吉川夏樹ほか（二〇〇九）田んぼダム実施流域における洪水緩和機能の評価、「農業農村工学会論文集」七七―三
吉川夏樹（二〇一七）水害軽減の取組「田んぼダム」の持続性を支える施策、「日本砂丘学会誌」六四―三

参考ＵＲＬ

農林水産省ＨＰ「農業・農村の有する多面的機能」
http://www.maff.go.jp/j/nousin/noukan/nougyo_kinou/img/zentai02.jpg（二〇一九年八月一五日閲覧）

第7章

六次産業化による農村地域の内発的発展

高柳　長直

農山村の内発的発展とは

農山村を内発的に発展させるために、どのような方法で経済的に力を付けるかということが課題の一つである。日本の内発的発展論は、高度経済成長期を経て安定成長が続いている時代に導入された。それは、外来型開発のオルタナティブなモデルとして展開してきた。大規模な工業開発は行き詰まりを見せ始めていたが、労働集約型工業を中心に、なお大都市圏から地方へ工業の立地移動が続いていた時代であった。地域の経済・社会にとって、工場などを大都市の企業から誘致するような地域開発の主要な問題点は二つあった。一つは、利益が地域外に流出し、地域内への再投資が少なく、その結果、地域格差をより拡大させてしまうことである。もう一つは、資本の論理で動く企業は、地域の自然環境や人間的な生活を軽視し、その結果、環境破壊や公害問題などを発生させてしまうことである。このようなことは分工場経済として、高度経済成長期以来、批判されてきた。つまり、立地や事業展開に関する意思決定を、大都市の本社が行うため、地方都市や農村地域が大都市の従属的地位に甘んじてしまう。じつは、こうした外来型開発は、過去のことではない。農地法の規制が緩和されるにつれて企業の農業参入が進み（高柳 二〇一二）、今や農業分野での外来型開発が進行している（後藤 二〇一六）。しかも、国は補助金や過疎債という形で、中山間地域での新たな外来型開発を後押ししているのだ。

六次産業化は農山村を内発的に発展させる方法の一つである。二〇一〇年に「地域資源を活用した農林漁業者等による新事業の創出等及び地域の農林水産物の利用促進に関する法律」（以下、六次産業化法）として法制化され、農林水産省が政策的課題とすることで、一躍脚光を浴びるキーワードとなった。農村の地域経済を再生する救世主のように扱われている感もある。六次産業化とは、地域資源を活用しながら農林漁業者（第一次産業）が、加工部門（第二次産業）や流通・サービス部門（第三次産業）を地域内で取り込むことによって、経営の向上を図ったり、地域経済を振興したりすることである。

六次産業化という発想は、日本の農業構造に根ざしたものである。欧米にはルーラルツーリズムという形で農業を観光と結びつけることや、ファーマーズマーケットという形で農業者が都市部で消費者に直接販売を行うということはかなり普及しているが、それらを一体的に政策として推進させるということはほとんどみられない。現在、六次産業化を行っているのは、日本のほかには韓国と中国などに限られる。生産効率の劣る日本の農業者は、グローバル競争に立ち向かっていくためには経営規模を拡大する必要があるが、一朝一夕には困難である。また、農村地域に依然として多くの農家が存続している以上、そうした農家の発展と地域経済の振興を図るためには、他産業の部門に進出せざるを得ない。一方、六次産業化は地域を内発的に発展させる方法の一つでもある。農商工連携は経済産業省が先導した事業である（宮地ほか 二〇一五）。そのため各種の事業も商工会議所や商工会を通じて行われることが少なくない。その結果、商工業者が主導し、農業者は対等なパートナーというよりは、単なる原料供給者の立場にとどまり、農業部門への恩恵が乏しいという指摘は少なくない（櫻井 二〇一〇、槇平 二〇一二）。六次産業化は、農業者が主体となって事業計画を立て、自らが中心となって事業を展開していく取り組みである。その点は、六次産業化法第二条の基本理念のところでも、「農林漁業者等が必要に応じて農林漁業者等以外の者の協力を得て主体的に行う取組」として、記されている。

ここで問題になるのは、農山村の地域のなかで、六次産業化のスキームを用いながら、どのように内発的発展を図っていくかということである。また、近年では地域内部の力のみならず、地域外の力を取り込みながら、相互作用を図って、内部のアクターが主体的に発展させるというネオ内発的発展論も主張されている（ウォードほか 二〇一二、小田切 二〇一三）。そこで本章では、外部の力を援用しながら六次産業化を図っている京都府和束町の茶産地を事例として、農山村経済の内発的発展の意義と課題について考察する。

六次産業化の内発性の視座

（1）内発的発展論における地域

内発的発展論の通有点は、地域が中央や域外支配から脱却し、主体的かつ自律的に学習と実践に取り組み、地域環境や生態系を守りながら、経済的発展のみならず、人間的な発達を図っていくというものである。ただし、内発的発展論は論者によって視点やとらえ方に相違がみられる。例えば、鶴見（一九九六：二七頁）は「政策としての内発的発展という表現は、矛盾をはらんで」おり、「政策として取り入れられた場合でも、それが内発的発展であり続けるためには、社会運動の側面がたえず存続することが要件」としている。つまり、住民による運動を重視する一方、政府はもとより、地方自治体の役割も基本的に否定している。それに対し宮本（一九九六：二九七頁）では、「地方自治体の手で住民福祉を向上させていく」とし、自治体の政策論として展開していった。このように、思想・運動論としての内発的発展論と政策論としての内発的発展論とに大きく二分される。両者は目標とするところは概ね一致しているが、そこにたどり着く道筋には大きな隔たりがあるといってよい。

内発的発展を運動の側面としてみても、政策の側面としてみても、地域が母体となる。では、その地域とはどこを指すのであろうか。地理学的な視点からみると、鶴見の内発的発展論における地域概念はやや不明確である。まず鶴見（一九九六：二四頁）では、理論的背景ともなった玉野井やアルジャーの地域概念を「その境界を明確にしていない」としている。また、「国家よりも小さい区域」であるが、「いくつかの国家の境界線にまたがる小地域」を内発的発展の単位としているのも着目される。運動論的にみれば、地域はアプリオリに規定されるのではなく、その問題と内実によって構築されるということであろう。ただし、地域の範囲は「住民自身が、その生活と発展との形を自ら決定することを可能にするため」、規模が小さいことを強調している。

一方、宮本らの政策論に依拠すれば、基本的には地域は市町村といった基礎自治体を指すことになる。六次産業化によって内発的発展させる場合も、地域は市町村単位を基礎とすることになろう。しかし、「平成の広域合併によって、自治体の「地域」regionとしての性格が後退し」（中川ほか 二〇一三）、二一世紀の現代において自治体が内発的発展の単位とはなりにくくなった。その場合でも合併以前の自治体を単位とすることが、活動の「自治」を行ううえでも都合がよいと考えられる。例えば、杉山ほか（二〇一六）がネオ内発的発展論の実践例として取り上げた田辺市上秋津地域は、昭和の合併で村が消滅するのを期に設立された愛郷会が、村づくりのスタートであり、現在でも重要な役割を果たしているのである。

（2）内発的発展論における地域外との関係

内発的発展論では、小田切（二〇一三）が指摘するように、基本的には外部とのつながりや力を否定してきたわけではなかった。鶴見（一九九六：二五～二六頁）では、内発的発展論を行う地域を「定住者と漂泊者と一時漂泊者とが、相互作用することによって新しい紐帯を創り出す可能性を持った場所」としている。定住者とは土と水にもとづいて生活している者であり、漂泊者とは定住地を離れた者を指す。しかし、ここでの漂泊者は、地域外部の主体を必ずしも意味するものではない。水俣のモノグラフによれば、特定の地域に二代ないしは三代以上居住している人が定住者で、他の地域から来て居住歴がそれより短い者を漂泊者としている。そのうえで、「突出した思想と行動の持ち主である漂泊者と、地域の信望が厚く、思想においても行動においてもより慎重な定住者とのゆるぎなき合力が、自主交渉の道程から生まれた一つの成果」（前掲書：一六八頁）としているのだ。鶴見は、水俣病の問題に関し、地域外の支援者や協力者との合力も評価しているが、視点はあくまで水俣の内部におかれており、自立的な主体がどのように形成されるのかということを問題にしている。「漂泊者は、異質の情報、価値、思想等の伝播者」（前掲書：二一五頁）であり、そのため定住者との相互作用によって主体が形成されると考えている。

このような議論から、重要なことは、第一に、地域内部の主流となっている考え方だけでは、発展は生じないということである。六次産業化による地域振興を図っていくうえでも重要な論点である。経済的に一定の豊かさを享受できるようになった現代日本において、農村の商品を広く売るためには、都市住民の価値観に応える必要がある。農村の人たちにとって、周囲の環境は日常である。そのため、農村らしさといったことに経済的な価値を都市住民よりも低くみることがある（高柳 二〇一〇）。ここに外部の視点の重要性が見出せる。しかし、単に外部の者が指摘するだけでは、内発的な発展になかなかつながらない。そこで第二に重要なこととは、地域の主体が相互に働きかけを継続的に行うということである。地域を内発的に発展させるためには、多くの人々の意識を高め、学習と交流の場を通じて、発展の原動力となるエネルギーを蓄積する必要がある。だからこそ、鶴見は地域外の主体との合力よりも、地域に居住している漂泊者との合力を重視しているのだ。

政策論的な内発的発展論の宮本（一九八九）においても、外部とのつながりを否定していない。その上で、「内発的発展は地域主義ではない」（前掲書：二九七頁）として、玉野井らの主張と一線を画している。「過疎地の自治体ほど政府の補助金に依存せざるを得ない」（同上）と、現実を直視し、そのなかでの発展を模索した。実際、内発的発展の代表事例として取り上げられる大分県旧・大山町において、一九六〇年代のNPC運動時にも、一九九〇年代末以降のむらおこし事業にしても、ダム開発が大きな影響を与え、その雇用効果と補償金を梃子にしてきたという指摘もある（岡橋 一九八四、二〇一一）。

ただし、外部との関係を積極的に取り入れるということではなく、あくまで「先進地域の資本や技術を補完的に導入する」（前掲書：二九四頁）にとどまる。そこで、宮本は地域経済の内発的発展の方途を、地元市場向けの「一村多品」に求めている。これは、地域経済をモノカルチャー的にするなという批判よりも、全国市場ではなく地元市場を対象として地域産業連関の深化を図っていくというものである。この点に関しては、清成（一九七八）が早くから主張していることと重なる。すなわち、地域内の経済循環を拡大させるということである。もちろん、地域外への富の流出を防ぐとともに、地域内に再投資することで、地域経済の拡大再生産を図っていくこと自体に異論はない。そのため、地域内で消費者や生産者が購入を促進するような仕組みをつくっていくことが求められる。

また、農業では「地域内部で多様化させ」（前掲書：七四頁）るというようなことや、財の「生産―流通―消費のサイクルを空間的に短縮させる」（前掲書：六七）ことも主張された。これは、「地域性と季節性のうすれた野菜が全国流通ネットに乗って」（玉野井 一九七九：一三七頁）おり、地域市場が「数々の転送経路の回り道を経た上でやっとたどり着く末端市場と化している」（前掲書：一三八頁）ことへの対処である。かつてはAコープであっても、他地域から仕入れた野菜が店頭に並んでいることも少なくなかった。したがって、地域市場を再び創出し、地産地消を進めていくことが内発的な経済発展につながっていくという道筋自体は理解できる。実際、近年では農産物の直売所が各地でつくられ、顧客で賑わっているところも数多くみられる。農業がほとんど行われていない大都市以外の地域では、直売所は生鮮農産物のオルタナティブな流通チャネルとして一定の地位を占めるようになった。直売所では、価格決定を市場に委ねるのではなく、生産者自らがもつことができる。そのことは、生産意欲をかき立て、西野（二〇〇八：一一二～一一三頁）が指摘するように、生産者が「地域の課題を内発的に『克服する意欲』をもち」、創意工夫を出し合っていく取り組みにつながる。

しかし、問題は地域産業の全体のあり方である。生鮮農産物は、商品特性からローカルなものが消費者に好まれ、地場流通しやすい特性をもつ。しかし、地域経済は野菜や果実の生産だけで成立しているわけではない。宮本や清成の主張では、完全なオートノミーを実現できないと断りを入れているが、それを理想像としている。その結果、地域内の産業をできるだけフルセットでもつことを志向していると解釈できる。つまり、基本的には産地の形成を重視しておらず、規模の経済を放棄することが妥当（清成　一九七八：五五頁）だとし、工程間の社会的分業についても否定的な評価しか与えていない。

現在の統合された市場をもつ国民経済を前提とするならば、さらには規制緩和によって国境の垣根が低くなりつつあるグローバル経済を前提とするならば、地域外の商品との競争を避けられない。生鮮農産物のように価格競争を回避できる特性を消費者に訴求することは、一つの戦略としては重要である。しかし、清成が高く評価するような職人が一貫生産する工芸品は、販売価格を高く設定せざるを得ない。工芸品が労働集約的であるので、生産者に正当な報酬を与えようとすれば、近代工業による類似品よりも圧倒的な価格差が生じてしまう。もちろん、漆器などの工芸品の風合いに魅力を感じ、本物志向に満足感を覚える消費者はいるであろう。だが、同時に一〇〇円ショップで販売されているような安物のプラスチック製品を選ぶ消費者を、排除することは困難である。

農村地域を六次産業化で内発的に発展させるのなら、広域的な市場を目指すべきである。現代では農山村の人々は、地域内で生産できない財・サービスを購入しており、地域外から収入を確保しなければ、地域経済は縮小してしまう（保母 一九九六：一四五頁）。また、地域内経済循環の視点は重要であるが、日本全体としては地域分業を基本とすべきであろう。地域割拠的な経済圏は、マクロ的には日本経済全体の競争力を削ぐことになるからである。

六次産業化を行っていく際、一つの品目に限定させる必要はないが、広域市場を目指す以上は「一村多品」は避ける必要がある。その理由は、比較優位をもつ商品をつくっていかなければならないからである。地域において有力な資源はいくつもないことが多い。前述のように、競争を排除した経済圏を前提とすることはできないので、品目はある程度絞り込まなければならない。

内発的に六次産業化を図っていくうえで、社会的分業体制を構築していくことも重要な点である。農商工連携を農業者と商工業者の複数の事業者が共同で新商品の開発や販路の開拓を行うとする一方、六次産業化を農業者が加工・販売・観光などの部門を取り込んで経営内の多角化ととらえるという見方がある（堀内 二〇一四）。これは区分としてはわかりやすいが、六次産業化を進める方向性としては必ずしも正しくはない。農業者の経営的観点からみれば、経営内部の多角化は、経営効率を下げることになる。経営規模が小さく、家族労働力を基本とする農業者は、多くの場合、内部資源が限られている。とくに、労働力には余裕がないことが多いし、雇用増加は新たな固定費を増やすことになる。中山間地域の小規模な農家は、加工・販売・観光事業を自ら行うというよりは、集団で行うことでむしろ事業拡大による経営リスクを下げられるし、事業者の内発性も促進されるであろう。さらに言えば、事業提携を行う相手は、地域内の業者が望ましいが、必ずしもそれにこだわる必要はない。市場を地域外に求めるなら、消費者のほうへ寄っていく必要がある。また、そもそも当該の農村地域のなかに、加工や販売を行うのに適切な能力と資源をもった事業者がいるとは限らないからである。

六次産業化の事例 ─ 京都府和束町の茶産地の取り組み

（1）「和束茶」の六次産業化の展開

和束(わづか)町は京都府南部に位置し、標高は高くはないものの、山がちな地勢の中山間地域である。二〇一五年現在、人口三九五六人、販売農家数二五八戸の小さな町である。このうち九割近い二二五戸が茶生産を主体としている。和束町の茶の生産金額は京都府全体の四割を占め、宇治茶の生産の中心であり、碾(てん)茶が多い（図1）。

宇治茶は日本茶のトップブランドであり、日本国内のみならず世界でも著名であるが、「和束」の名は近畿地方以外ではほとんど知られていない。茶業界をみると、ペットボトルの茶飲料は好調な販売を続けているが、急須で淹れる単価の高いリーフ茶については二〇〇四年をピークに需要が減少傾向にある。全国の緑茶全体の消費量は、九年間で二五％も減少した。一方、京都府における茶種別の生産量では、煎茶の生産量が二〇〇九年の七九二トンから二〇一八年の三九九トンに対し、碾茶（秋碾茶を含む）は七三一トンから一七一二トンへと倍以上に伸びている。碾茶は抹茶の原料であり、近年の抹茶ブームによっ

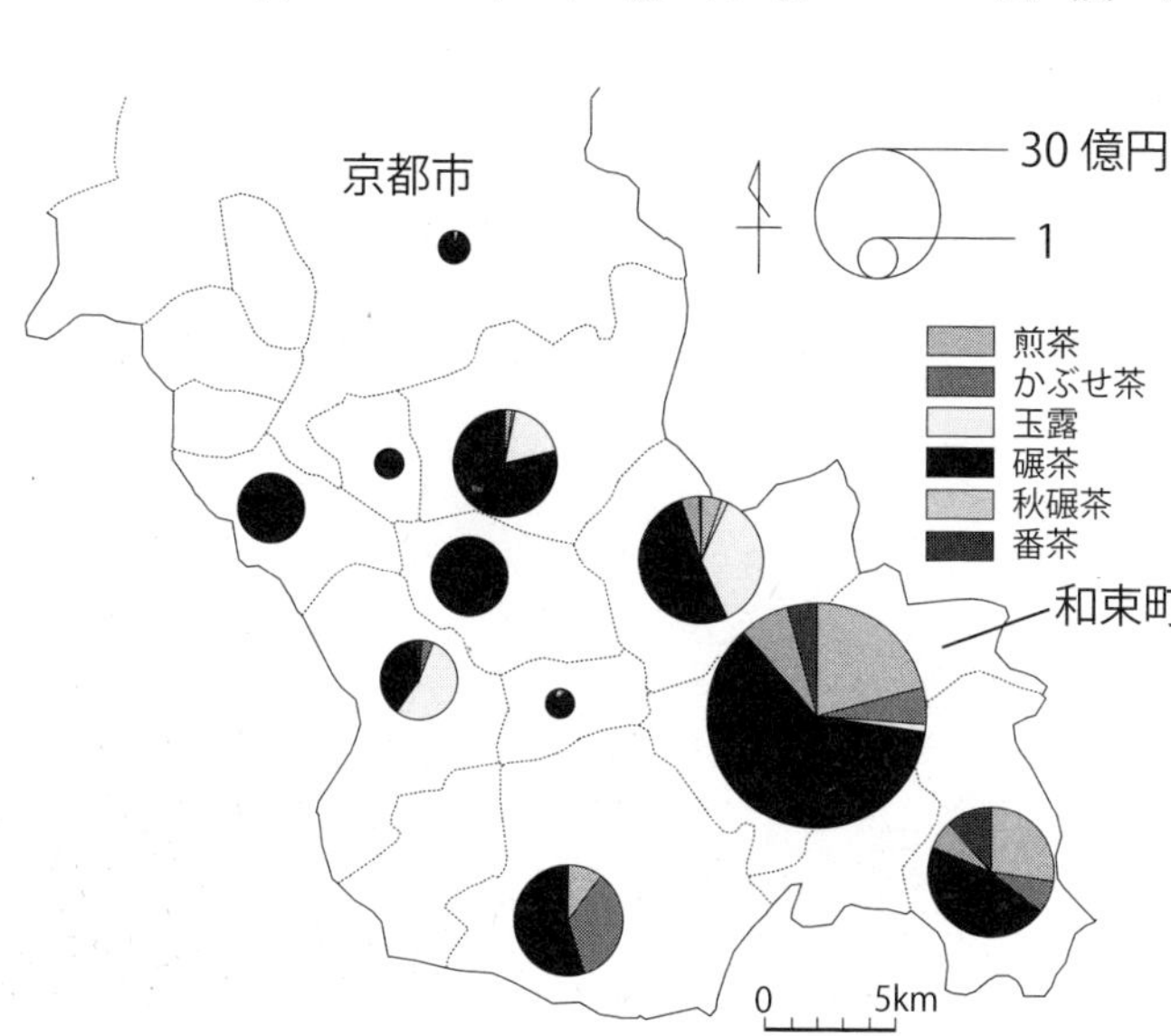

図1　京都府南部における荒茶の生産額（2018年）
平成30年度京都府茶業統計より作成.

てとりわけ加工用として用いられる秋碾茶の生産が伸びてきた。茶が飲料だけではなく、食用としての用途が拡大し、市場構造も変化してきた。

このような状況のなかで、町内産の茶を「和束茶」として地域ブランド化する取り組みが行われている。茶を使った加工品を開発し、農家が独自の流通ルートで販売、観光客を呼び込んで、「茶源郷」として地域全体として六次産業化を図っている。茶を使った加工品としては、一九九三年の茶缶飲料の開発に遡ることができる。ただし、現在の六次産業化につながる取り組みとしては、二〇〇四年の中小企業庁によるJAPANブランド育成支援事業に採択されたことが契機である。町の商工会が中心となって、パリ国際食品見本市に和束茶を出品、カフェやレストランなどで市場開拓調査を行った。ヨーロッパでの名声を高めて、その評判を日本に逆輸入する戦略であった。現在のヨーロッパへの輸出量は多くはないが、輸出ビジネスの基盤をつくるとともに、町の人が国際交流を行うきっかけとなった。二〇〇五年には、リーガロイヤルホテル京都で、抹茶風味の料理やスイーツなどを販売する和束茶フェアが始まった。教育委員会が生涯教育の一環として行ったテーブルマナー講座の講師を、同ホテルに依頼していたつながりでシェフに打診したところ、試作品の評判がよく実現した。同ホテルの企画ということで、和束町側は金銭的に負担することなく、和束茶を広くアピールできている。現在では、京都、大阪、神戸、東京の八ホテルで同様のフェアを開催するまでになっている。

二〇〇七年には、このプロジェクトの財政的基盤となる雇用促進協議会が設立された。これは厚生労働省の補助事業の受入団体であり、雇用創出を行いながら地域振興を図っている。二〇〇八年には直売所である「和束茶

写真１　和束茶カフェにおける茶製品の陳列
2014年8月筆者撮影.

カフェ」がオープンした（写真1）。翌年にはボランティアが町内の名所を案内する茶源郷ガイドの会が発足した。京都府景観資産の第一号に登録された茶畑は、写真愛好家などに人気がある。二〇一一年には、地元の主婦のグループが開発した茶佃煮が、テレビ番組の企画で取り上げられ、大きな反響をよんだ。二〇一二年から行政が中心となって「茶源郷まつり」というイベントが年一回行われるようになり、町内外から多くの観光客を集めている。二〇一三年から、町外から農繁期に援農者を呼び込む事業が開始され、生産面でのサポートを行っている。

（2）「和束茶」を利用した六次産業化の取り組み

【① 農家の取り組み】 和束茶を使った六次産業化を農家が取り組む背景には、茶の流通構造の問題として、和束町で生産された茶のほとんどすべてが、農家や和束というローカルなブランドで販売されてこなかったことがあげられる。荒茶の流通チャネルは三つある。第一に、ＪＡを通して茶市場で販売され、約三〇億円の販売金額がある最も中心的なルートである。第二に、茶農家と仲買人が相対で取引され、約五億円の販売がある。第三に、農家の直売ルートであるが、約一〇〇〇万円しかない。つまり、和束町は茶の大産地であるが、九九％以上は農家もしくは地域のブランドで売られておらず、原料供給地にとどまっている。しかも、和束の荒茶は宇治茶のなかで埋没してきた。宇治茶は、二〇〇七年に地域団体商標に登録されたが、じつは産物と地名との関係は強くはない。食品の表示が社会的に関心を高めるなか、京都府茶業会議所は、二〇〇四年に宇治茶の定義を定めた。宇治茶とは「京都・奈良・滋賀・三重の四府県産茶で、京都府内業者が府内で仕上加工したもの」であり、歴史的に茶問屋が各地の荒茶をブレンドして仕上げてきたのが宇治茶なのである。したがって、六次産業化を行うには独自のチャネルを開拓する必要があり、これが和束茶カフェであった。農家など一三名（二〇一四年度）で協議会を組織して運営されている。ここでは販売額の二〇％が控除され、運営資金に充当されている。

和束茶カフェに出品している農家のうち、五戸に聞き取り調査を行った（表1）。経営している茶園面積は〇・六ヘクタールから五・三ヘクタールであるが三ヘクタール以上が四戸である。聞き取り調査によれば、この三ヘクタールが家族経営で営む限界値であるとともに、経営を再生産させるのに必要な面積でもある。内発的な活動に取り組む農家は、家族経営としては比較的大規模で、茶の生産を生業としており、それだけに茶づくりには思い入れがある。

例えば、有機栽培に取り組む農家も三戸みられる。このうち、A農家は全圃場で有機栽培を行っている（そのため経営面積が狭小である）。A農家は一九七〇年代より大阪の生協と産直に取り組み、そのなかで消費者から安全・安心な製品を求める声をたびたび聞くようになった。そこで、一九八〇年代より有機栽培に取り組み、有機JAS認証機関の設立にもかかわった。また、カフェイン含有量を抑えるなど刺激性の弱い茶を生産し、これは乳幼児や病院向けとして人気がある。C農家も有機栽培に積極的に取り組んでいる。有機栽培では慣行栽培よりも収量は七割程度にとどまるが、単価は高いので有機茶は販売額の七割を占めている。この農家が有機栽培に取り組むのは、経営主が学生のころ大病を患ったことで、身体に取り入れる飲食物の重要性を認識したからである。そうした考えを消費者に伝える手段が直売であり、「顔が見える」ことが付加価値を付けるとともに、生産者の励みにもなっている。

加工に取り組んでいるのはB農家である。二〇〇八年には茶風味の玄米という健康食品を開発して好評を博すなど商品開発に熱心で、とくに茶のチョコレート菓子がヒット商品である。このような菓子類がB農家の売上の三五％を占めるにまでなっている。こうした菓子を製造しているのは、B農家ではなく、吹田市の菓子メーカーに委託している。商品開発はあくまでB農家であり、四回にわたって試作品に注文を出し続け、商品化に至っ

表1　和束茶カフェに出品する農家

農家	茶園面積（ha）（うち有機栽培）	就農年数	農業従事者数	販路（%） JA	相対	直販	備考
A	0.6（0.6）	34	1人	−	90	10	生協産直
B	3.2（0.3）	20	4人	60	30	10	加工品
C	3.0（2.0）	9	3人	60	30	10	大病経験者
D	3.0	5	1人	10	40	50	新規就農者
E	5.3	35	4人	−	60	40	ホテル販売

販路の直販には和束茶カフェでの販売を含む.
聞き取り調査より作成.

ている。

一方、販売で特徴的なのはE農家である。もともとJAには出荷しておらず、問屋との相対と直販で販売していた。直販は苦戦していたが、東京でも年五~六回イベント出店したり、日本茶インストラクター（茶ムリエ）として茶を利用したライフスタイルを提案したりと地道に活動を広げた。その結果、メディアに取り上げられるようになり、京都のホテルオークラやリッツカールトンから、茶の販売や和束茶を使ったアフタヌーンティーイベントなどのオファーを受けるようになった。高級ホテルは非日常の演出の舞台である。ありきたりの商品では顧客は満足しない。特別感や希少性のあるものが求められているのだ。E農家側からアプローチしたわけではないが、自らの価値を上げることで、差別化商品の販売が可能になったと言える。

【② 非農家の取り組み】　和束町で茶を活用した六次産業化と茶源郷のまちづくりに取り組んでいるのは農家にとどまらない。むしろ、茶農家で新たな取り組みに参加しているのは一割にも満たず、非農家の取り組みによって町全体を活性化させている。その核となる主体としては三つある。

第一に、茶源郷ガイド会があげられる。これは、町内の茶畑が二〇〇八年に京都府の景観資産地域と京都府選定文化的景観に選定されたことを契機に、二〇〇九年に六人で組織した任意団体で、観光客などに町内の名所などを案内する。五年間で約五〇件、延べ一〇〇〇人を案内した。顧客はグループ型と企画・催事型の二つのタイプに分けられ、およそ半数ずつである。グループ型は写真会、自然を愛する会、歴史の会などの同好会から要望を受けて、実施するもので、とくに写真の愛好家には好評でリピーターも多い。企画・催事型は公的団体や旅行会社、ホテルなどの依頼を受けて実施するものである。客層は四〇代以上の中高年で、九割は近畿圏（京都府内は五割）の訪問者であるが、外国（イギリス、ドイツ、香港、カナダ、東南アジアなど）からの旅行客も受け入れている。グループ型の場合、ガイド料は保険料込みの一人三〇〇円であり、収益にはほとんどならず、ボランティア活動の位置づけである。ガイドの八割は退職者で、メンバーは一八人に増えたが、実働は一二人程度である。ただし、このうち四人は町外出身者で、リーダー格のA氏も八幡市から移住した。

第二に、恋茶グループがあげられる。これは、二〇〇五年に町の起業家養成講座を受講した人たちが中心となって、茶葉の加工品を生産している任意団体である。中高年の女性一〇人で活動を行っているが、農家はわずか一人にとどまっている。当初、茶だんごを作ったが、賞味期限が短いため販売に難があった。そこで、ふりかけや佃煮を商品化した。とくに出がらしの茶葉を使った佃煮は、ＴＢＳのバラエティ番組の企画「めし友グランプリ」の近畿地区代表に選出され、大きな反響をよんだ。未利用資源の有効活用という点で六次産業化の方向性としてはよいが、販売が拡大するにつれ必要な原料を確保することが困難となり、茶葉を煮出して生産するようになった。普段は二名が交代で生産に当たっている。販路はＪＡの直売所、三重県の温浴施設など一〇カ所ほどに委託している。このほか、町内のツアー客などに弁当を月三～四回提供している。ただし月商は一五万円ほどにとどまり、原料費や光熱費を差し引くと、一人当たりの配分は交通費程度にしかならず、ビジネスとして成立しているとは言えない。

第三に、ゆうあんビレッジがあげられる。これは、宮大工によって復元された古民家風の住居（以下、古民家）を核に地域振興を行っている会社である。代表者は和束町で生まれたわけではないが、幼少期に家族と共に移住してきた。おもな活動は、スクール、イベント、ファームの三つである。スクールは小学生などに対する英会話教室が中心である。イベントは著名人を招いたワークショップや農産物の料理体験などを古民家で行うものである。和束町のまちづくりにおいて、最も重要なのがファームであり、これは茶農家に対する援農プロジェクトである。SNSで希望者を募り、農繁期である四月末から七月末にかけて、古民家に住み込みながら農作業を行う。二〇一四年度は一二人（男性一〇人、女性二人）が参加した。関西圏の大阪府、兵庫県、和歌山県、滋賀県からのほかに、栃木県からの参加者もみられた。住み込みが必要であるので、希望者は限られるが、反面広域的に集められるメリットもある。農家にとって、従来のアルバイトの募集と比べると、時間の融通が利きやすいことがメリットである。これは荒天で農産業ができない場合でも、依頼した以上は賃金を支払わなければならないが、このプロジェクトの場合、援農者は近所の古民家に待機しているので、農作業が可能になった段階で連絡すればよいからである。地域振興という観点からみると、援農者は古民家で共同生活を送るため、町内の商店や飲食店を利用し、賃金の約七割が町内に還元された。さらに、援農者のうち二人が和束町に魅力を感じて移住し、町内定住者の確保という副次的効果もみられた。

和束茶による内発的発展

和束茶カフェは二〇一三年ごろまで売上は低迷していたが、景観としての茶畑と飲食物としての茶が外国人を含めて観光客を誘引し、入り込み客は増加傾向にある（図2）。和束茶カフェの売上も、二〇一六年度には三年前の三倍以上の約二六〇〇万円まで増加した。二〇一七年度から協議会は一般社団法人となり、E農家の経営主が代表となっている。このように、和束町の六次産業化は現在のところ順調に推移していると言えよう。和束茶の事例から、六次産業化によって地域を内発的に発展させる際の論点として、次のことが

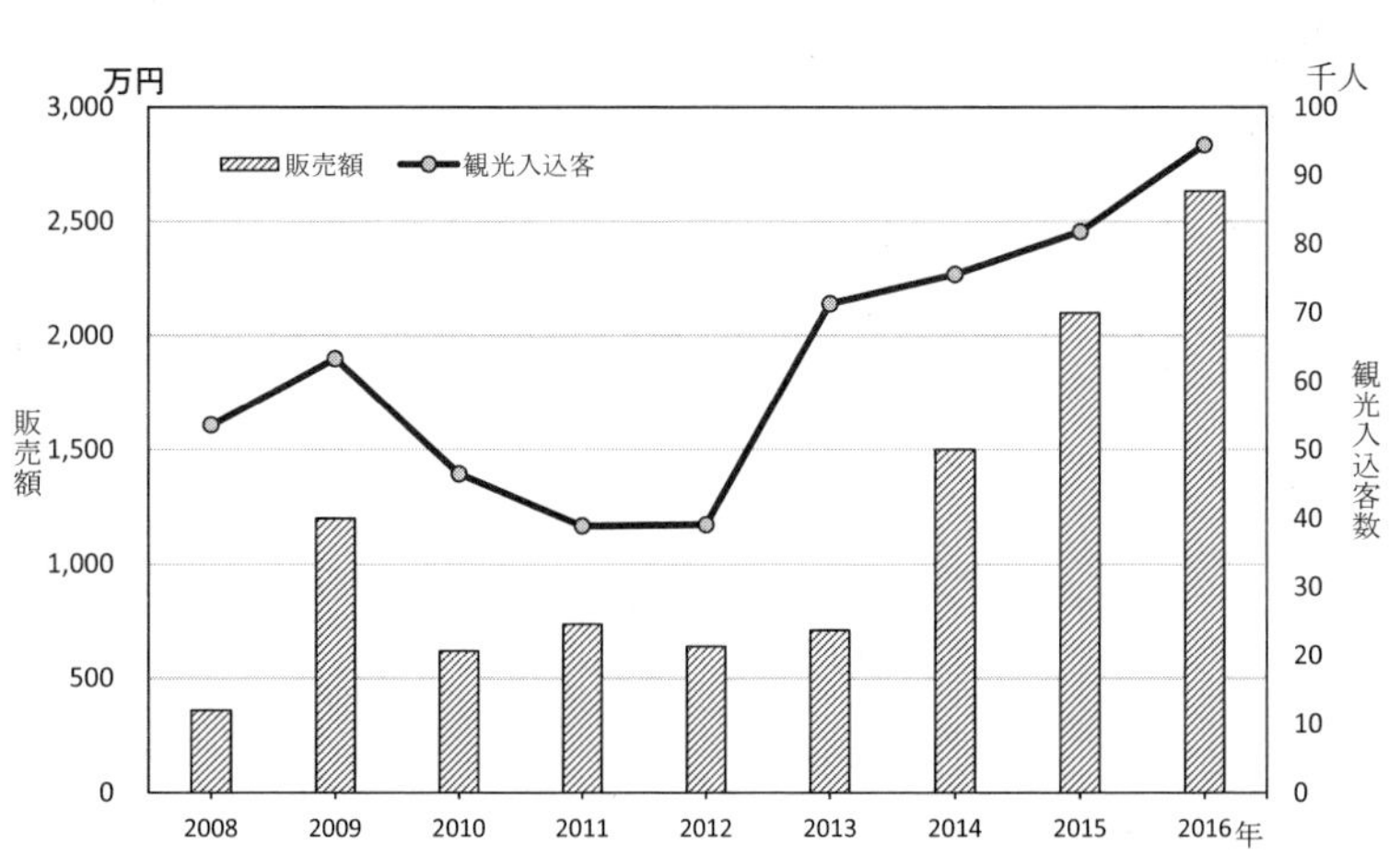

図2　和束茶カフェの販売額と観光入込客数

和束町の資料，聞き取り調査および『京都府観光入込客調査報告書』より作成.

示唆されよう。

第一に、流通における主体性である。和束町は宇治茶の最大産地である。しかし、荒茶はブレンドされ、生産者や産地は消費者からはブラックボックスに包まれて見えない。需要が低迷している状況において、取引は買い手のほうが有利になりがちだ。原料供給者の取り分は少なく、途上国で生産されるコーヒー豆が不公正に取引されて先進国の消費者にもたらされているのと同じような状況であった。そのために必要なことが直売所である。自分たちのブランドで販売することができ、消費者からのフィードバックも得られ、そのことが刺激となり、新たな商品開発に取り組むこともできた。

第二に、多様な取り組みによる地域のブランド化である。直売所を設けても、客が来なければ売上につながらない。ネット販売でも、消費者が「和束」の名前を知らなければ、売りたい商品にたどり着かない。消費者に地域や商品の浸透を図る必要があり、そのため、社会から着目されるような地域住民の多様な活動が求められる。和束町では、農家はもちろん、非農家も茶を使った地域づくりに参画している。その際、必ずしも一つの活動自体がビジネスとして成立していなくてもよい。

第三に、外部の人材の活用である。内発性だからといって、地元の人だけが地域振興に取り組むという発想は好ましくはない。むしろ地域外の人のほうが、地域資源を客観的に評価することもできるし、発展のためには、伝統的な価値観から脱却し、新たな発想で粘り強く実践していくことが求められる。和束茶プロジェクトで重要な役割を果たしている雇用促進協議会の職員六人のうち、四人は町外の出身である。前述の通り、ガイドの会の構成メンバーにも移住者が含まれ、和束茶カフェに出品している農家の経営者にも、D農家のように大阪の非農家出身の人や中国・大連出身で茶農家に嫁いだ人もみられる。援農者は全員が地域外から集まった。農山村の人口が高齢化するなか、外部の人材の重要性がますます高まっている。

第四に、社会的分業である。六次産業化を一つの経営体で行おうとすることは、より仕事を増やすことを意味する。家族労働を基本とする農家は労働力が限られる。そのため、例えば販売を行おうとすると、しわ寄せは他の家族が受けるか、本業が著しく非効率になる。農作業はある程度継続的に行う必要があり、接客しながら農作業を行うことは不可能だ。そのため一人で両方を行おうとすると、業務が細切れになってしまう。日本農業の社会的分業は欧米と比べると遅れているが、じつは六次産業化は分業による効率化とは逆行しかねない取り組みなのである。和束町の事例でも、加工品として人気の抹茶チョコレートは、町外の菓子メーカーに製造を委託している。直売所も農家が直接販売しているわけではない。

本章では、和束茶を事例に内発的な六次産業化を議論してきた。工芸作物である茶はそもそも加工を前提としているが、流通の主導権がなければ、産地は単なる原料供給地にとどまってしまう。内発性の原動力は、自己の商品を自分でつくり、自分で販売したいという思いである。六次産業化を成功に導くには、そうした農家だけではなく、非農家を含めて地域全体で取り組むことが重要である。

参考文献

ウォード N・アタートン J・キム T・ロウ P・フィリップソン J・トンプソン N著、安藤光義・小田切徳美訳（二〇一二）大学・知識経済・「ネオ内発的発展論」、安藤光義・フィリップ・ロウ編『英国農村における新たな知の地平』農林統計出版
岡橋秀典（一九八四）過疎山村・大分県大山町における農業生産の再編成とその意義―農村・都市間人口移動の制御サブシステムとしての農協・自治体の事例として―、「人文地理」三六―五
岡橋秀典（二〇一一）山村の経済問題と政策課題、藤田佳久編『山村政策の展開と山村の変容』原書房
小田切徳美（二〇一三）地域づくりと地域サポート人材―農山村における内発的発展論の具体化―、「農村計画学会誌」三二―三
清成忠夫（一九七八）『地域主義の時代』東洋経済新報社

河合明宣・堀内久太郎（二〇一四）『アグリビジネスと日本農業』放送大学教育振興会
後藤拓也（二〇一六）食品企業による生鮮トマト栽培への参入とその地域的影響 ―カゴメ（株）による高知県三原村への進出を事例に―、「地理学評論」八九―四
櫻井清一（二〇一〇）農・工・商・官・学の連携プロセスをめぐる諸問題、「フードシステム研究」一七―一
杉山武志・栗本遥加・三宅康成（二〇一六）和歌山県田辺市上秋津地域のコミュニティビジネスと「ネオ内発的発展」論、「兵庫県立大学環境人間学部研究報告」一八
高柳長直（二〇一一）山村における企業による農業参入、藤田佳久編『山村政策の展開と山村の変容』原書房
高柳長直（二〇一一）兵庫県佐用町南光地区の景観形成作物によるルーラリティの創造、田林 明編『商品化する日本の農村空間』農林水産統計出版
玉野井芳郎（一九七九）『地域主義の思想』農山漁村文化協会
鶴見和子（一九九六）『内発的発展論の展開』筑摩書房
中川秀一・宮地忠幸・高柳長直（二〇一三）日本における内発的発展論と農村分野の課題―その系譜と農村地理学分野の実証研究を踏まえて、「農村計画学会誌」三二
西野寿章（二〇〇八）『現代山村地域振興論』原書房
保母武彦（一九九六）『内発的発展論と日本の農山村』岩波書店
槇平龍宏（二〇一一）地域農業・農村の「6次産業化」とその新展開、小田切徳美編『農山村再生の実践』農山漁村文化協会
宮地忠幸・高柳長直・中川秀一（二〇一四）農村の6次産業化―期待と論点―、「月刊地理」五九―三
宮本憲一（一九八九）『環境経済学』岩波書店

第8章

農と食と地域を結ぶ都市農業

宮地　忠幸

都市農業の概念

一九九九年に「食料・農業・農村基本法（以下、新基本法と表記）」が、国民生活の向上と国民経済の健全な発展を目的に公布・施行された。一九六一年に公布・施行された「農業基本法（以下、旧基本法と表記）」が農業の発展と農業従事者の地位の向上を目的としていたことと比べると、日本農業を取り巻く状況がこの間に大きく変化したことを意味している。

新基本法の下での農業政策は、一九九〇年代前半から進められてきた効率的な農業経営体の育成へ向けて、農業経営の規模拡大や法人化、さらには企業の農業参入を容認する規制緩和（農地法の規制緩和など）が進められた。経営規模の拡大とともに農地集積の進展も企図され、それを可能にする農業基盤整備事業も実施されている。九〇年代以降の農政は、こうした農業の構造改革の進展を中心とするものであった。

他方、旧基本法時には明示的ではなかった食料政策は、食料自給率向上の数値目標が掲げられるとともに、農産物や食品の輸出の推進、食品の安全性対策、六次産業化や農商工連携などによる食品の新たな価値の創造などが目指されてきた。そして、農村政策のなかでは中山間地域（農業）とともに都市農業の振興が位置づけられた。これらの地域における農業の存続は、都市住民ともかかわる公益的な役割を果たすことが指摘されている。とりわけ都市農業は、食料供給の役割ばかりではなく、都市住民への緑の提供、ヒートアイランド現象の緩和、教育機能、防災や減災に果たす役割など、多面的な公益的機能をも果たしている（高柳 二〇一六、日本学術会議農学委員会 二〇一七など）。

本章では、都市農業地域の代表的な事例として東京都の市街化区域内農地の実態について注目し、とくに農（生産者）と食（消費者）さらには地域とを結びつける農園事業の存立条件について明らかにするとともに、その意義について考察することを目的とする。

東京都の都市農業地域における生産緑地面積の変化とその地域性

都市農業地域では、一九九一年の改正生産緑地法の施行が大きな転機となった。これ以降、都市計画区域における市街化区域のなかで農業を継続する場合には、生産緑地の指定を受ける必要性が高まった。この指定を受けずに当該農地が宅地化農地となると、宅地並みの固定資産税がかかるうえに、相続発生時には多額の相続税を支払うために、農地を切り売りしなくてはならないことも多かったからである。生産緑地指定を受ける[1]と、固定資産税の減免措置（農地課税）、相続税猶予制度を受けることができるのである。

同法が施行されて以降の、東京都の市街化区域内農地における生産緑地および宅地化農地の面積の推移を示したものが図1である。生産緑地面積は、一九九三年の四〇七二・六万平方メートルから二〇一七年の三一七六・五万平方メートルへとこの二五年間で約二二%減少した。とくに区部の減少率は二八・三%と市部と比

(1) 生産緑地指定を受けるためには、①五〇〇平方メートル以上の区域（農地）であること、②主たる農業従事者の死亡など、特別な理由がない限りは三〇年間にわたって生産緑地を管理すること、の要件が課せられた（宮地 二〇〇六）。

較して高い値となっている。一方、宅地化農地の面積は、同じ時期に三〇八四・九万平方メートルから七七二・二万平方メートルへと大きく減少した。減少率は七五%であり、とくに区部は八七・六%も減少した。こうした点からみて、改正生産緑地法は「保全する農地」と「宅地化する農地」との峻別を促したといえる。そのなかで、市街化区域内農地に占める生産緑地面積の割合（生産緑地指定率）は上昇傾向で推移してきており、一九九三年の五六・九%から二〇一七年の八〇・四%へと二三・五ポイント上昇した。東京都の生産緑地指定率

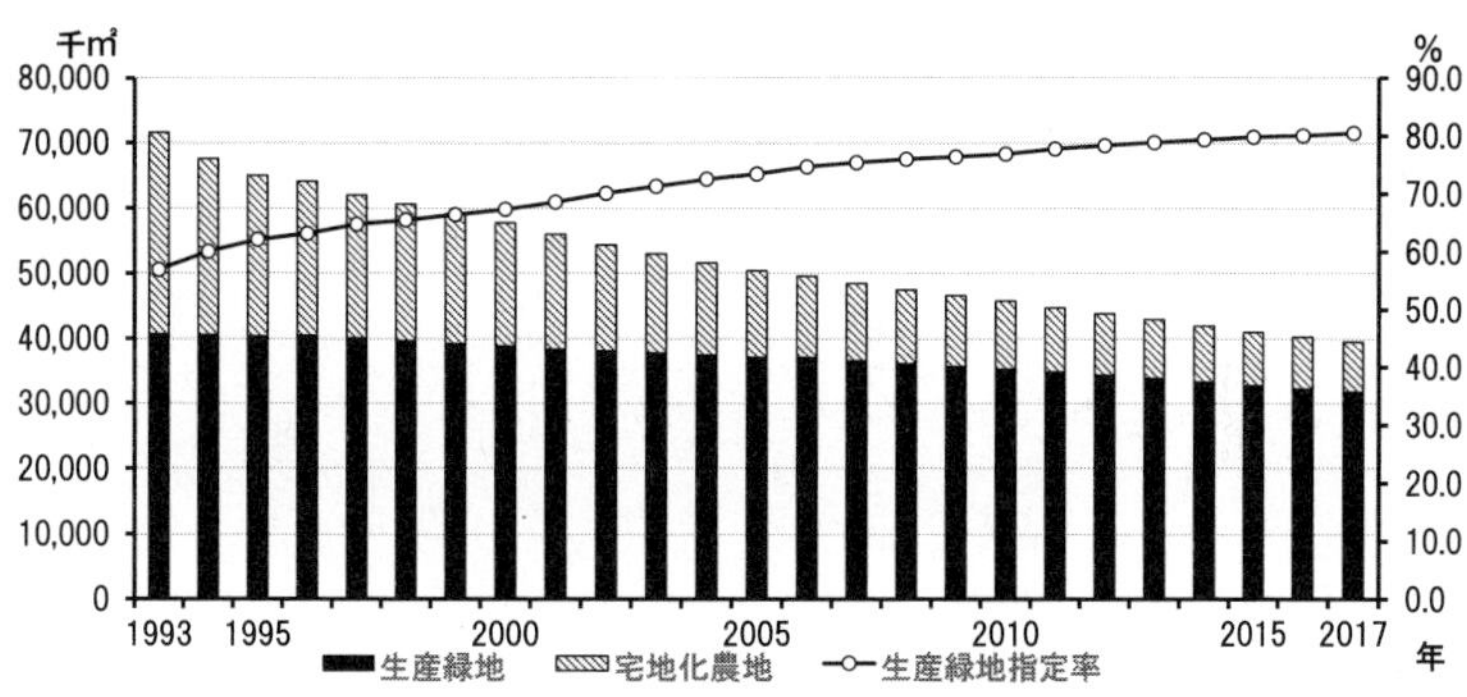

図1　東京都における市街化区域内農地面積等の推移

資料：東京都都市整備局「東京都の土地 2017（土地関係資料集）」オープンデータより作成．
注 1）生産緑地面積の原データは，都市整備局資料（各年 12 月末現在，2006・2007 年は 3 月末日現在，2008 年以降は 4 月 1 日現在）．
2）1995 年以前のあきる野市は，旧・秋川市分のみである．
3）宅地化農地面積の原データは，課税資料（区部は各年 1 月 1 日時点，市部は各年度分）．
4）宅地化農地とは，市街化区域農地（地方税法附則第 19 条の 2 第 1 項）のことである．
5）生産緑地指定率は，生産緑地面積÷（生産緑地面積＋宅地化農地面積）× 100 で求めたもの．

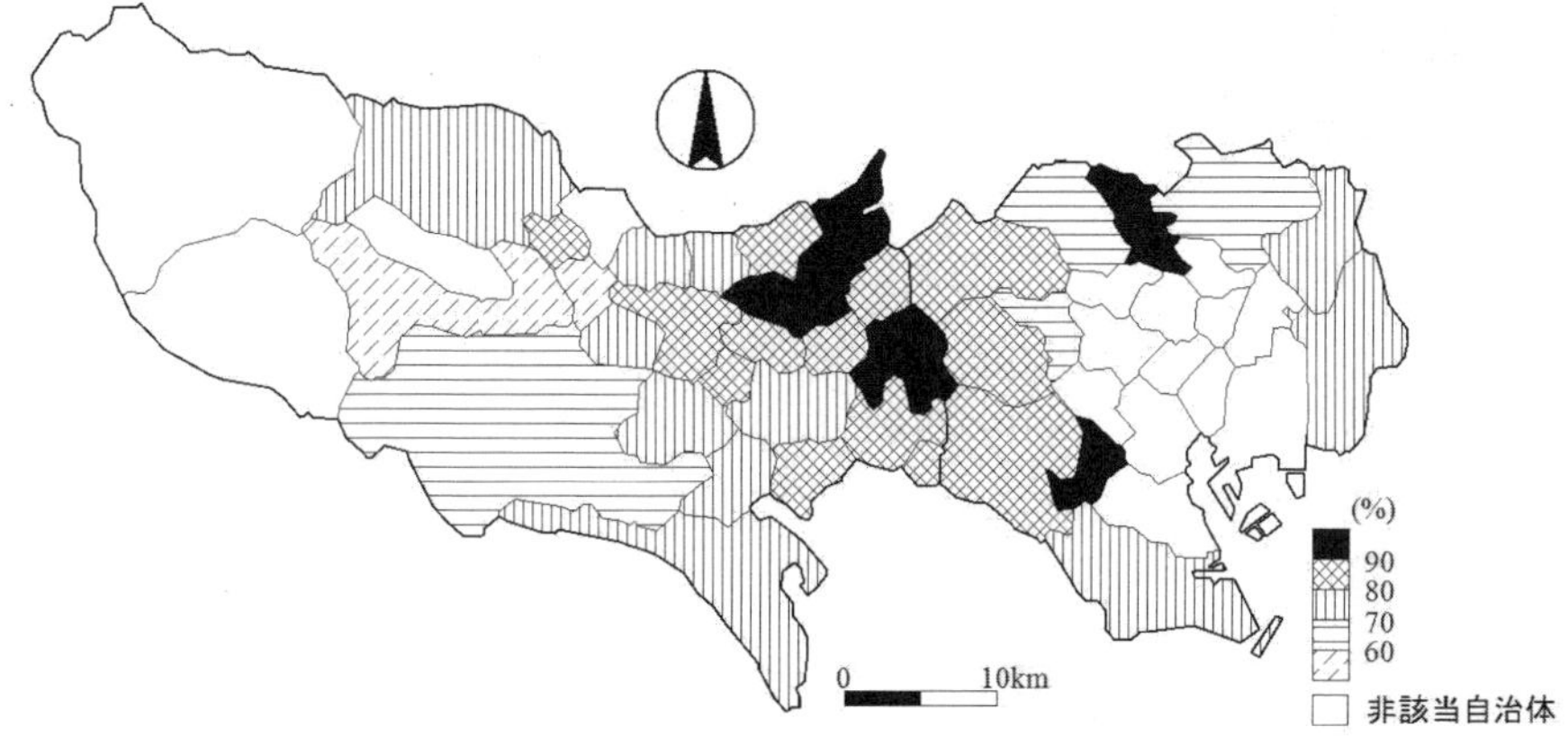

図2　東京都における自治体別の生産緑地指定率（2017 年）

東京都都市整備局「東京都の土地 2017（土地関係資料集）」オープンデータより作成．

は三大都市圏の各府県と比較しても高いことが指摘されており（後藤 二〇〇三、石原 二〇一九）、この点にも東京都の都市農業の大きな特徴がみてとれる。

区市別の生産緑地指定率をみると（図2）、区部では農地面積が極端に少ない北区や目黒区を除くと、杉並区（八九・八％）や世田谷区（八五・六％）、練馬区（八六・七％）の高い値が目立つ。市部では、武蔵野市の九四・七％を筆頭に、小平市（九一・八％）、三鷹市（九一・〇％）、東久留米市（九〇・七％）、清瀬市（九〇・六％）など、総じて北多摩地域の指定率の高さを指摘できる。東京都平均の八〇・四％を超える自治体二〇のうち、稲城市を除く一九の自治体が野菜を中心に生産している。

一九九〇年代前半以降の農地法第四条および第五条による転用は、総面積で六五五一・一ヘクタールに及んでいる。なかでも住宅用地への転用が四〇五三・一ヘクタール（総転用面積の六一・九％）、商業サービス用地や駐車場、資材置場、建築機材置場などの建設施設用地への転用が二〇一七・二ヘクタール（同三〇・八％）と目立っている（図3）。

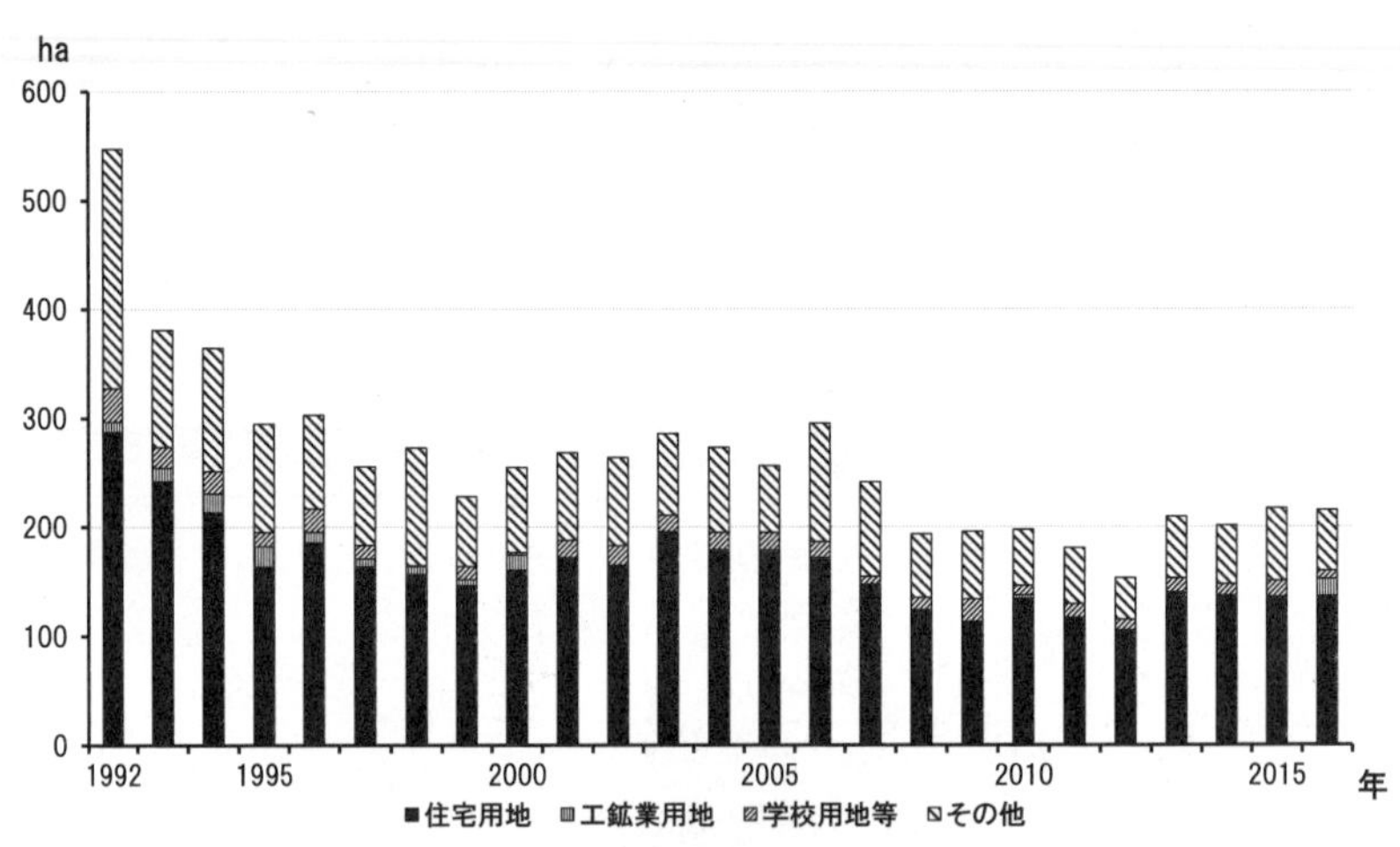

図3　東京都における農地法第四条・第五条による用途別農地転用面積の推移

資料：東京都都市整備局「東京都の土地 2017（土地関係資料集）」オープンデータより作成.

注 1）原データは，東京都産業労働局資料.
2）学校用地等は，学校用地，公園・運動場，鉄道・道路用地等からなる.
3）その他は，商業サービス用地，その他の建設施設用地（駐車場，資材置場，建築機材置場）等からなる.
4）農地法外転用を含む.
5）2009 年の数値を遡及修正している.

東京都の農業の特徴 ― 農と食が近接する東京の都市農業

東京都の農業は、販売農家戸数が約四・九千戸（全国四七位）、販売農家一戸あたりの経営耕地面積〇・七一ヘクタール（全国四七位）、農産物産出額約二七四億円（全国四七位）であり、小規模なものにすぎない（数値は、農林水産省『平成三〇年 農業構造動態調査』『平成二九年 生産農業所得統計』による）。他方で、農業就業人口や基幹的農業従事者数の平均年齢は、それぞれ六三・二歳と六三・四歳である。これらの値は北海道に次いで全国で二番目に若い（農林水産省『平成三〇年 農業構造動態調査』による）。

二〇一六年における東京都の農林水産物の総生産額は約三二八億三一〇〇万円であり、その約八八％は農産物の生産額からなる。なかでも野菜の生産額は約一八三億円で、これに次ぐ花き・植木その他の約五四億円、果実類の約三〇億円、畜産物の約二〇・三億円を大きく上回っている（『東京都農林水産統計年報』による）。また、農林水産省『生産農業所得統計』によれば、東京都の部門別農業産出額のうち野菜の特化係数は二・二五、花きのそれは四・一八、いも類が一・四〇、果実が一・三〇となっており、東京都の農業は全国のなかでもこうした部門の生産に特徴があるといえる。

東京都で生産されている農産物を品目別の産出額でみると、①こまつな、②ほうれんそう、③日本なし、④えだまめ、⑤生乳、だいこん、トマト、切り葉が上位に位置している（農林水産省『平成二九年 生産農業所得統計』による）。東京都産のこまつな、あしたば、つまみな、うど、あさつき、わけぎなどは、東京都中央卸売市場において取扱量が上位にある。また、ほうれんそうやキャベツも、生産量は減少してきているとはいえ、東京市場において一定の占有率を保持している。さらに、市場への出荷量は少ないものの、ブルーベリーや日本なし、ぶどうなどの果実の生産も多摩地域を中心に盛んな地域もある。

東京都では、一九九〇年代以降、有機農業や減農薬・減化学肥料栽培など環境保全型農業の振興に力を入れてきた。これを背景に農家側も、農薬の使用量を減らす取り組みを進めてきた（宮地・両角・水嶋 二〇〇三）。この背景には、消費者の食の安全志向への対応とともに、都市農業地域特有の生産環境もかかわっている。とくに区部や多摩地区の市部では、農地が住宅地に囲まれるように分布している（写真１）。農薬の飛散は、農地周辺に住む非農家の住民も敏感に感じ取り、場合によっては農家へ苦情を伝えてくる。こうした生産環境にあることが、東京の農業をより環境保全型の農業へ変えてきているといえる。

以上のような東京都における都市農業地域での農業で産出された農産物は、以前より直売所での販売が盛んであった。今日においても農家の軒先や簡易な直売施設での販売は、区部や多摩地区の市部で多く見かけることができる（写真２）。あわせて二〇〇〇年代に入ると、品揃えや直売所の運営や管理の問題などを克服するためにＪＡ（農業協同組合）などが経営する共同直売所の設置も進んできた。さらに、スーパーマーケットなどでは、地元の農産物を販売するコーナーを設けるなど、インショップでの地場産農産物の販売もみられるようになった。食育基本法が施行された二〇〇五年以降、学校給食において地場産の農産物を活用する取り組みも盛んになってきた。東京都（二〇一六）の報告では、都内の小中学校の約八割で都内産の食材が学校給食で使用されているとしている。この取り組みは、食育を通して農業の意義や価値を学ぶという面からも評価されるものである。

写真 1　住宅地に囲まれた生産緑地（練馬区）
2015 年 5 月撮影.

写真 2　農家の敷地内に建てられた農産物直売所（小平市）
2002 年 9 月撮影.

農業体験農園の地域的意義

前節で明らかにしたように、東京都における都市農業は、市場および消費者に近接していることを背景に、多様な品目の生産、環境保全型農業や農産物直売所などでの販売が進められてきた。そして、一九九〇年代ころから増加してきたのが各種の農園事業であり、とくに農業体験農園（以下、体験農園と表記）の増加に注目する必要がある。このような農園事業を先進的に取り組んできたのが練馬区であった。

（1）体験農園の誕生と特徴

体験農園の誕生は、練馬区で一九九六年に開設された。練馬区は、東京都のなかでこれまで農業振興と農地保全の取り組みを積極的に行ってきた自治体の一つである。それは、各種の農園事業の展開によく現れている。

練馬区で開設されているおもな農園には、区民農園、市民農園、体験農園の三つの形態（表1）に加え、農の風景を守ることを目的に市民農園として区が借りていた農地を練馬区土地開発公社が買い取り、農業を支える市民を育成するための研修畑などを開設

表1　練馬区における区民農園・市民農園・農業体験農園の比較（2018年度）

	区民農園	市民農園	農業体験農園
開設開始年	1973年	1992年	1996年
管理主体	区（所有者から無償提供）	区（所有者から有償提供）	農園主（地主）
農地属性	宅地化農地	生産緑地	生産緑地
1区画あたりの面積	約15㎡	30㎡（標準区画）	30㎡
利用期間	3月から1年11カ月		3月下旬から10カ月（5年まで更新可）
利用料金（10カ月換算）	4,000円	16,000円	38,000円 ※50,000円（練馬区に住民票がない者）
利用対象者	区内に住所を有する世帯または過半数が区内に住所を有する者で構成されている団体		20歳以上（家族での参加も可）
栽培指導	無		有
農機具等の有無	無		有
利用者間の交流機会	ほとんど無		講習会・収穫祭など
相続税猶予の可能性	×		○
備　考	水道・共用農具庫あり	水道，クラブハウス，農具庫あり	

資料：練馬区産業経済部都市農業課提供資料より作成．項目の一部は，山田・門間（2006）を参考に作成した．

した「農の学校」がある（小野・松澤・本木 二〇一六）。

練馬区における農園事業は、一九七三年度の区民農園の開設に始まる。当時は、新都市計画法の施行による「線引き」の実施、高度経済成長による都市的土地利用への農地転用需要の増大という時代背景があった。後に、生産緑地法の施行（一九七四年）、相続税猶予制度の開始（一九七五年）、宅地並み課税・都市計画税の減額措置（一九七五・七九年）、長期営農継続農地制度（一九八二年）が実施されるが、それら国の諸制度に先駆けて、練馬区は独自に都市農地の保全に乗り出したのである。二〇一九年二月現在、この区民農園は二一園、一四九五区画、三万六五八三平方メートルが開園している。農園利用者が支払う利用料は一カ月あたり四〇〇円であり、利用期間は原則として一年一一カ月である。区民農園の農地は、宅地化農地である。これを区が借り受け、区民農園として開設されている。農地にかかる固定資産税および都市計画税は、地方税法三四八条にもとづき非課税となっているが、農地所有者である農家で相続が発生した場合には、相続税支払いの対象になる。それゆえ、近年この区民農園は減少傾向にある。

次に練馬区において開設された農園は、市民農園（一九九二年）である。これは、自治体やＪＡなどが市民農園整備促進法にもとづき、有償で農家から農地を借りて開設されているものである。二〇一九年二月現在、市民農園は五園、二四六区画、一万六四九一平方メートルが開園している。利用者が支払う利用料は一カ月あたり一六〇〇円であり、利用期間は原則として一年一一カ月である。市民農園の農地は、生産緑地である。したがって、固定資産税および都市計画税は農地課税であり、その支払いは練馬区が負担している。しかし、農地所有者である農家で相続が発生した場合は、相続税支払いの対象となる。生産緑地法第一〇条にもとづく買い取り請求は、当該生産緑地に係る農林漁業の主たる従事者でなければできないことになっており、市民農園として農地を貸し付けている状況では、生産緑地の買い取り請求を市町村長に提出することができないからである。また、このような課税対応以外にもさまざまな問題が指摘されている(2)。それゆえ、区は農家へ農地を返却し、「主たる

(2) 原（二〇〇九）によれば、市民農園が抱える問題として①生産緑地ゆえに買取申出は指定後三〇年経過したもの以外にできない、②相続税猶予制度が適用されない、③入園者各々が自由に栽培を行うため雑然として景観上も好ましくない、④入園者の技術不足などから「耕作放棄の状態」になる場合がある、⑤日常の管理や苦情処理、場合によっては放棄された区画の清掃やごみの始末などの負担が開設者にかかる、⑥「農業の理解」を得るには十分とは言い難い、⑦農家や入園者相互の交流も生まれにくい、⑧入園者のマナー不足（路上駐車、騒音）などがあるという。

従事者」が生産緑地において営農活動をするように勧めていることから、市民農園もまた減少傾向にある。

以上のように、区民農園と市民農園は、都市農地の保全という点で一定の役割を果たしてきたものの、その存続には限界のある取り組みであった。このような問題を軽減する新たな農園事業が、一九九六年より始まった体験農園であった。これは、区が開設、管理する区民農園や市民農園とは異なり、農家が農業経営の一環として行うものである。この取り組みが具体化した背景には、一九九〇年代前半の改正生産緑地法の公布・施行が影響している。練馬区内の篤農家の後継者数名は、改正生産緑地法の施行にともない農地の再編を余儀なくされるなかで、新たな農業経営の模索のなかで体験農園という取り組みを考案した。当時、横浜市で始まっていた「栽培収穫体験ファーム」（一九九三年度開始）などの事例を視察しながら[3]、自分たちが目指したい農園の方向性を議論するとともに、区の行政担当者とともに法制度の裏づけなどについて検討した。約四年間に及ぶ検討を経て、一九九六年に全国で最初の体験農園が開設となった（写真3）。以降、練馬区ではほぼ一年に一園ずつ新たな体験農園が開設されており、二〇一八年度末時点で体験農園数は一七園となっている（図4）。

練馬区で始まった体験農園は、農家が①講習会などを通じて入園者の指導に当たり、②作付する種類や作業などを細かく説明、指導することで、③入園者は高品質の農産物が収穫できることにより、④「都市住民・消費者に対する農業の啓発」も入園者に対して直接行える。⑤入園者の間でも交流の輪が広がり、地域のコミュニティが形成され、⑥農家にとっても経営として成り立つ収益性があるため、⑦農業・農地のもつ機能と

写真3　農業体験農園開設第一号農園：加藤農園（練馬区）
2015年5月撮影.

（3）この間の経緯については、白石（二〇〇二）、原（二〇〇九）や佐藤（二〇一一）、加藤（二〇一三）などを参照されたい。体験農園の開設に中心メンバーとして尽力した加藤氏が理事長を務めるNPO法人農業体験農園協会のHPによれば、市民農園の課題は前掲二）のような諸点が、収穫体験ファームの課題は「作物を作る過程が楽しめない」などの点にそれぞれあったという。

役割を最大限に発揮した「新しい農業経営」を実現できる(4)点に特徴がある。こうした「練馬方式」の体験農園は、その後練馬区内や東京都のみならず全国へと普及することとなった。二〇一八年八月現在の体験農園数は、東京都が八六農園、埼玉県が一三農園、福岡県が一二農園、千葉県が一〇農園、京都府と和歌山県が各三農園、茨城県、静岡県、香川県が各二農園、三重県と大阪府が各一農園の合計一三五農園となっている（東京都農業会議調べによる）。

（2）練馬区における体験農園の地域的効果

練馬区において体験農園は、それにかかわる農家と農園利用者、自治体の各主体に、次のような効果を生んでいることが認められる。

まず、農家に現れた効果である。体験農園の農地は生産緑地であり、農家の農業経営の一環として営農活動に利用される農地であることから、固定資産税は農地課税であることはもちろんのこと、相続が発生した場合にも相続税猶予制度の適用を受けることができる。また、農家は利用料（入園料や収穫物代金など）を農園利用者から徴収することで、安定した収入を得ることができる。練馬区の場合、三〇平方メートルの農園の利用に対して区民は三万八〇〇〇円（練馬区に住民票がない利用者は五万円）(5)／一〇

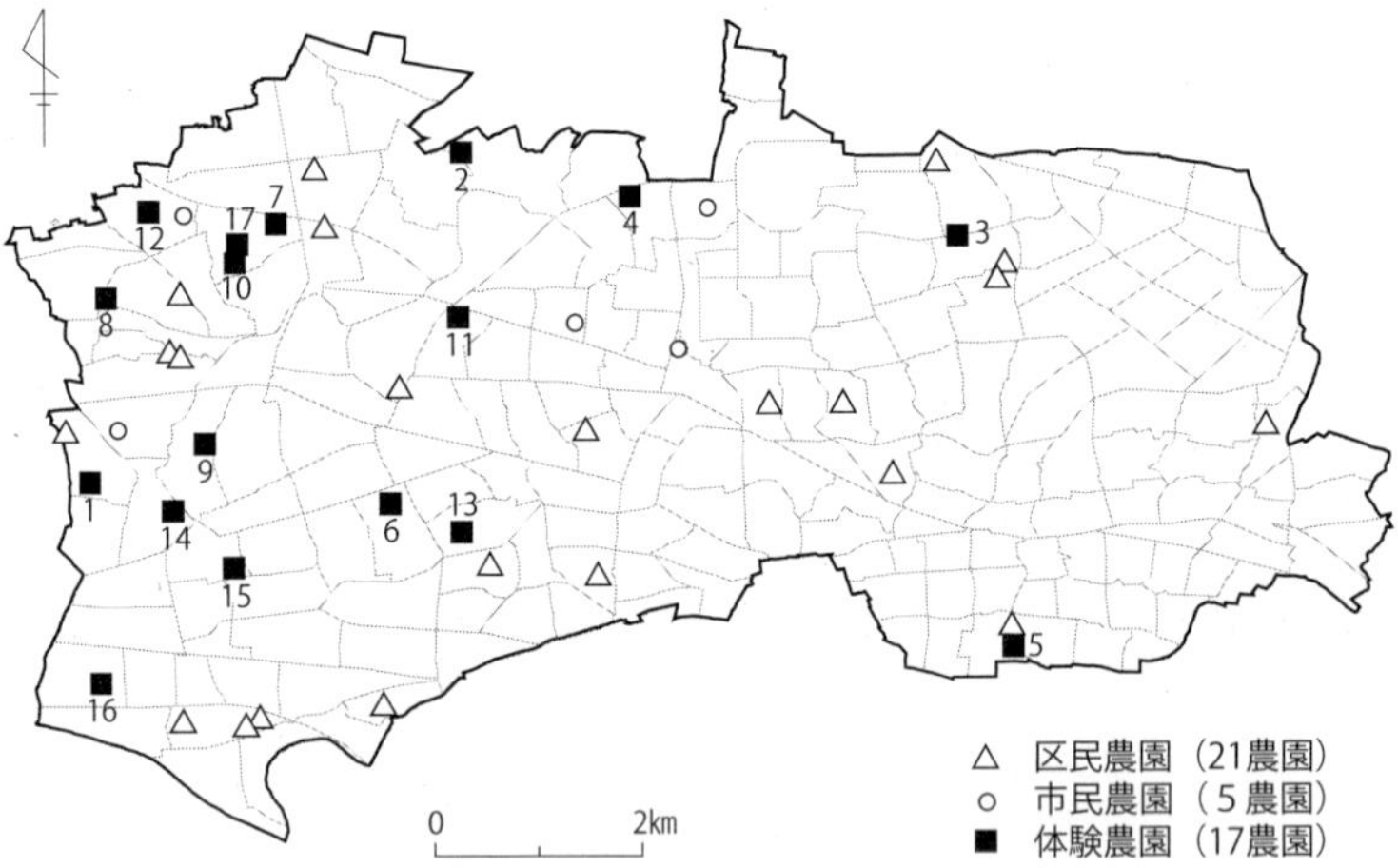

図 4　練馬区における各種農園の分布（2019 年）

資料：練馬区産業経済部都市農業課提供資料より作成

注 1）区民農園は，練馬区産業経済部都市農業課公表によるデータによると 21 農園となっているが，1 農園は同一所在地で区画数が増加しているため図中では 1 つの凡例で表記した．また，2 農園は複数の所在地に区画が置かれているためそれぞれ 2 つの凡例で表記した．

2）農業体験農園 17 農園のうち 1 農園は 2014 年段階で開園していたものの一度閉鎖し，再度 2019 年に開園している．

（4）ＮＰＯ法人農業体験農園協会および練馬区ＨＰ「農業体験農園の特徴」を編集している。

カ月を、農園利用が決定したときに支払うことになっている。東京都農業振興事務所の調べによれば、東京都内における体験農園の利用料は、三万円から四万円が最も多いという(6)。営農活動を始める初春の時期に、農家が安定した収入を得ることのできる意義は大きい。また、化学肥料や農薬代などの諸経費、肥培管理や収穫作業の労働時間は、通常の営農活動と比較して大幅に縮減することができる(7)。体験農園の経営分析を行った八木(二〇〇八)や原(二〇〇九)もまた、収穫や調製作業を中心に省力化や費用の低減が図られている点を指摘している。こうしたことが、新しい品目の作付けや体験農園でのさまざまな企画・運営に労力を使うことができたり、精神的な余裕を生んだりしている(加藤 二〇一三)。さらに、農園利用者との交流は、農業経営の継続に大きな糧となっている(東京都農業体験農園園主会編 二〇〇五)ことも重要である。

つぎに農園利用者に現れた効果である。利用者は区民農園や市民農園と異なり、農家の指導を受けて農作業に取り組むことができるため、農産物に対する知識が増え栽培技術の向上が実現しやすい。同時に、質の高い収穫物を得ることができる。また、自分で作った「安全・安心」で旬の農産物を食べることができること、自然に触れられる喜び、などの諸点が高く評価されている(山田・門間 二〇〇六、原 二〇〇九、八木 二〇〇九)。体験農園では農家による講習会が度重ねて開かれており、農業の知識や技術とともに料理方法を通した食文化までも理解できる機会がある。また、体験農園の利用者は区民農園や市民農園と比較して相対的に若い世代(二〇歳代から四〇歳代)も多く(写真4)、

写真4　農作業する農園利用者(練馬区)

2005年11月撮影．農園利用者は，若い世代も多い．子どもたちは，土いじりを楽しんでいる．園主の栽培指導もあって，どの野菜も立派に生育していることがわかる．

(5) 区民とそれ以外の利用者の利用差額一万二〇〇〇円は練馬区が負担しており、区民は一万二〇〇〇円の補助を得ていることになる。

(6) 東京都農業振興事務所「平成二五年度市民農園等調査結果」による。

(7) 練馬区で体験農園を行うA農家の場合、体験農園を開始する前と比較して経営コストは三割減、年間の作業時間は一/一〇以下に縮減されていると話している(筆者の聞き取りによる)。

老若男女幅広い世代が集まっているという（加藤 二〇一三）。こうした農園利用者は、講習会や収穫祭などのイベントを通して交流を深めることができ（写真5）、体験農園が地域における新しいコミュニティの形成の場にもなっている。定年後に農園を利用するようになった七〇歳代の一人は、「農園は私たち夫婦の生きがいになっている。利用者と自然と挨拶が交わされ、会話がある。そして野菜を育て、新鮮な野菜を（十分すぎるほど）獲れるのは大きな喜び。また、健康な体を維持できているのは、この農園のお陰。農園がなければ日々の散歩も日課にはならなかった。」と話す。また三〇歳代の一人は、「この農園で、中学までの友達と再会できた。今では子育ての悩みなども共有できるのも嬉しい。」と語る。宮地・菊地・山本（二〇一五）では、体験農園の利用者の多くが農園から一キロ圏内に居住している実態を明らかにしている。こうしたことは、農園を通して都市部の新しいコミュニティが生まれてきていると評価できるのではないだろうか。

最後に、自治体に現れた効果である。練馬区は、市民農園や区民農園の運営を支えるために、これまでにも少なくない維持管理費を捻出してきた。しかし、体験農園は農家の営農活動の一環として行われるため、一農園あたりの運営・管理費は少額ですむことから、財政支出を抑えることができる。また、農地の保全を通して地域の緑地空間や防災空間を適切に確保することもできることに加えて、農業体験を望む市民のニーズへの対応も円滑に行いやすいといった利点がある。

以上の点から、体験農園の普及は、次のような意義をもっていると考えられる。第一は、体験農園が都市部に

写真5　園主と農園利用者の交流会（練馬区）
2015年5月撮影．農園利用者が飲み物や食事を持ち寄り，農園でのひと時を楽しむ．園主のギター演奏などが披露されることもある．

における農業経営の持続性を高めている点である。それは課税対策への対応という点のみならず、農園の契約のあり方がＣＳＡ（Community Supported Agriculture：地域で支える農業）の形態に近く、農家が先を見越した経営判断を可能にしている点でも意義をもっている。第二は、園主と農園利用者の間で新しい関係が生まれ、そのなかで農や食への理解を深め、農地に対する評価も抽象的な公益的機能の理解ではなく、具体的かつ身近な価値あるものへと変貌しているように思われる。こうした点から判断すると、体験農園は単なる農家の新しい経営モデルとしてだけではなく、農園を核とした新しい地域づくりのモデルとしても価値づけられ、評価されてもよいだろう。第三は、この取り組みが都市農業の存続に危機感を覚えた農家自らのアイディアと工夫によって生み出されたという点である。加藤氏や白石氏をはじめとする練馬区の農家が、自身の経営状況や環境を見極めながら、都市農業のあり方を地道な議論のなかから見出し、行政に働きかけるなかで取り組みが進展した(8)。ここには、たびたび「都市農業批判」論のなかで指摘されてきた「荒らしづくり」で「税金対策」を図る都市農家とは全く異なる姿勢があり、都市農業を自身の経営としてだけではなく、地域の生活環境の一部として位置づけながら取り組みを模索してきた姿をみてとれる。

(8) 白石（二〇〇一）や加藤（二〇一三）を参照されたい。

農と食と地域を結ぶ交流と協働

都市農業基本法が二〇一五年に施行されたのち、二〇一八年には都市農地の貸借の円滑化に関する法律が施行されるとともに、地方税法および租税特別措置法の改正によって固定資産税の軽減措置と相続税猶予制度の適用が継続されることになった。都市農地は「あるべきもの」とされる時代を迎え（石原 二〇一九）、都市農業の新たな展開が期待されている。

本章で明らかにしてきたように、従来から都市農家は消費者と近接する地域での営農活動において、消費者を意識した作物選択、栽培方法、販売方法を実践してきた。もっとも、その一方では都市化の進展のなかで、農地を都市的土地利用へ転用し、不動産資産の運用を行ってもきた。しかし、体験農園をはじめとする農園事業の実施は、それまでの農産物の生産と販売を通した農と食（生産者と消費者）の関係性構築にとどまらず、「サービス型農業」（菱沼 二〇一六）への展開としても捉えられる。都市農業の場である都市農地において、生産者と消費者がともに農に向き合うことを通して、地域に新しい関係が創られ始めている点に注目したい。すでに、こうした「サービス型農業」は、多様な主体によって広がりを見せてきており、民間企業やＮＰＯ法人による農園事業が展開し始めている（小野・松澤・本木 二〇一六）。また、援農ボランティアという形で都市農業を支える取り組みも広がりつつある（深瀬 二〇一五）。これらの取り組みが、結果として都市農業や都市農地の保全にどのような役割を果たせるか（果たし続けられるか）については、今後も注視していく必要がある。都市農業ゆえにできる農と食、地域の関係づくりが、都市農業地域の魅力ひいてはブランド力になることが期待される。

本稿の一部は、宮地（二〇一五）の内容を基に再構成したものである。

参考文献

石原　肇（二〇一九）『都市農業はみんなで支える時代へ―東京・大阪の農業振興と都市農地新法への期待―』古今書院
小野　淳・松澤龍人・本木賢太郎（二〇一六）『都市農業必携ガイド―市民農園・新規就農・企業参入で農のある都市づくり―』農山漁村文化協会
加藤義松（二〇一三）都市農業者から見る農業体験農園、「農業法研究」四八：八〇～九三頁
後藤光蔵（二〇〇三）『都市農地の市民的利用―成熟社会の「農」を探る―』日本経済評論社
佐藤忠恭（二〇一一）農業体験農園の起源および構成要素からみた定義の考察、「農業経営研究」四九―一

白石好孝（二〇〇一）『都会の百姓です。よろしく』コモンズ
高柳長直（二〇一六）都市農業、藤塚吉浩・高柳長直編『図説　日本の都市問題』古今書院
東京都（二〇一六）『東京都食育推進計画―健康な心身と豊かな人間性を育むために　平成二八年度～平成三二年度―』東京都産業労働局農林水産部食料安全課
東京都農業体験農園園主会編（二〇〇五）『農業体験農園の仕組みとポイント（農業体験農園説明資料）』
日本学術会議農学委員会農業生産環境工学分科会（二〇一七）持続可能な都市農業の実現に向けて　www.scj.go.jp/ja/info/kohyo/pdf/kohyo-23-h170719.pdf
農林水産省（二〇一九）都市農業の振興、『平成三〇年度食料・農業・農村白書』http://www.maff.go.jp/j/wpaper/w_maff/h30/attach/pdf/zenbun-25.pdf
原　修吉（二〇〇九）農業体験農園におけるナレッジマネジメント、「農業経営研究」四六―四
菱沼勇介（二〇一六）東京の農業のポテンシャルと流通、小野　淳・松澤龍人・本木賢太郎『都市農業必携ガイド―市民農園・新規就農・企業参入で農のある都市づくり―』農山漁村文化協会
深瀬浩三（二〇一五）都市農業の新たな担い手としての援農ボランティア、「月刊地理」六〇―七
宮地忠幸（二〇〇六）改正生産緑地法下における都市農業の動態―東京都を事例として―、「地理学報告」一〇三
宮地忠幸（二〇一五）東京都練馬区における農業体験農園の社会的役割―地域の価値を創造する都市農業の胎動―、「月刊地理」六〇―七
宮地忠幸・菊地俊夫・山本　充（二〇一五）東京都練馬区の農業体験農園におけるルーラリティの商品化、田林　明編『地域振興としての農村空間の商品化』農林統計出版
宮地忠幸・両角政彦・水嶋一雄（二〇〇三）東京都小平市における有機野菜生産の展開意義―改正生産緑地制度下における農業経営の新展開―、「日本大学文理学部自然科学研究所研究紀要」三八
八木洋憲（二〇〇八）都市農地における体験農園の経営分析―東京都内の事例を対象として―、「農業経営研究」四五―四
八木洋憲（二〇〇九）都市農地における体験農園の意義と利用者の評価、「共済総研レポート」（二〇〇九年四月号）
山田崇裕・門間敏幸（二〇〇六）農業体験農園が利用者に及ぼす効果の解明―農業体験農園利用者の意識とその変化に基づいて―、「農業経営研究」四四―一

第9章

埼玉の食の名産　せんべいとうどん

秋本　弘章

食の名産を探る

それぞれの地域には、特有の自然環境と、その自然環境とかかわりながら暮らす人々が長年にわたって築き上げてきた文化がある。各地の伝統的な食は、その土地の自然環境や土地条件を反映している農作物を材料とした文化の一つであるといえる（石毛 一九九五）。しかしながら、今日ブームになっている「ご当地もの」にはこうした背景をもたないものも少なくない。また、都市化の進展などによって、本来の基盤が変化し、その基盤が失われているものもある。本章では、埼玉県の名物とされる「せんべい」と「うどん」を取り上げ、その歴史的な基盤を検討するとともに現代的な意義について検討する。

せんべいの地域性

（1）草加とせんべい

埼玉県は、「東京のベッドタウン」としての性格が強く、県民性が希薄といわれている。あるいは「特徴がない」

のが特徴ともいわれることもある。そうしたなかにあって、埼玉県の名物として「草加せんべい」は最も広く知られたものの一つであるといえる。

「せんべい」とは、一般に穀物粉を薄く延ばし、焼くあるいは揚げるといった加工をした食べ物である。東北地方では「南部せんべい」のように、小麦粉で作られるものもあるが、関東地方で「せんべい」といえば、うるち米を搗いたものを薄く延ばし、しょうゆなどで味付けしながら焼いたものが一般的である。

今日、「せんべい」を含む米菓の生産量は、新潟県が圧倒的に多く日本全国の約六〇％を占める。新潟県はコメどころとしても知られており、原料である米の生産量も多いことから当然であるように思える。しかし、一九七〇年ごろまでは、東京都、大阪府、埼玉県などと並ぶ米菓産地の一つに過ぎなかった。現在の地位は、地域の人々の創意工夫によって確立したことが指摘されている（清水二〇一九）。

平成二九年工業統計表によると、埼玉県の米菓生産は新潟県に次いで、全国二位ではあるが、生産量は約五％にすぎない。しかし、事業所数（従業員四人以上）では新潟県が三八事業所なのに対して、埼玉県には六三もの事業所がある。埼玉県は、中小事業所が多いこと、すなわち地場産業的な要素がきわめて強いことを示している。

草加市内には約五〇のせんべい屋がある（図1）が、多くが家族経営を主体としており、従業員数四人以下の事業所も

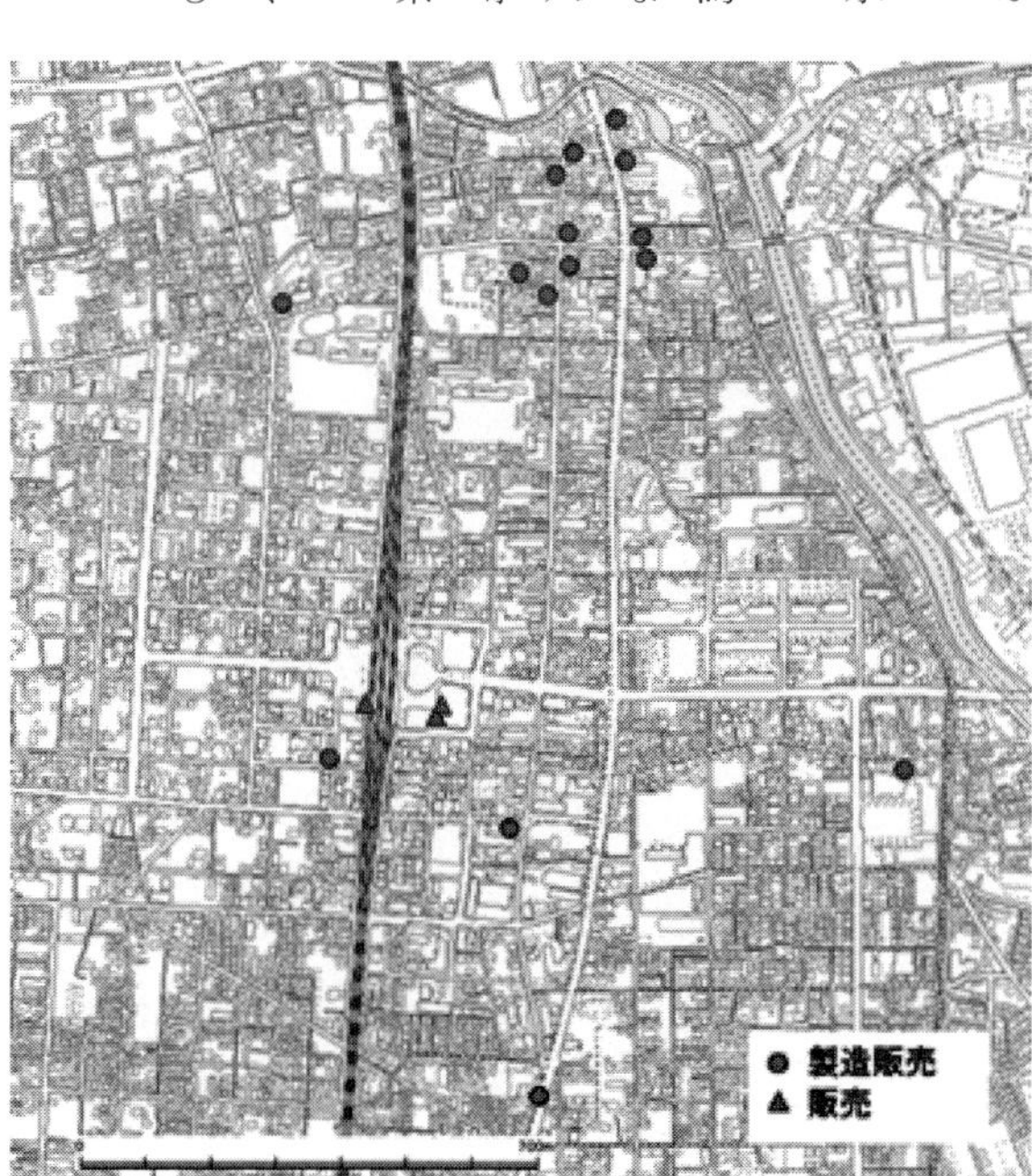

図1　草加市中心部における せんべい屋の分布（2019年）

現地調査により作成.

少なくない。

（2）「草加せんべい」の立地の背景と地域性

家族経営が中心で、原料産地にも恵まれていない「草加」がなぜ「せんべい」で有名なのか、そして、数多くのせんべい屋が存在するのであろうか、その要因を検討したい。

第一に、もともとは原料に恵まれていたことである。いうまでもなく、米は日本全国で栽培されており、草加市周辺の特産というわけではない。しかも現在の草加市の水稲の作付面積はわずか五四ヘクタール、収穫量は二四〇トンに過ぎない（二〇一八年）。しかし、一九六〇年ごろまでは、草加周辺は穀倉地帯であり原料米の生産は多かった。実際、一九六〇年においては、草加市の耕地率は六九・二％、田の面積率は五五・一％、純粋な農業地域、穀倉地域であった（表1）。

草加市を含む埼玉県東部地域が穀倉地域になったのは、江戸時代に新田開発が進められたからである。この地域は、古利根川あるいは元荒川によって形成された低平な沖積低地であり、排水不良の沼沢地も少なくなかった。新田開発により耕地化が進んだものの、もともと土地条件から、良質米の生産は限られ、クズ米なども多く産出した。これが「せんべい」の原料となったのである。

商品として販売されにくいクズ米は農家にとって貴重な食となった。通常、クズ米は粉にひかれて、農家の行事食として四季を通じて利用されていた。春にはヨモギを摘み、草餅を作る。秋には月見だんごを作るといったものである。すなわち、「せんべい」以前に米粉を食材として活用する習慣が存在していた。

しょうゆも原料の一つであるが、付近の野田や流山で企業的に生産され、旧・利根川を中心とする水運網で草加にもたらされた。

表1　草加市の地目別割合の変化（%）

年	田	畑	宅地
1960	55.1	14.1	9.5
1980	19.7	10.3	41.4
2000	4.8	7.3	50.1
2018	2.9	4.7	55.7

草加市統計書他による.

第二に消費者の存在である。米粉の利用という農家の日常生活に基盤があるが、それはある意味各地に共通している。「せんべい」を販売する対象があったことが重要である。草加は、奥州街道第二の宿になる。多くの人々が小休止の場所として利用し、ここで供されたのが「せんべい」というわけである。江戸時代の交通量では「せんべい」専業の経営が成り立つというわけではなかったものの、商業的基盤があったことは重要である。

「せんべい」が専業経営に移行するのは明治後期以降のことである。大消費地である東京で販売することで急速に発展した。埼玉県南部地域は、江戸時代から江戸（東京）とのつながりは深く、野菜などの行商などを行う一方、下肥を受け入れてきた。鉄道の開通によって東京への近接性がより高まると、自然と東京で販売することが行われるようになった。そして、そのことによって多くの消費者を獲得し、専業として成り立つようになった。

第三は、ブランド戦略である。「せんべい」自体は決して草加の特産とまでは言えないものである。大正年間、川越で行われた軍の特別大演習の際、埼玉の名産品として、天皇に献上し、知名度が向上、さらに一九三二（昭和七）年に「草加せんべい」として意匠登録を行い、全国的なブランドになったのである。

第二次世界大戦中の一九四四（昭和一九）年、強制廃業命令によって「草加せんべい」の製造は行われなくなった。その後、一九五五（昭和二六）年に再び「せんべい」の製造が始まったが、戦後の法改正などによって地名を冠した意匠登録が不許可となった。「草加せんべい」は草加に限らず、堅焼きせんべいの代名詞として全国的に利用されるようになった。そのことが逆に「草加」の知名度を上げることになり、草加市内を中心に多くのせんべい専門店が成立する基盤になった。

（3）「草加せんべい」の今日的意義

第二次世界大戦後の経済の高度成長期以降、草加の風景は大きく変容する。東洋一と呼ばれた「松原団地」が一九六二年に建設され、宅地化も進展する。工業団地も建設され、食品工業やダンボール工場などが進出、県内有数の工業都市になった。この過程で、「草加せんべい」の基盤となった水田の多くが失われてしまった。しかし、米自体は政府による流通管理の下にあったため、市内の水田減少は、決定的な問題にはならなかった。地域内に巨大な消費人口を抱えることとなり、むしろ生産基盤は安定したといえる。そのため、新潟県の米菓産業のように、集約化・規模拡大が必要ではなく、伝統的な形態のままで存続しえたのである。

結果として、市内に数多くのせんべい屋が立地する特徴的な景観を創り出してきた（写真1）。このことがまた「草加せんべい」の名を実のあるものにしている。

今日、「草加せんべい」は規模の拡大を目指すのではなく、高品質のせんべいを適正な価格で販売することによって、持続的な経営を目指している。その地域で伝統的に培われた「本場」の製法とその地域の材料を使った「本物」の味を作り続ける加工食品に対し、農林水産省が管轄する（財）食品産業センターが地域食品ブランドの認定をしているが、「草加せんべい」も、二〇〇六（平成一八）年に最も早く認定を受けた名産の一つである。

認定に際し、生産地域を草加市と近隣の、川口市、越谷市、八潮市に

写真1　せんべい屋の看板
数軒先にも，手前にも，せんべい屋がある．

写真2　おせんさんの像
草加駅前に置かれている．おせんさんが，売れ残りの団子をつぶして，焼きもちにして売ったのが草加せんべいの始まりと伝承されている．

限定し、関東近県で収穫されたうるち米を使い、木炭を用いて押しがわらで形を整えながら、一定の年数従事した職人が、一枚ずつ丁寧に仕上げる手焼きといった基準を設けている（写真２）。

「草加せんべい」は、かつての地域基盤のもとで生まれたが、地域基盤が変容するなかで、その存在意義を再構築してきたものといえる（図２）。

うどんの地域性

（１）埼玉県とうどん

今日では、米が日本人の主食として地位を確立しているが、それは第二次世界大戦後、米の生産が飛躍的に増加してからのことであり、それ以前は麦類や雑穀類なども常食としていたという。

昭和前期埼玉県生まれの筆者の母親によれば、子どもの頃のご飯といった場合、通常は米と麦が半々に入った「麦飯」が通常であった。時にはサツマイモやクリなどが混ざることもあった。また、小麦粉で作ったすいとん

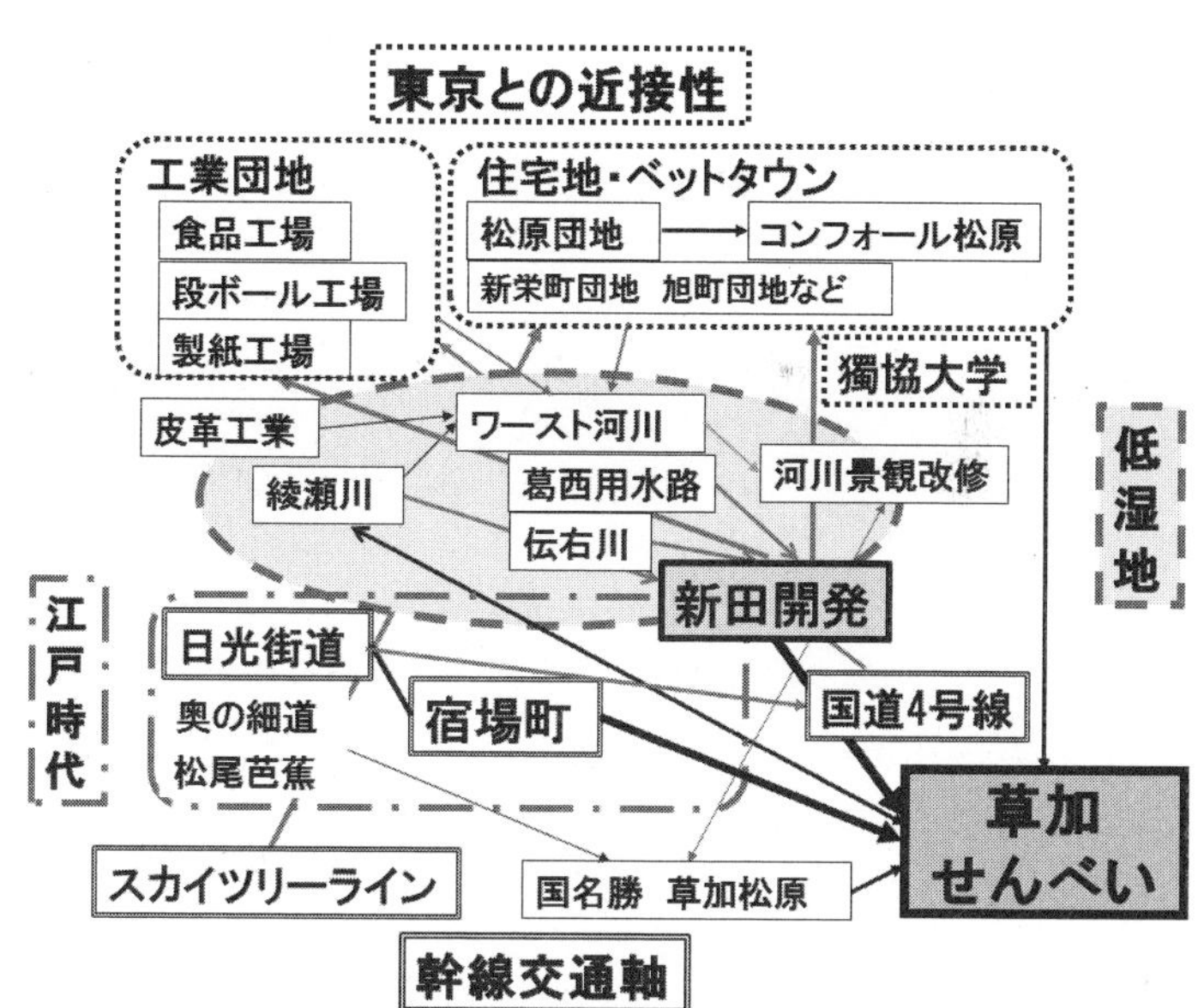

図２　草加の地域構造

やうどんもよく食べていたという。小麦は稲や大麦と並ぶ重要な穀物であった。

日本における小麦栽培は、中国から朝鮮半島を経て、四〜五世紀ごろには伝えられ、八世紀ごろには水田稲作の裏作として広く栽培されるようになったという。当初は重湯(おもゆ)や粥のようにして食べていたと考えられているが、飛鳥時代には中国から麺が伝来し、さまざまな形で食されるようになった。稲が日本各地に広がってたのと同じように小麦も日本各地に広がっていた。

香川県は「うどん県」として有名である。「丸亀製麺」といううどん店は、国内だけでも、北は北海道、南は沖縄まで約八〇〇店舗、海外にも一三か国約二〇〇店舗、一〇〇〇店舗以上を展開し、「さぬきうどん」の名前を広めることに貢献している。しかしながら香川県内には二店舗しか存在せず、名称のもとである丸亀市には店舗は存在していない。また、原料の小麦はオーストラリア産のものがほとんどである。そのため、これが、真の意味で「さぬきうどん」といえるかは疑問である。しかしながら、香川県は、麺の生産量やうどんの店舗数、消費量では突出しており、「うどん県」であることは確かである。

しかし、「さぬきうどん」以外にも、日本各地に地方的な特色を持った「うどん」が存在している。秋田県の「稲庭うどん」、山梨県の「吉田うどん」、富山県の「氷見うどん」、長崎県の「五島うどん」などである。また、小麦を原料とする他の麺類を含めば、愛知県の「きしめん」、山梨県の「ほうとう」、岡山県や奈良県の「そうめん」などそれこそ枚挙にいとまがない。つまり、「うどん」はある意味では日本各地の普遍的存在なのである。

埼玉県は香川県に次ぐ「うどん県」であるという。実際に、「熊谷うどん」「加須うどん」「深谷ほうとう」、埼玉県と東京都にまたがる「武蔵野うどん」など県内各地に地名を冠したご当地うどんがある。地名表示はないが「すったて」なども知られている。また、「米麦加工食品生産動向」によると、二〇〇九年のうどんの生産量（生めん、ゆでめん、乾めんの合計）は、香川県が五万九六四三トンで第一位、埼玉県は二万四七二〇トンの第二位であった。このように埼玉県には「うどん」の食文化が広がっているといえる。埼玉県の「うどん」の食文化について、うどんの原料である小麦の生産と加工、家庭での食、そして「ご当地もの」に焦点を当てて検討する。

(2) 埼玉県における小麦栽培

現在日本の小麦生産量は九〇万七千トン(二〇一七年農水省統計)であり、自給率はわずか一三%である。おもな産地は北海道で日本全体の生産量の約七割を占めている。そのほかは、福岡県、佐賀県、愛知県、群馬県、埼玉県などが主たる産地になっている(図3)。こうした傾向は一九七〇年代以降のことである。それ以前は、日本における小麦生産の中心は、関東地方であった(図4)。すなわち、埼玉県の「うどん」は、小麦が多く栽培されていたことによる。

明治後半から大正期に活躍した文豪田山花袋はその著「東京近郊一日の行楽」(一九二三)のなかで次のように記している。

「武蔵野ではね、君、秋の収穫はさびしいがね、麦秋の時は、それはにぎやかだよ。他でみる秋の収穫を其処では初夏にみるやうな譯(わけ)だからね。武蔵野は、畠ばかりで殆ど田がないからね」。(ルビ加筆)

実際、一九一〇(明治四三)年の農林業センサスによれば、関東地方の水田率は約四割にすぎず、全国平均五割を大きく下回っている。ただし、小麦は必ずしも畑で作られているわけではない。二毛作の水田裏作として、田で栽培されることも多かった。つまり、水田の整備によって、乾田化が進んでいくなかで小麦の生産も増加していった。

自然条件からみれば、関東平野は、小麦栽培に適した地域であった。すなわち、広大な平野があることと、小麦の生育期である冬季に長い日照時間があることによる。

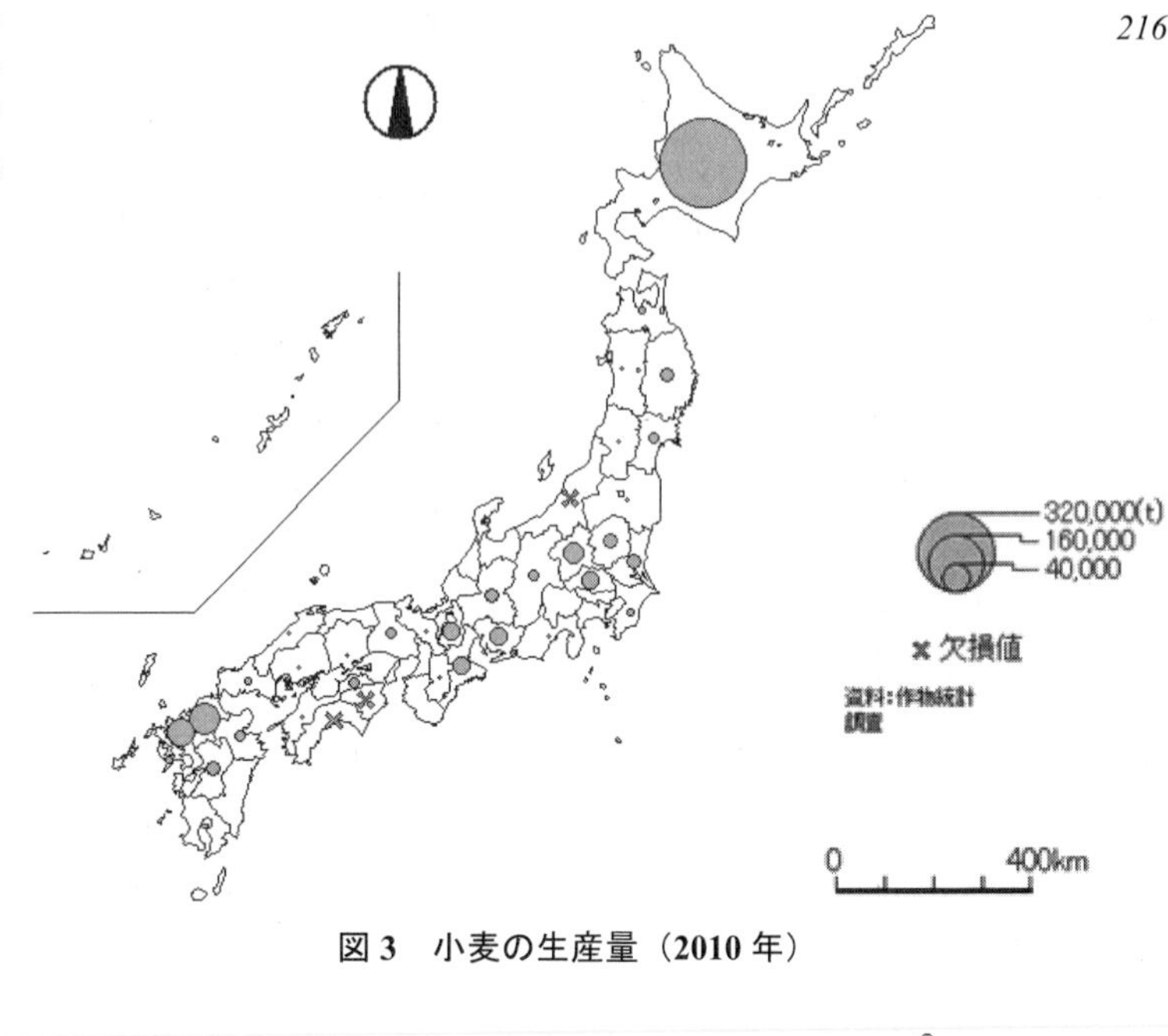

図 3　小麦の生産量（2010 年）

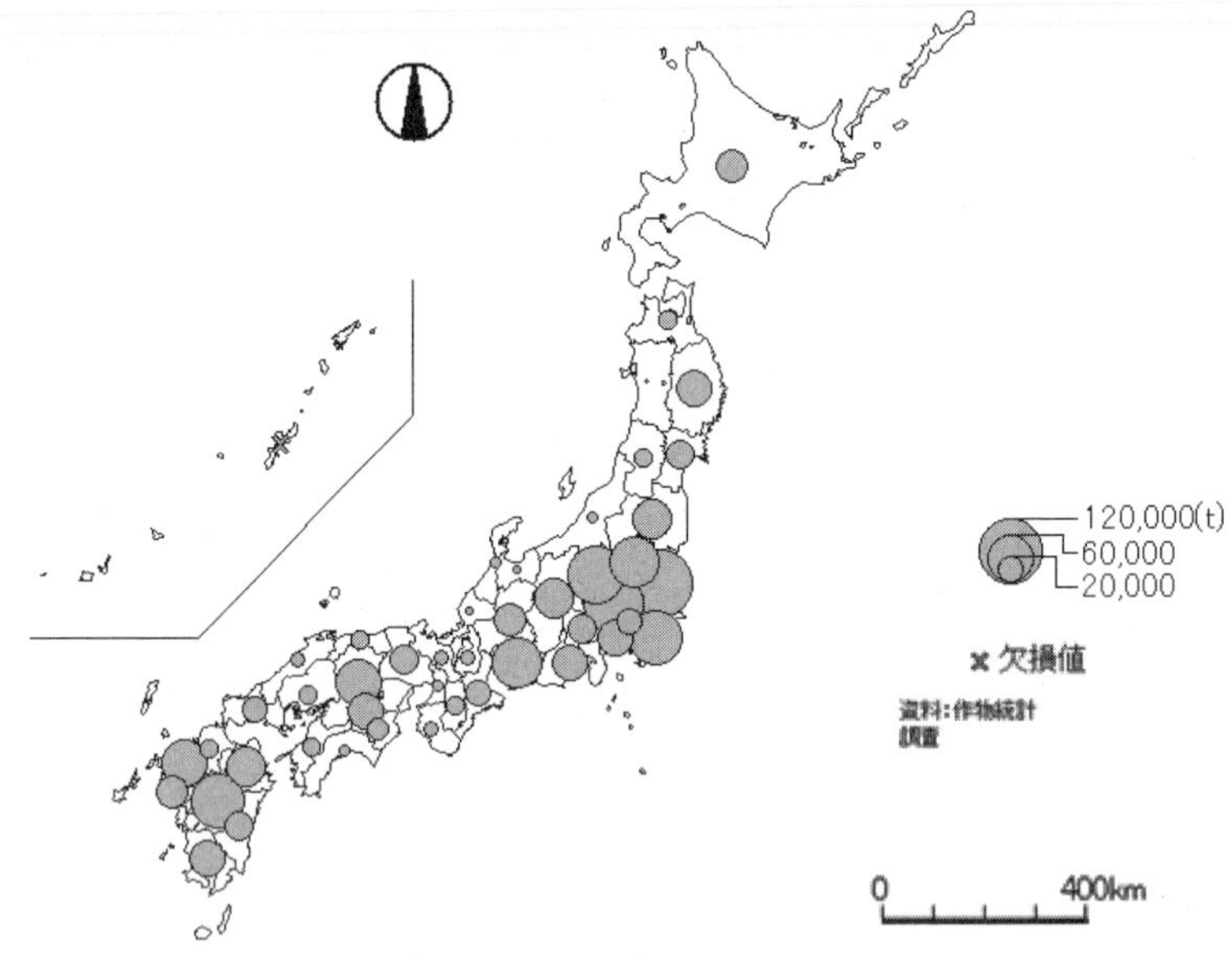

図 4　小麦の生産量（1960 年）

自然条件に加え、明治期から昭和初期にかけて、麦類の生産を拡大するさまざまな試みが行われてきた。東別府村（現・熊谷市）に生まれた権田愛三は、明治後期に麦の栽培方法に関して大きな功績を残した。土入れや麦踏を骨子とする栽培法を考案し、麦の収量を四倍も増加させた。また、昭和初期には埼玉県農事試験場の技士であった野村盛久が、病害虫に強い、多収穫品種「小麦埼玉二七号」を育成し、その結果として埼玉県は全国有数の小麦生産県となった（埼玉地理学会 一九九五）。

第二次世界大戦後の埼玉県の小麦栽培の動向をみると、年による変動はあるものの一九六五年頃までは、おおむね一〇万トンを超える生産量を誇っていた。とくに、一九六一年には一四万一二〇〇トンの生産量を記録した。しかしその後は、生産量は低下の一途をたどる。一九七六年には一万七三〇〇トンにまで減少した。一九八八年六万一四〇〇トンにまで回復したが、二〇一八年には一万九三〇〇トンと二万トンを割り込んでいる。

こうした変化は、国の食糧政策が最も大きな要因である。一九六〇年代中頃までは、食料自給政策の下で積極的な生産拡大制度がとられた。麦類は、米穀などとともに食糧管理制度のもとにおかれた。食糧増産を保証するため、政府買い入れ価格は生産費を十分賄える水準に設定された。しかしながら、一九六〇年代の中ごろ以降、世界的に小麦がだぶつき、アメリカなどから輸出圧力が強まった。そのため、麦類の政府の買い入れ価格は低く抑えられることになる。結果として、麦の政府買取価格は生産費を下回る水準であったことから、栽培を取り止める農家が続出した。

一九七〇年代後半に入ると、米の生産調整（いわゆる減反政策）がとられた。輸入量の多い小麦は、転作奨励作物として位置づけられ、高水準の転作奨励金が支給された。しかしながら、関東平野では、小麦の栽培は若干回復したに過ぎなかった。市場に近いため、多くの農家はより収益性の高い野菜類に転換したためである。なお、北海道では、北海道農協中央会の方針もあって小麦栽培が急速に拡大し、全国有数の産地になった。

（3） 小麦の加工ー製粉工場の立地

小麦は、粉にひく、すなわち製粉が必要である。農家のなかには自前の石臼があり、家庭で食べるものは自前で製粉することもあるが、近所の製粉所に依頼することが一般的であった。つまり製粉業は、近隣のサービス業として小規模に営まれている場合が多かった。

小麦は、米と同じく貴重な商品作物でもあった。問屋などに集約された小麦は指定工場に送られ、製粉されたのちに市場に出回る。埼玉県や群馬県は、主要な小麦産地であったため、中小の製粉工場だけでなく、大手企業による大規模な工場も立地した。現在の日清製粉の群馬県舘林工場や、日東富士製粉熊谷工場などである。

しかし、埼玉県内の製粉工場のほとんどが中小規模の工場であり、生産量の減少とともに多くが閉鎖に追い込まれた。一部には、大都市近郊にあるという立地上の利点と埼玉県の小麦栽培の伝統をいかし、地元産の小麦を積極的に引き取り、特色ある製品を作っている企業もある。

（4） 埼玉県のうどん文化

埼玉県の「うどん」は、もともと小麦栽培が盛んであったことが基盤になっている。自分の畑あるいは稲の裏作として田で作った小麦は、重要な換金作物の一つであると同時に自給用の作物であったのである。どこの家庭でも、来客時や、ハレの日には「うどん」は、欠かせない食であった。

うどんは、作るのに手間がかかるので、日常的には「だんご汁」や「すいとん」を食べることも多かった。「だんご汁」「すいとん」も似たような料理で、根菜類や野菜類、豆腐などを煮て、そのなかに水でこねた小麦粉を適当な大きさにちぎってそのまま鍋に入れる。

このように、関東地方の小麦食は、庶民の日常生活に溶け込んだものであった。ご飯がご当地名物として認識されてこなかったのと同様に「うどん」などもご当地名物という認識はなかったと考えられる。また、「うどん」は、家庭で作るものなので、明確なレシピがあったわけではなく、身近に入手できるさまざまな食材を使って作られた。

しかしながら、高度経済成長期以降、こうした習慣は失われつつある。実際、一九六二年生まれの筆者の家庭では、通常はうどんを打つということはなく、親戚が集まったときに「祖母の家」で作られる程度であった。ただ、手間がかからない「すいとん」は、おかず兼主食としてしばしば食卓に上った。

今日、「うどん」の原料となる小麦は、外国産のものがほとんどである。しかし、埼玉県の「うどん」は身近な食材を使ったものが残っている。「郷土料理」としての「うどん」は、「地粉」へのこだわりは強い。県内製粉会社で「地粉」を扱っている業者もあり、一般消費者も通販などで購入することができる。また、埼玉県内のスーパーなどでも「地粉うどん」が販売されている（写真3）。

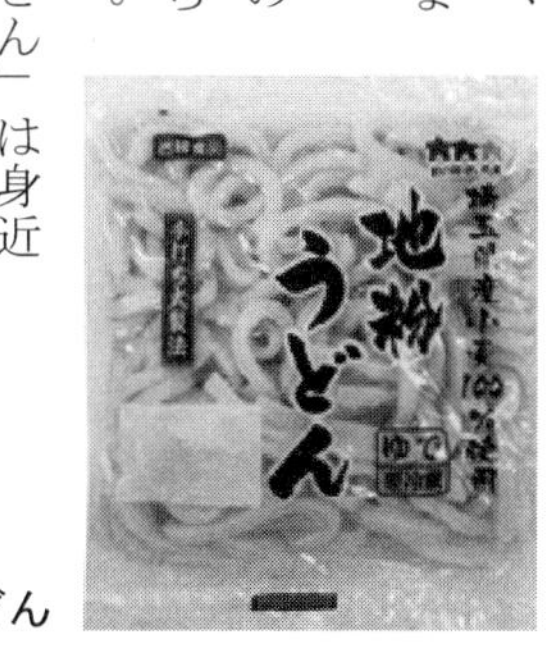

写真3　地粉うどん

（5）埼玉県のご当地うどん

埼玉県のなかでも北部地域は、今日でも小麦の生産が多いところである。熊谷市は一六〇〇ヘクタールを超える作付け面積がある。深谷市の小麦の作付け面積は五〇〇ヘクタールを超え、「深谷ねぎ」として有名な「ネギ」の作付面積より広い。また、加須（かぞ）市でも二五〇ヘクタールを超える。

「加須うどん」は、マスコミに喧伝される以前から一定の知名度がある存在であった。現在約四〇軒を超えるうどん屋があり、そのうち約半数が「加須手打ちうどんの会」に入会している（同会HP）。また、市でも「加須市うどんの日を定める条例」などを制定し、郷土の食文化として認証するとともに、その発展を図っている。

加須市は利根川中流域に位置し、自然堤防や河畔砂丘と沖積低地からなる。そして利根川が運ぶ豊かな水を背景に農地整備が進んだ。江戸時代以降、改良がくわえられた水田では二毛作が盛んに行われるようになり、小麦の栽培が増加した。こうした背景のもとで、埼玉県の他地域と同様に農家でうどんを食べる習慣が根づいていった。

また、関東の三大不動の一つとされる加須不動尊（總願寺）があり、江戸時代から門前町が形成されていた。明治期には青縞を扱う市（いち）が立ち、全国から業者が集まったという。青縞とは藍染をした木綿糸で織った織物のことで、野良着や足袋などに使われた。もともとは、江戸時代に農家の副業として始まったものが発展したのである。羽生（はにゅう）や加須には青縞の市が立ち、多くの商人が集まった。こうしたことを背景に食堂の数も増え、外食としての「うどん」が根づいていったと考えられる。

「加須うどん」も明確な定義があるわけではないが、地元産の食材を多く使うことに特徴がある。うどんの原料である小麦にも、地粉を使っている店も少なくない。また、うどんに添えられる「てんぷら」は一般には「海老天」が多いが、加須市内ではとくに断りのない限り野菜類の天ぷらが供される。

「加須うどん」には、季節に合わせて多様な食べ方がある。たとえば、冬や春先など寒いときは「釜揚げ」、すなわちゆでたてを、熱いつけ汁で食べる。つけ汁にはナスやネギなど地場の野菜をいためたものが加えられる。夏は、細めの麺をゆでた後水で冷やして盛り付け、つけ汁には冷や汁が好まれる。冷や汁はごま（胡麻）としそ（紫蘇）を入れた味噌味の汁でキュウリなどの夏野菜を加える。冬は煮込みうどんが主流である。ニンジンや大根などをうどんとともに煮る。いずれにしても、地域の環境に合わせて食されてきたものといえる。

このように、「加須うどん」は名産というより地域生態のなかで、ある意味で自然発生的に成立したものと考えられる（図6）。

熊谷は関東平野北部の中心地であり、小麦の栽培でも中心地であった。現在でも熊谷市は関東地方の小麦の収穫量一位である。埼玉県北部の中心都市であり、明治期には一時県庁がおかれたこともあったため、「うどん」を食べることのできる食堂なども早くから立地していた。しかし「熊谷うどん」は近年になってブランド化したものである。「全国ご当地うどんサミット」を三年連続で開催するなど知名度の向上に努めている。

「熊谷うどん」はブランド化にあたって、地粉、すなわち熊谷産小麦を五〇％以上使用することを明示している（熊谷市観光協会ＨＰ）。先に述べたように一般にうどんは外国産小麦に依存する場合が多いなかで、大きな特色といえる。一般に、小麦は米と同じく農協が集荷し、製粉工場に売り渡される。製粉工場では小麦粉の品質を安定させるため、さまざまな地域の小麦をブレンドするのが一般的であるが、「熊谷うどん」をブランドとして確立するためにあえて「熊谷市産」小麦単独の製粉を行っている。

深谷市も古くからの小麦の産地であった。深谷市の郷土料理、「深谷煮ほうとう」は、生麺を周囲の畑で生産されたネギなどの野菜や、根菜類などとともに煮込んだ料理である。麺の幅広の麺を使うといったところに特徴はある。この地域では古くから日常的な料理であったため、とくに知名度は高いものではなかった。これも町おこし、地域振興策の一環として市などが中心となって広報を行っている（深谷市

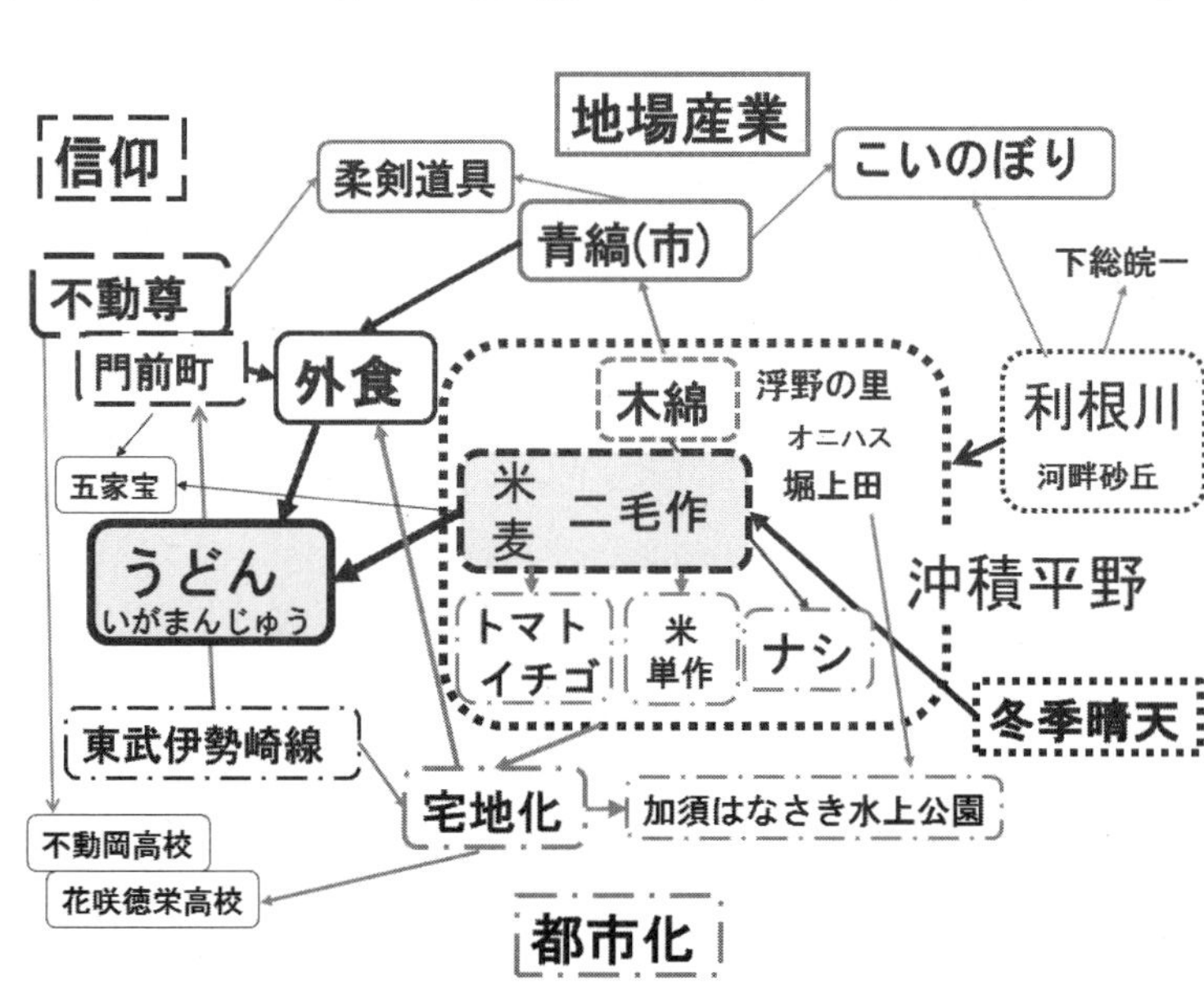

図6　加須の地域構造

ＨＰ)。なお、群馬県の郷土料理「おっきりこみ」も同系統のものと考えられる。

食の名産の変貌

埼玉県の食の名産である「せんべい」と「うどん」について検討してきた。いずれも、地域の農業を基盤として成立してきたものであるが、都市化や農業政策の変化によって、基盤となる米作や小麦作は衰退してきた。しかし、食文化の伝統や加工技術などはその後も存続している。こうした伝統や技術が新しい地域生態のなかで再評価されることによって、地域のシンボルとして存在し続けているといえる。持続可能な地域づくりが課題となる今日、「草加せんべい」や「加須うどん」「熊谷うどん」「深谷ほうとう」などの存続はそのモデルとなると考えられる。

参考文献

石毛直道（一九九五）『食の文化地理―舌のフィールドワーク』朝日新聞社
埼玉地理学会編（一九九五）『風土記さいたま』さきたま出版会
清水希容子（二〇一九）全国トップを維持する新潟県の米菓産業の歴史と発展要因、「月刊地理」六四―六
田山花袋（一九二三）『東京近郊一日の行楽』博文社

参考ＵＲＬ

加須手打ちうどん会　http://kazo-udon.jpn.org/index.htm　（二〇一九年八月一二日閲覧）
熊谷市観光協会ＨＰ　http://www.oideyo-kumagaya.com/cate-gourmet/357/　（二〇一九年八月一二日閲覧）
深谷市ＨＰ　http://www.city.fukaya.saitama.jp/kanko/kanko/other/1392872265691.html（二〇一九年八月一二日閲覧）

第10章

鴇色に染まった佐渡

中島　明夫

トキの絶滅と保護への道程

トキ（朱鷺）はペリカン目、トキ科の鳥で、学名は日本の名を冠した *Nipponia nippon* である。全長七〇～八〇センチメートル、嘴が太い円筒状で下方に曲がっていて、黒色である。本書カバー写真のように羽毛は白く、翼と尾羽は淡紅色の鴇色を帯び、足は赤く、顔は皮膚が裸出して赤色である。青空を飛ぶトキの姿はひときわ美しく映え（写真1）、風切羽根や尾羽の鴇色が一層あざやかに見える。ただし、繁殖期を挟み一月から七月にかけては雌雄ともに、頭から背中までの羽根の色を灰黒色に変化させる（小学館編 二〇〇二）。

トキが朱鷺と表記されるようになったのは、室町時代頃からであるという。それまでは桃花鳥、豆気、朱鳥などと記され、いずれも「ツキ」と呼んでいた。さらに日本各地の方言となると、ダオ、ダオンコ、グオ、ドウなどの呼称が知られているが、佐渡島で広く使われていた呼称が「ドウ」である。また、二〇年ごとの伊勢神宮式年遷宮に併せて調製される内宮の御装束神宝である須賀利御太刀には、トキの尾羽二枚が使われており、皇室とトキの古くからの関係を象徴するものとなっている。

写真1
佐渡の空を飛翔するトキ
2018年4月撮影.

トキの絶滅と保護への道程

（1）トキと暮らした日本の里山

トキは日本ではかつて、北海道、本州と伊豆諸島、佐渡島、隠岐諸島などの周辺島嶼、四国、九州、琉球諸島といった日本各地に生息していた。水田や湿原などで小動物を捕食し、かつては国内各地の里山環境下で見られたが、美しい羽根の色があだとなり、捕獲され激減していった。明治時代以降、森林伐採や農薬の使用などによる環境悪化も追い打ちをかけ、トキの数はさらに減った。一九三四（昭和九）年に天然記念物に指定され、一九五二（昭和二七）年には、特別天然記念物に指定された。しかし、一九八一年には、日本の野生種のトキは絶滅してしまった。

トキは渡りを行わない留鳥（りゅうちょう）で、マツや落葉広葉樹の大木をねぐらや営巣木としている。佐渡島のトキは、繁殖期以外は早朝にねぐらを飛び立ち採餌場所で終日過ごし、夕刻頃にねぐらに戻るという日周行動が知られている。繁殖期には営巣地の近くの沢や水田などを主な採餌場とし、冬季は積雪の少ない平地の水田や河川などをおもな採餌場とする年周行動が知られている。こうしたトキの習性を考えるとトキの生息環境は、古来より水田稲作農業にかかわってきた農民の手によって改変された農村環境に他ならない（図1）。したがって、トキは湿地、田、畔などにいる、ドジョウ、サワガニ、カエル、昆虫などを捕食するときに、田植え直後の苗踏みの犯人とされ、農民からは迷惑な害鳥として認識されていた。

農家のトキに対する苦悩は、新潟県中越地方の鳥追い唄にいくつも表現されている。「おらがいっち（一番）にっくい鳥は　ドウ（トキ）とサンギ（サギ）とコスズメ」というようなフレーズに始まる迷惑鳥としてのトキを唄ったものが知られている（渡辺他　一九七四）。この出だしに続くものは、地方によってさまざまなものがあるが、例えば北魚沼郡堀之内村の鳥追唄には「ドウ（トキ）とサンギ（サギ）とコスズメと、柴を抜いて追ってったどこからどこまで追ってった　佐渡が島まで追ってった」というのがみられる（風間　一九八〇）。こうした鳥追い唄をみると、里山環境下でのトキと農民との関係性がみてとれる。

日本国外では極東ロシア（アムール川・ウスリー川流域）、朝鮮半島、台湾、中国（北は吉林省、南は福建省、西は甘粛省まで）など東アジアの広い範囲にわたって生息していた。一八世紀～一九世紀前半までは日本をはじめ東アジアの各地においても、ごくありふれた鳥であったが、二〇世紀になると激減し、一九六〇年には国際保護鳥に選定された（小学館編　二〇〇二）。

（2）日本産野生トキの絶滅と保護活動

江戸時代は、一般的に鳥獣が手厚く保護されてきたが、武器の弓の矢羽として利用されることもあった。明治になり狩猟が解禁となり乱獲が始まった。羽箒、羽根布団、帽子などの羽根飾り、毛鉤などとして需要があり、トキの羽根が輸出品だった時期もあった。そして、日本では大正時代には絶滅してしまったものと思われていた。

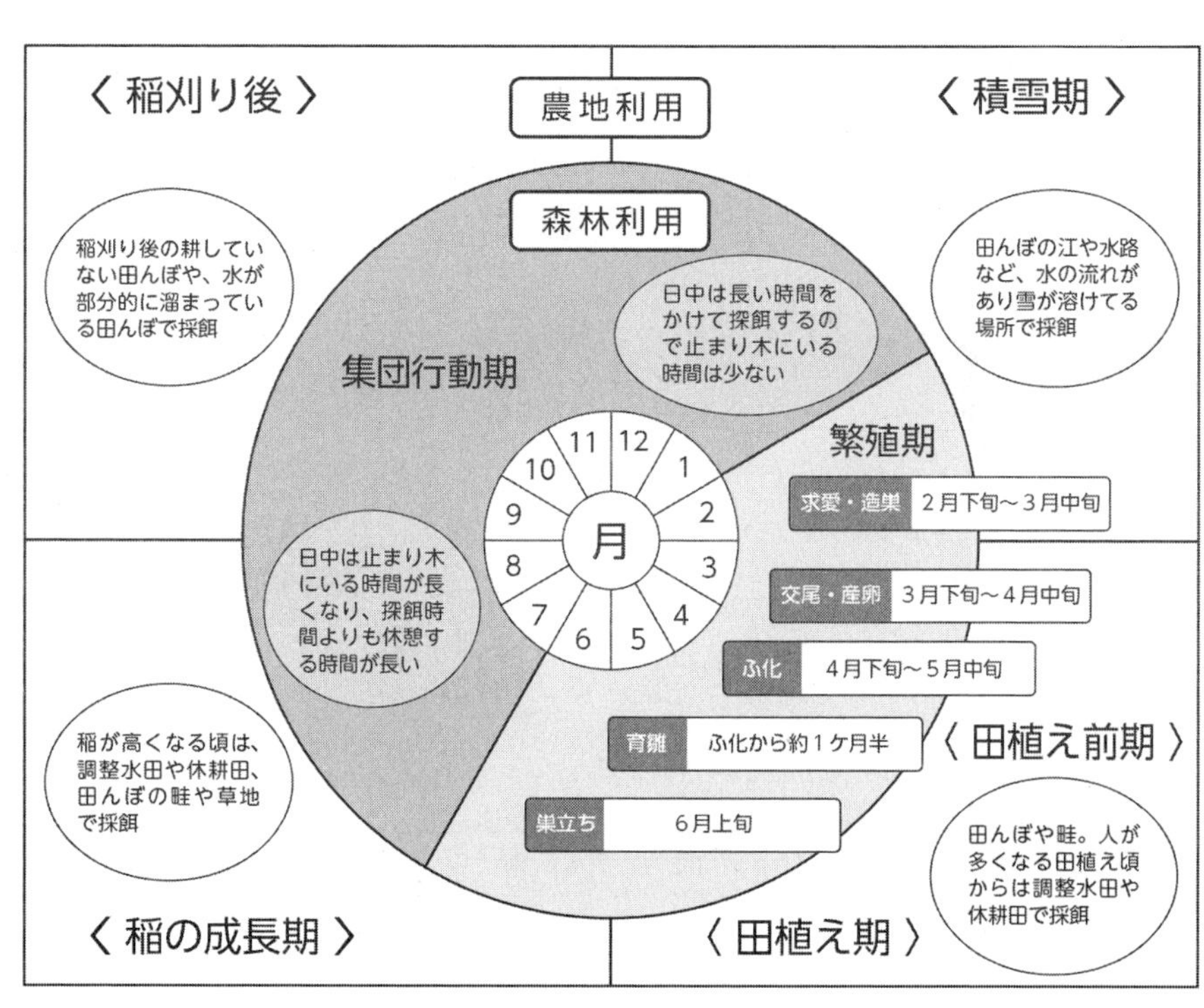

図1　里山環境下でのトキの生態
環境省資料より作成.

しかし、昭和初期の一九二〇年代後半、佐渡の山奥にトキが生存していることが確認され、鳥事業関係者に注目されるところとなり、その後、懸命な保護活動が続けられた。一九八一年一月に、野生下での増殖の可能性が皆無であるとの判断のもと、野生下に生息していた全五羽を順次捕獲し、人工繁殖することにした。しかし、多くの人の努力の甲斐もなく、二〇〇三年に「キン」と名づけられた日本産の最後の一羽が死亡し、日本産のトキの人工繁殖は失敗に帰した。この間のことはノンフィクション作家の小林照幸の著した『朱鷺の遺言』（中公文庫 二〇〇二）に詳しく記されている。

（3）トキ野生復帰への中国と日本の二国間協力

中国においても、一九六〇年代前半には乱獲、生息環境の悪化などでトキの生存確認が難しい状況となっていた。一九七八年、日中友好平和条約締結を機に来日した中国側首脳に対し、日本側から中国でのトキ生息調査が提案され、訪日団帰国後ただちに中国で調査隊編成を指示し、調査が実施された。そして、トキの生存をあきらめかけた一九八一年五月、秦嶺（チンリン）山脈南麓の山中（現・陝西省漢中市洋県）でトキ七羽（うち幼鳥三羽）が発見された。

一九九八年、江沢民国家主席が中国の国家元首として初めて日本を訪れ

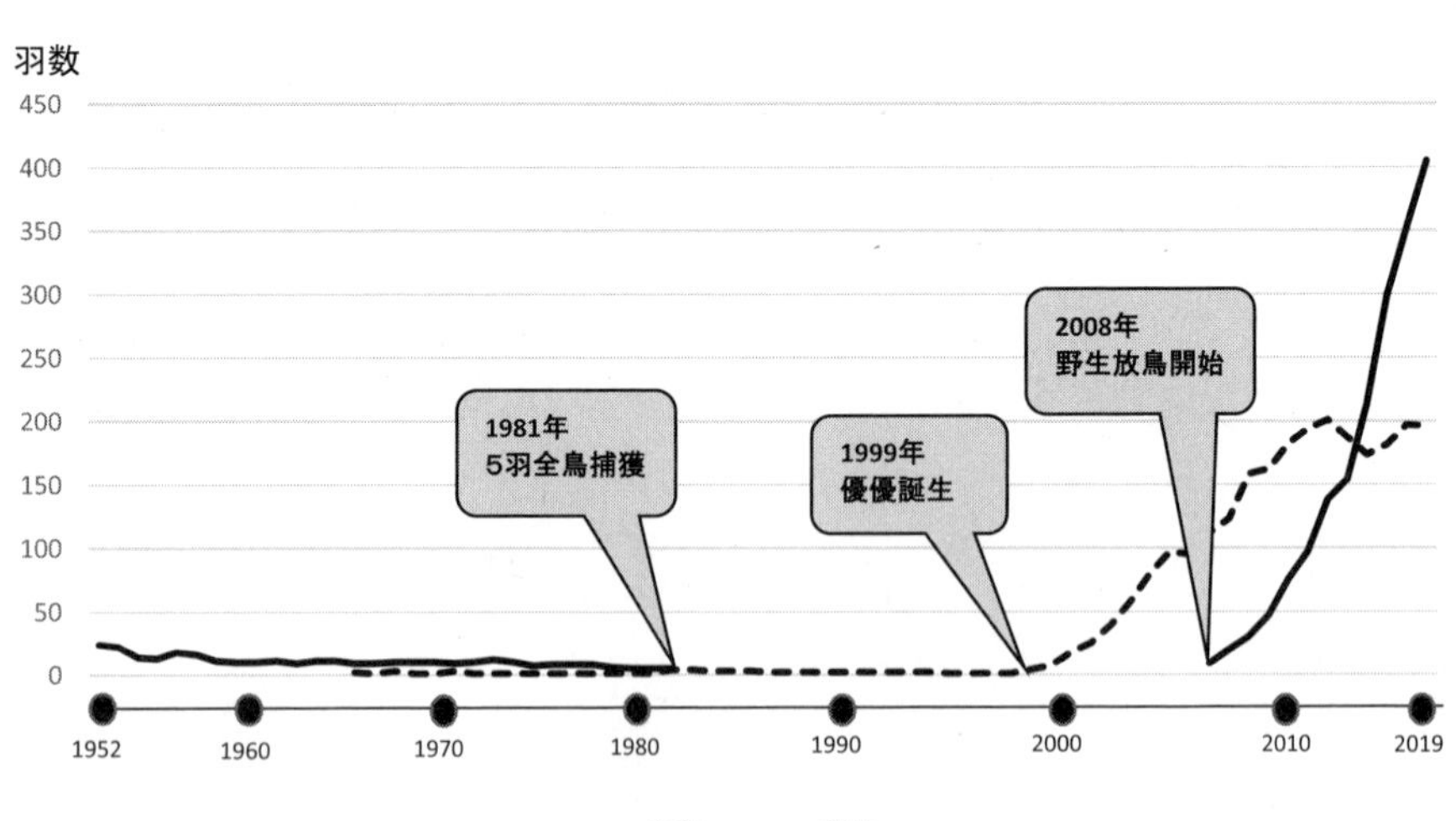

図 2　日本におけるトキ総数の推移（概数）
環境省資料より作成.

た際に、日本にトキ二羽の贈呈の申し出がされ、一九九九年一月、佐渡トキ保護センターに一つがいのトキが到着した。同年の繁殖期に一羽誕生し、「優優」と名づけられた。その後、中国と日本の歴代の首脳の相互訪問の際に、首脳会談、共同声明などにおいてトキに関する事項が盛り込まれ、日中友好の証となった。

現在、トキの飼育繁殖などの事業地は中国、日本、韓国で展開され、飼育、野生を合わせて、世界で約四〇〇〇羽のトキが生息しており、日本でのトキの数は、図2のように、飼育と野生を合わせると現在六〇〇羽を超えるまでになっている。

トキ野生復帰のための地域資源の利活用

（1）トキを軸にした島づくり

一九九九年に「優優」が誕生すると、トキ野生復帰へ向けた機運が高まり、二〇〇〇年から三年間の事業で環境庁「共生と循環の地域社会づくりモデル事業」が始まった。環境庁のこの事業では、「トキの生態」「農業」「地域社会づくり」の三部会が構成され、筆者は環境庁外郭団体の(財)水と緑の惑星保全機構「里地ネットワーク」のメンバーとして地域社会づくりの部会に参加することにした。筆者は二〇〇一年から里地ネットワークの駐在員として、一九八一年の全鳥捕獲以前のトキ生息地であった月布施（つきふせ）集落に居住し、トキ野生復帰の活動を開始した（図3）。その翌年には、新潟県の「トキを軸にした島づくり」

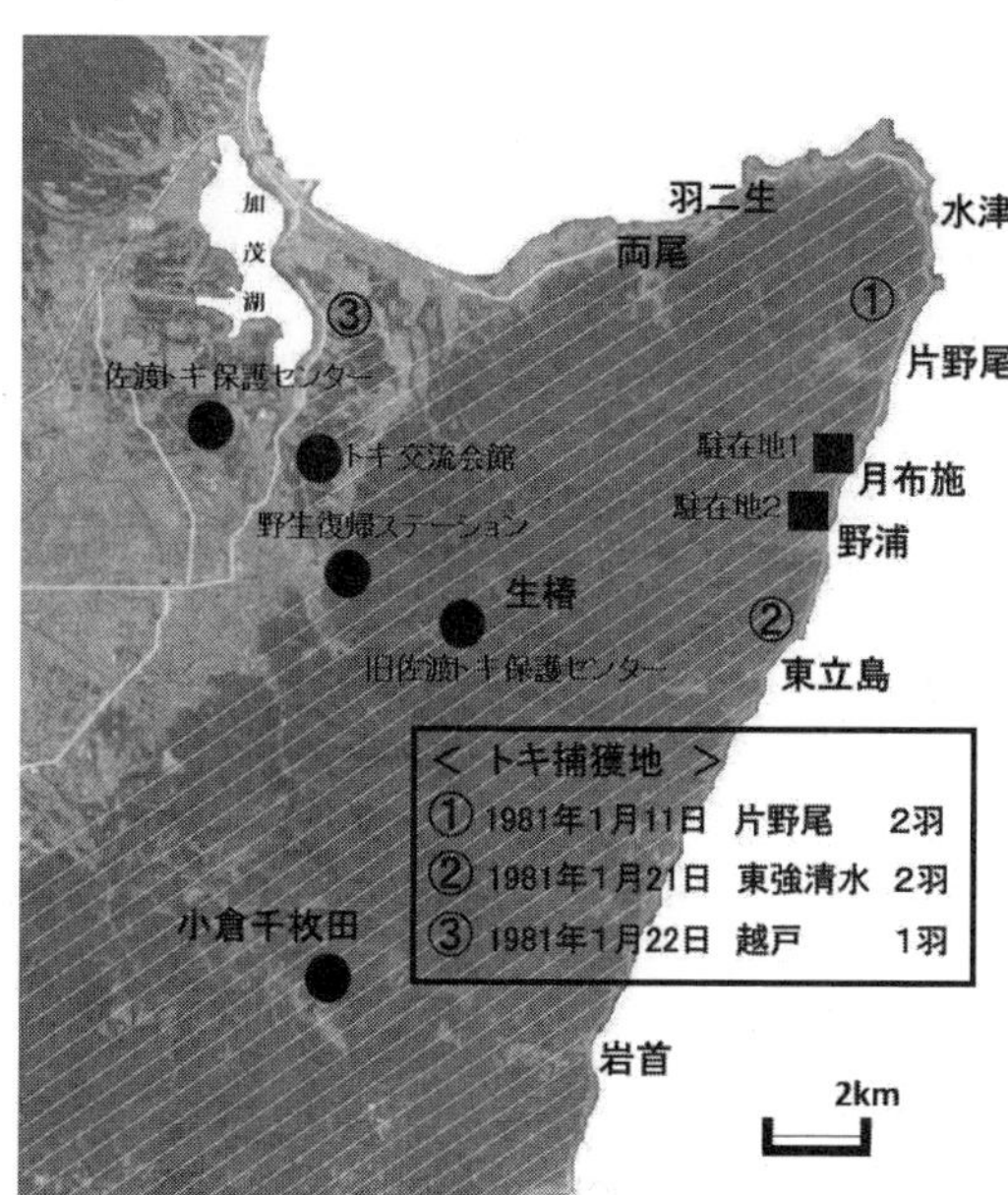

図3　トキ保護にかかわる小佐渡東部地区
解説斜線部は山地.

が三か年事業として始まり、①農業、②林業、③水辺、④環境教育の四つのワーキンググループが立ち上がり、官民の有識者が集い、それぞれの立場での事業化の模索に取り組んだ。筆者はすべてのワーキンググループに属して、佐渡島でのトキにかかわる活動を本格的に開始することになった。

二〇〇一年に月布施集落に駐在を開始した折、「区費（集落の税金）」を支払いたい旨を住民に伝えたら、住民からは「義務を果たしてもらうと権利を与えねばならないことになるので不要である」と言われた。その後転居して二番目の駐在地の野浦の集落でも同様であった。佐渡島のそれぞれの集落の運営にあたっては、「権利」と「義務」(1)の考え方で動いており、その行使についてその都度記録にとどめている集落もある。義務を果たすと、集落が共有する資源や価値の利用ができる他、労働力提供の折には日当という形でプラスのインセンティブが支払われる。あるいは、労働力を提供しないと「出落ち」ということで、日当相当のお金の拠出というマイナスのインセンティブが与えられるという仕組みである。

筆者は区費を支払っていないので居住集落や活動地の集落の「義務」を追っていないのだが、道普請、江普請、浜掃除などにも自発的に参加してきた。普請は地域住民による協働活動により、生活環境を良好に保全していく作業で、江普請は山から水田に水を引くための用水路の「江」(2)の泥上げや補修作業である。道普請は、農道や林道の補修や草刈り作業などである。

集落によっては義務活動では日当の他に、作業後の宴会などが行われる。筆者はそれにも参加し、住民とのコミュニケーションを積極的に図ってきた。集落内の環境整備活動に参加しても「区費」を支払っていない筆者には、当然、日当は支払われない。その代わり、筆者の活動は記録されており、筆者が主導する環境整備活動では、集落有志の方々がビオトープ作業や交流事業などに積極的に参加され、多大な協力をしていただいた。日常の挨拶をはじめとした何気ない行動や心遣いも住民との意思疎通を図るのに役立ち、「ヨソ者」が携わっ

(1)「権利」は入会権、漁業権の他に、農道の通行、農業用水の利用など集落の方々が代々維持・管理してきた共有価値の利用である。一方、「義務」はその共有価値を維持・管理するための、住民の資金拠出、労働力の提供である。その他、集落運営や行事などさまざまなことに「権利」「義務」などの取り決め、慣習があったりする。

(2) 山地からの湧水は水温が低いので、直接、棚田の水口に導水するとイネが低温障害をおこす。そのため、水口に導水する前に田の周囲に用水路をめぐらして水温を高めてから田に引水する。地方によっては「ぬるめ」とよぶ。タニシやサワガニ、ドジョウなどが棲み、トキの格好のえさ場にもなった。

ているＮＰＯ活動に対する住民の理解が次第に得られるようになった。

さらに「権利」と「義務」の関係だけでなく、集落内の人間関係の把握も事業遂行に多大な影響を及ぼすことがあることもわかった。

トキの生息場所として松枯れが激しい共有林三ヘクタールの松枯れ伐倒処理の際に、森林組合に作業委託する費用を筆者の所属するＮＰＯで捻出することにした。ＮＰＯが協働している集落のトキ活動グループ・リーダーと、集落共有林代表との人間関係が良好ではないことを事前に承知していたので、筆者がかかわっていないことにした方が良いと判断した。その結果、作業委託する森林組合の幹部から伐倒許可のお願いをしてもらうと、喜んで同意してくれた。しかし、作業初日に筆者の姿を現場で発見されると、すぐに区長さんを介して作業許可ができない旨が伝えられた。後日、集落で協議を行っていただくよう筆者から直接話をすると、集落にとって良いことであり集落共有林代表の矛盾も明らかになり、結果的に共有林の松枯れ伐倒作業は実施されることになった。

集落の秩序、人間関係をも考慮しながら、さらには現場の条件・状況を見極めたうえで、科学的知見に基づいた里山環境整備が行われなければならないことを現場から学んできた。

（２）地元学による地域資源探し

「共生と循環の地域社会づくりモデル事業」「トキを軸にした島づくり」が始まった当初、餌場づくりに携わった方々、餌場にドジョウを運んだ方々、集落のトキ監視員の方々などから、野生下にトキが生息していたころの状況を、詳細に聞き取り調査することができた。「佐渡のトキ博士」と言われた佐藤春雄は、第二次世界大戦復員後、県立両津高校の商業科の「簿記」などの教師をしながら、トキの研究、保護活動、啓発活動を続けてきた（佐藤一九七八）。長年の詳細なトキ観察からトキの生態、集落ごとの生息場所の記録などをもとに、筆者らに熱い思いで語っていただいたことは、その後の官民によるトキ保護や野生復帰の活動に大きな影響を与えた。そうした方々の話を聞く会、旧・佐渡トキ保護センター、生椿（はえつばき）集落、かつての餌場を訪ねる会を、集落の方々、新潟県の「トキを軸とした島づくり」ワーキンググループの方々と訪ね、それぞれの立場から車座トーク、そしてシンポジウムなどを何度となく開催してきた。地理学を専攻し、農村でのフィールドワークによる聞き取り調査をして論文を書いてきた学生時代の筆者の経験が、さまざまな形で活きることになった（中島 一九八八）。

民俗学者の宮本常一は佐渡に五〇回以上通い、さまざまな民俗文化、特産品にした「おけさ柿(3)」、太鼓芸能集団「鼓童（こどう）」の前身の団体の設立など、亡くなられて四〇年ほどになるが、研究者として佐渡では現在でも評価が高く、多くの市民から未だに敬愛され続けている。とくに、「佐渡国小木（おぎ）民俗博物館」については、「生活道具には先人たちの知恵や努力、先人たちが歩いてきた足跡を見つけることができる」と宮本は考え、住民たちに「捨てられていく生活道具を集め、廃校舎を利用して民俗博物館を作ろう」と提案した。それが実現し、地域住民から寄せられた民具などで構成されている。

熊本県の水俣で考案された「地元学」(4)の手法で、筆者らが佐渡の各地域での取り組みを説明するにあたっても、「宮本先生のようなことをするね」と簡単に理解を得られることが多かったことも幸いした。地元学とは、「地元に学び、地元が学ぶ」ことであり、地元住民と他地域の住民、NPO、行政担当者、研究者など地域外の人々である「ヨソ者」や世代の異なる者同士が一緒に地域をみつめ再考する活動である（中島 二〇〇九）。

二万五千分の一の地形図、土地利用図や水系図を作成し、水系の範囲を把握した。五～八名くらいのグループに分け、五〇〇〇分の一国土基本図、カメラ、色鉛筆、虫鳥網、タモ網、虫かごなどを持

（3）「佐渡おけさ」で有名な佐渡の羽茂（はもち）地区で昭和の初期頃から栽培されている庄内柿（平核無・ひらたねなし、刀根早生・とねわせ）の改良品種の商品名。渋柿のため、炭酸ガスやアルコールで脱渋して出荷され、種無しで甘く柔らかい食感が人気の特産品になっている。佐渡島は、市川健夫が「青潮」と呼称することを提唱した対馬海流が周囲を流れ、比較的温暖で温和な気候で雪も少なく柿栽培に適していたことや（市川 一九九七）、柿の収穫は、米の収穫後の作業になるため、労働力の競合が避けられ栽培農家に歓迎された。

（4）地元学とは熊本県水俣市の吉本哲郎氏が考案したもので、多くの学者が水俣病を調査しに水俣に来訪されたが、水俣の市民は何も知ろうとしなかったという反省のもと、「地元のことを地元の人たちが、自らの足と目と耳で調べる」地元学を着想。外部の資本や補助金に頼る「ないものねだり」の開発ではなく、地域に生きる人々自身が「あるもの探し」を行い、日々の生活文化を創る主体となっていこうという運動（中島 二〇〇九）。

ち水の流れをたどる。その間、形ある気になったもの、捕獲・採集したものを写真撮影する。水をたどる探査（探検）に続いては土蔵などに入り、生活道具、農具、漁具などを一点ずつ撮影する。その後、公民館に集い、撮影したものを印刷し、記録用紙に写真を一枚ずつ貼りつけ、その写真について知っていることを地域住民の方に話してもらい書き取っていく。人によって認識の仕方、使い方が異なることが多いので複数の方に聞くことで、見えてくることが増えていく。地域のもっている力、人のもっている力を引き出し、あるものを新しく組み合わせ、ものづくり、生活づくり、地域づくりに役立てていく。結果として、それぞれの風土と暮らしの成り立ちの物語という個性がみえてくる（中島 二〇〇九）。

こうした活動が徐々に軌道に乗ってくると、トキ最後の生息地の佐渡の棚田地域は、森と里と海と川が地域内でリンケージしており、地域内循環や自然との共生、地産地消している度合いが高いことなどがみえてきた。さらには、高齢化、人口減少などで棚田放棄、放置林などが増えている現状も確実に把握することが可能になった。

先人の熱意や努力を聞きそれらを共有し、それぞれの立場の事業、取り組みにどのように活かしていったらいいのかを、ＮＰＯに属する筆者は真剣に考えた。加えて、トキの餌場となる水田、沢、川、稲作圃場、森林での再生の取り組みについて、単なる思い付きのイベントや、一回限りのボランティア活動で終わらせずに、それぞれの専門家や学識研究者も招いて学術的な見地からも、トキの保護活動がどうしたら持続的になるのか検討を加えた。

トキ野生復帰と里山環境整備への多様な主体との協働

（１）多様な主体による地域再生

トキ野生復帰を念頭にした餌場づくりは、かつてのトキ保護の象徴である生椿、清水平にあった旧・佐渡トキ保護センターから始まった。標高三〇〇〜四〇〇メートルの山間の生椿は、高野高治、毅の親子二代にわたり、トキ野生復帰を信じて餌場を維持してきた場所である。耕作放棄された棚田を島内外からボランティアを募り復田作業を行った。生椿は企業ＣＳＲ、テレビ局事業、高校授業、新潟県モデルビオトープ造成が展開し、「佐渡のビオトープづくりの聖地」ともいうべき地となっている。しかし、作業箇所は稲作圃場も含めると三ヘクタール以上にもなり、維持管理の労力不足が現在の課題となっている。

旧・佐渡トキ保護センターも山中にあり、かつて飼育トキの餌確保のための圃場も放棄され荒れていた。佐渡トキ保護センターの職員の呼びかけで放棄田の復田、ビオトープ化の取り組みが始まり、佐藤春雄らトキ野生復帰に夢を描いていた島内の方々もボランティアとして参加した。その後、この活動地を維持するためにＮＰＯ法人「トキどき応援団」が立ち上がり、企業ＣＳＲなども受け入れ維持管理されており、筆者も協働している。

これらの取り組みに触発され、トキ最後の生息地を自負する片野尾集落においても、こうした取り組みが行われてきた。トキ野生復帰の夢と同時に、農民にとって荒れている圃場は先祖に申し訳ないという感情が強い。また、放棄された棚田は地すべりの危険をはらんでいて、崩れると土砂が集落に襲い掛かるという危険性の認識も強かった。こうした思いが後押しとなり、耕作放棄された棚田の復田作業が緒についた。棚田を復元しビオトープにするためには、まず、山からの冷たい水を温める用水路の「江（え）」を復元する必要があるとして、江の復元作業を開始した。復元場所の選定は、佐藤春雄や先人たちの話から、かつてのトキ生息場所、導水の便が良好な場所、活動圃場および周辺圃場の所有者との人間関係、取り付け道路事情などを考慮しなければならない。

耕作放棄された棚田の復元にあたっては、筆者は活用できる各種の行政メニューを検討し、事業として予算計上などの検討依頼を行った。復元した棚田には、研究者、とくに生きもの系の研究者、植物系の研究者などがモニタリングする圃場も数カ所設置された。里山の再生事業や、里山で行われるエコツーリズムなどが持続的であるかどうかを見極めるには、継続的で科学的なモニタリングが不可欠である（犬井二〇一七）。

活動にあたっては、集落の活動組織設立の手伝いなどを筆者らのＮＰＯ、佐渡在住の研究者などに助力をお願いした。活動資金については、ＮＰＯとの協働ということで、ＮＰＯ所属の筆者が申請者となり、民間助成金を獲得するなどして環境整備活動の協働を始めた。活動の人員については、地域活動団体が集落内で参加者を集めるとともに島内外からさまざまな立場のボランティアを集めて、必要な器具や道具類を用意した。

いくつかの集落単位の活動地が広がりをみせていくなか、中山間地直接支払制度(5)の一期目が終わり、二期目に入るにあたっては一律二割カットという国の方針の大きな変更があって当惑した。協働している大きな集落になると、年間一〇〇万円ほどの減額となってしまう恐れがあった。減額されないメニューがいくつか示され、そのひとつに「農業の多面的機能創出」のためにＮＰＯ法人などと交流協定を結び、集落外からのボランティアとの協働の作業が展開されれば、従来通りの満額交付が受けられるということになったので、急遽対応した。

島外のＮＰＯ、テレビ局、大学などとの協働でトキ野生復帰へ向けた放棄された棚田の復田に取り組んでいた時期と重なり、「ＮＰＯ法人トキの島」と片野尾（かたのお）、月布施、野浦、岩首（いわくび）の四集落（前掲図３参照）と交流協定を締結した。交流事業としてＮＰＯ、集落中山間地直接支払組織、ボランティアとして活動参加の各組織の協働が展開されていき、二期目の五年間で総額二〇〇〇万円の減額阻止に貢献できた。

耕作放棄された棚田の復元の成果は高く評価され、新潟県では「モデルビオトープ造成事業」として着手された。筆者はその事業地について紹介・調整を求められ、片野尾、羽二生（はにう）、月布施、東立島（ひがしたつしま）、両尾（もろお）、生椿（図３）で次々に事業が展開されていき、造成されたビオトープの維持管理をする集落組織の設立も行った。

月布施集落最上部の放棄棚田の復元をしたビオトープでは、未整備の共有林の松林、落葉広葉樹林が一〇ヘクタール以上隣接している。松林は三〇年以上前に集落住民総出で植樹したものである。その後、管理もされずに

（５）中山間地直接支払制度は、中山間地域など自然的・経済的・社会的条件など農業生産条件の不利を補正する二〇〇〇年度から一期五年で始まった制度。農家が集落協定などを結び、耕作放棄の発生を防止し多面的機能を確保することを目指している。

いて、さらに松枯れの被害に襲われ、立ち枯れた木が多数あった。また、落葉広葉樹林も薪炭利用されなくなってから、三〇年以上経過していて密植状態で枝の張り出しが悪い状態となっていて、トキがねぐらや営巣木として利用するには不適当な状況となっていた。そのため、筆者は鳥類の専門家やトキの観察を継続してきた方々の意見を聞き、中国洋県に実際に行って営巣状況、ねぐらの状況などを視察してきた結果を考慮し、中国トキ視察に同行した森林生態学者らとともにトキ野生復帰に向けての森林管理の検討を重ねた。松枯れしたものはすべて伐倒するとともに、落葉広葉樹林については森林生態学者に植生と枝ぶりから、残すべき木の選別を依頼した。森林組合委託作業によって間伐作業を行い、集落最上部に点在していた放棄されていた棚田を復田したビオトープ群をつなぐ森林の整備へとつながっていった。

その後、地球温暖化対策の森林管理関連の交付金をも利用して、松枯れ伐倒処理が行われ、合計八ヘクタールほどの松枯れ対策の伐倒が実施された。この成果を利用して、その後もこの区域の森林整備は何度か交付金を活用して実施された。しかし、管理された林は、この集落だけでも全体の一割にも満たないので、今後も定期的な管理が必要である。

小佐渡東部地区の先端部に位置する漁村の水津（すいづ）集落（図3参照）では、周辺の山間地の集落の取り組みについて、当初はあまり関心を示さなかった。しかし二〇〇八年九月の最初のトキ野生放鳥から数年後に集落の小中学校校舎周辺にトキが出現するようになってからは変化がみられた。「時化（しけ）で漁に出れないからビオトープでもつくるか」と、漁師仲間であっという間に放棄田を数カ所計五〇アールも復田し、ビオトープとしてしまった。その後もトキが飛来し滞在していたので、集落で活動グループを組織し、継続的に活動を展開するように変化した。

（2）児童・生徒の生き物調べ

一九七〇年代後半になると、全国的な取り組みとして農家が農薬、化学肥料を減らし、その効果を検証する手法として、「虫見板(6)」を使った「生きものしらべ」が実施されてきた。この手法をヒントに、「環境や農法の変化により、トキの餌生物がどのように多様化し、増加しているのか」に目を向けさせるためのワークシートを作成し、島内の小学校・中学校・高等学校に配布し、トキ学習も行われた（写真2）。とくに行谷（ぎょうや）小学校は、一九六〇年代中頃に保護したトキを飼育していたことがあり、小学校区内には野生復帰ステーション、佐渡トキ保護センターなどもあり、「水辺の生きものしらべ」学習に積極的に取り組んできたことから、「トキの小学校」と呼ばれるまでになった。

行谷小学校の「水辺の生きものしらべ」では、トキ関連の行政関係者、研究者、NPO、農協、行谷小OBなど毎回一五名ほどが講師として参加し、学校区四地区に分かれて実施している。六月下旬の午後が活動日となっているが、児童も講師も、ビオトープで泥だらけになり、川でびしょ濡れになりながらも、楽しんで水辺の生きものの多様性を実感している(写真3)。この活動については、講師として参加した各団体や組織がそれぞれの立場での教育活動、普及活動として活用している。行谷小学校のトキ関連の取り組みは全国的にも高く評価されており、これまでにさまざまな表彰を受けている。行谷小学校でも、「日本一のトキの学校」をめざして、「水辺の生きものしらべ」などの結果を、校内

(6) 虫見板とは、田にいる「虫（生きもの）」を見るための板（プラスチック製の下敷きのようなもの）。一九七八年に福岡県の農民が考案したもので、その後、農業改良普及員だった宇根豊氏を中心に全国的に広まった。田に入り、イネの株元に「虫見板」を添えて、葉を軽く揺すって、そこに落ちてきた虫をのぞき込む。ウンカなどの「害虫」、それを食べる「土着天敵」、そして害を与えない「ただの虫」など、どんな虫がいるのかがわかる。そして害虫の発生状況から、田一枚ごとの「防除適期」が推測でき、むやみに防除することもなくなる。こうして多くの農家が農薬の撒布回数を減らすことに成功、イネの減農薬運動の盛り上がりを大きく支えた。

写真2　筆者によるトキ学習授業
2010年4月撮影.

の児童だけでなく保護者、市民、行政へと情報発信を積極的に行っている。

次代を担う児童・生徒の「水辺の生きものしらべ」は、単にトキの保護にとどまらず、農業が農薬や化学肥料の使い方の見直しをすることや、環境に配慮した米作りへと展開し、ひいてはトキと共生する生物多様性豊かな里山環境づくりへと確実に発展してきている（中島 二〇一七）。

（3）共生へ向けた新たな水田稲作

トキ野生復帰を念頭にした事業が始まる前から、意識の高い農家によりさまざまな農薬・化学肥料の利用を考える減農薬、減化学肥料の取り組みが少なからず行われていた（大竹 二〇〇九）。新潟県の生物多様性創出の圃場整備モデル地域もあり、以後、トキ関連の事業も次々に展開している。行政の取り組みとしては、佐渡市では「朱鷺と暮らす郷認証米制度」に取り組み始めた当初から、毎年六月と八月に全島一斉生きものしらべの日を定め、普及啓発を図っていて、「朱鷺と暮らす郷認証米」、「佐渡市ビオトープ助成金」の交付の要件としている。

トキ野生復帰を念頭にした事業が始まると、不耕起栽培、「くず大豆・米ぬかペレット農法」なども試行錯誤で展開していった。くず大豆・米ぬかペレット農法に取り組んだ農家のなかには、撒布したくず大豆や米ぬかペレットが圃場内で発酵し異臭を放ったケースもあり、「うちの米は棚田のかけ流しでうまいと評判なのに、こんな腐った水では米がまずくなる」と農家が抵抗したというトラブルも発生した。かつ、雑草の抑草効果も想定したよりも成績が悪く、また、トキの餌生物の増加につながるのか疑問を抱くこと

写真3　水辺の生きものしらべ
2017年6月撮影.

もあり一年で慣行栽培に戻ってしまった農家もみられた。また、液体マルチ、紙マルチなど光を遮り光合成をさせないで雑草を抑草する取り組みも行われたが、資材が高価なのと、「トキの餌生物の増加につながらない」「トキの採餌の妨げになる」と評価され、これも一年で取り止めとなった。トキの餌生物の増加をしつつ、抑草できる手法はなかなかみつからず、水田はコナギ、ヒエなど水田雑草が圃場内に繁茂し、何度も手で除草、あるいは、除草機を押すなど人手に頼る旧来の稲作経営に回帰してしまった。

一俵（玄米六〇キログラム）一〇万円で購入するという農法を展開している企業と協働し、除草の人件費も捻出できそうだと取り組んだものの、その業者が扱っている高額な農業資材を購入しなければならないのと、一定の大きさの規格の米粒を求められ、雑草との戦いで粒が小さく、かつ、収量も少ないために歩留まりが悪く、収支計算をすると農協に納めた方がまだ損失が少ないと後悔した農家もいる。また、「通年湛水は圃場が柔らかくなり農業機械が埋まってしまう」「畔塗り作業で機械が使えない」など圃場のメンテナンス作業にも影響を与えることになってしまった。二〇〇八年からＪＡ佐渡は、佐渡地域慣行基準より「化学合成農薬五割減・化学肥料五割減」とした栽培に切り替えた。また、佐渡市がこの栽培基準に加え、「江（え）」の設置、冬に湛水する評価基準などで「朱鷺と暮らす郷認証米制度」に取り組み始めたことで、トキと共生する稲作基準が定められ、佐渡の米のトキ・ブランド化の方向が定められた。

しかし、棚田地域においては、ＪＡ佐渡の施肥基準などには対応できているが、認証米を作る水田によっては、圃場的に認証米の要件を満たすのが難しい場合もあるので、棚田地域全体での保全という考えのもと、生協、幼稚園、アウトドア関連企業などとの産直交流としての取り組みが展開している。一部先鋭的な農家においては、さらに厳しい環境保全型農法を追求し、現在では無農薬・無施肥（化学肥料だけでなく、有機資材の不使用）の農法に取り組んでいる。

その他、中国でのトキ再発見を受け、官民さまざまな立場の組織・団体が中国の「トキの郷」を訪ねている。NPO法人トキの島では、二〇〇四年から展開し二〇一九年九月現在、一八回訪中（延べ八〇名ほど）、五回招へい（四〇名ほど）するなどの交流を行っている。トキと人がどのように共生しているのかを、地域住民、研究者、ボランティア、森林組合幹部、行政職員、コンサルタント企業、小学生、テレビ局、新聞記者、写真家、高校教師、高校生など多様な活動主体が参加した。

二〇一八年一〇月、佐渡でのトキ野生放鳥一〇周年のタイミングで、「トキの郷」の中国洋県をはじめ、陝西省内でトキ・ブランドを活用した事業を展開している経済人など一五人を招き、環境保全活動に意識の高い生協や農協、自然学校などを視察した。その結果、トキに関するさまざまな活動が、「生きものを育む農法」により栽培された「朱鷺と暮らす郷づくり認証米」「トキを育むお米」などとして販売するソーシャルビジネスを生みだすなど、社会経済的効果をも増大させることに繋がっていることが参加者に実感された。近年では国際的にも持続可能な開発目標（ＳＤＧｓ[(7)]）が示され、社会経済のあらゆる面においての環境的な配慮が、持続的に行われているかどうか、また、時代の変化により多様な主体の連携によりダイナミックな環境保全が行われているかどうかが、問われるようになっている。

（7）持続可能な開発目標（英語で **Sustainable Development Goals**：略称ＳＤＧｓ：エスディージーズ）とは、二〇一五年九月の国連サミットで採択された「持続可能な開発のための二〇三〇アジェンダ」に記載された二〇一六〜二〇三〇年までの国際目標。持続可能な開発のための一七のグローバル目標と一六九のターゲット（達成基準）からなる、国連の開発目標。

専門性を有した佐渡の里山再生支援

（1）世界農業遺産の認定：「トキと共生する佐渡の里山」

国際連合食糧農業機関（ＦＡＯ）は、発展途上国の人々を食料不足による飢餓から救うことを最大の目標にしており、品種改良や生産基盤である可耕地の拡大を進めて食料の増産を図り、人口増加に見合う食料の供給を進める活動を行ってきた。その象徴的な活動が「緑の革命」である。しかし、従来の取り組みについて一定の評価がなされる一方で、地域の暮らしや生活文化、生物多様性の維持といった価値観と必ずしも調和的ではないという疑問も提起されてきた。そうした模索の結果、FAOのオルタナティブなアプローチ「プランB」として生み出されたのが、GIAHS（世界農業遺産）[8]である（武内 二〇一三）。

GIAHSの活動は、FAOの「土地・水資源部」が中心となってGEF（地球環境ファシリテイ）の資金援助を受けて、地域農業の維持や活性化に用いることができる。しかし、GIAHSはそもそも発展途上国の地域を想定しているものであるから、日本のような先進国のサイトでは認定を受けてもGEFからの資金援助は一切ない。その代わりに国や県での事業で積極的に取り上げられる可能性が高まり、作物のブランド力の向上や国内外での知名度が上がることが期待できる。しかし、なによりも重要なのは認定を受けることができれば、地域の農家や住民たちに価値観の転換がもたらされることである（犬井 二〇一四）。

二〇一一年に、能登と共に日本で初めてとなるユネスコのGIAHS（世界農業遺産）に佐渡が認定された。認定理由は以下の三点である。

（1）農業生産システムに「朱鷺と暮らす郷づくり認証制度」を導入し、消費者と連携しながら島全体へ拡げていること。
（2）生物多様性保全型農業と農業経済が連携し、持続的な環境保全体制を構築していること。
（3）佐渡金山が風景と文化に大きな影響を与え、生物多様性と農業生産を育むことによって、農村コミュニティを保全してきたこと。

（8）世界農業遺産は、FAOが二〇〇二年に開始した仕組みで、正式な英語名称は Globally Important Agricultural Heritage Systems で、略称がGIAHS（ジアス）である。手つかずのもの、古いものを最上とするユネスコ世界遺産と比べてGIAHSでいう遺産とは、代々引き継がれてきた知恵の遺産に、より重きを置いている。それは時代の変化や環境の変化によって漸移していくものであり、より良い方向への変化を可能にする伝統的な知恵の蓄積が「遺産」であるという考え方である。世界的に経済性、効率性を重視した近代化農業システムが進むなかで、農村地域に伝わる伝統的農業の食糧生産だけではない、自然・風景・農村文化など多面的機能を国際的に評価する仕組みである（中島 二〇一七）。

江戸時代の金銀山開発により人口増加をした佐渡では、食糧確保のために山林を切り拓いて棚田をはじめとする里山環境を整えて農村文化を構築し、その里山環境が維持されていくなか、日本におけるトキの最後の生息地としてなり得た。そしてトキ野生復帰に際しては、その里山環境の活性化を図るべくＧＩＡＨＳ認定による新たな手法を用いて取り組みを展開している（中島 二〇一七）。ＧＩＡＨＳの「トキと共生する佐渡の里山」の認定を受けて、その象徴として佐渡の棚田を位置づけ佐渡棚田協議会を設立した。そして、トキの保護とともに棚田地域の米の販促、企業ＣＳＲの促進などにもつながっている（中島 二〇一七）。

（2） 地域に寄り添ったトキ活動の実践

トキ野生復帰を念頭にした各種事業が開始され、最後の生息地である小佐渡東部の海岸沿いの棚田地域の里山が事業開始地となった。全国的なネットワークのＮＰＯ、企業・団体、大学など多様な活動主体がそれぞれの使命の実現、里山環境・文化の保全で経済活動との連携で、地域活性化を目指して交流事業を展開してきている。

ＮＰＯ法人「棚田ネットワーク」は、トキの餌場とするべく棚田再生ビオトープに作業応援・交流、棚田資源の魅力の見つけ方・作り方、棚田オーナー制度など日本全国で取り組まれている事例などを紹介した。そして、棚田資源の活用など情報提供の他、先進地への視察や先進地や行政のキーマンを、佐渡の棚田地域へ紹介するなど「トキと共生する佐渡の里山」の象徴である佐渡の棚田地域の活性化支援に取り組んでいる（中島 二〇一七）。

ＮＰＯ法人「樹恩ネットワーク」は、森林保全を中心に都市と農山漁村の交流事業を全国的に展開している。新潟テレビ二一（テレビ朝日系列新潟ローカル）では、環境問題の社会貢献でスポンサー企業と協働する「チームＥＣＯ」事業を展開し、その取り組みのプログラムのひとつとして、「ときプロジェクト」が展開された。テレビ局がボランティアを集め、ＮＰＯ法人トキの島が集落の活動団体と協働している五つの活動地でプログラムを実施した。その活動の内容をテレビ番組として定期的に放送してきた。最盛期には年間一五回ほどの活動日に、延べ七〇〇名が参加した。

パルシステム生協連合会は「産直交流」を謳い文句に、首都圏を中心に一〇会員生協、組合員数一五〇万人の組織で、二〇〇八年からトキ野生復帰へ向けた取り組みが展開している棚田地域で、栽培されている米を「トキを育むお米」として販売してきた。棚田地域の営みを守る取り組みとして、野浦集落の「文弥人形東京公演」を当初から開催し、産直交流を展開。現在、「トキを育むお米」は棚田地域四八ヘクタールで栽培されるまでになった。筆者の所属するＮＰＯ法人トキの島の設立目的は、当初、小倉(おぐら)千枚田の復元であり、数年間はほぼすべてが放棄棚田であった千枚田の草刈りを続けた。その後、新潟県と佐渡市が大々的に復元に助力した。今や、トキの島「小倉千枚田農園」としてオーナー制度を展開している（写真４）。

また、佐渡市は継続的な関係構築をため、包括連携協定を結んで大学との調査研究、教育活動の協働を行っている。また、トキ野生復帰を念頭にした事業が始まった当初から、地域住民やＮＰＯなどと旧・佐渡トキ保護センター近隣の放棄棚田の再生に取り組んできた新潟大学では、二〇一九年度に三施設あった施設をまとめ、佐渡地域自然共生科学センターとした。従来のトキ関連の研究施設は、「里山領域／朱鷺・自然再生学研究施設」となった。筆者もこれら研究施設にかかわり、協働してきたが、地域に寄り添った活動方針は以下のようである（新潟大学二〇一九）。

写真４　小倉千枚田での棚田オーナー制度による活動
2011年5月撮影.

トキが餌場にしている里地里山における生物多様性の解明と生態系の復元手法、さらにはそれらの自然と人間が共生していくための地域社会システムの実践的研究も同時に進めています。その成果を他地域の里地里山の自然再生にも適用可能な環境科学として構築することを目指しています。また、研究から得られた知見を地域に還元し、自然再生と地域活性化を担う人材育成にも力を入れていきます。

トキ消費で共有価値の創出

トキは、かつて身近な鳥としてごく普通に親しまれていた。日本人はその淡紅色の羽根の色があまりにも美しかったために、「鴇色」と名づけて日本の伝統色にした。日本産のトキが絶滅してから、多くの人々の努力によって今、人々は再び美しい鴇色が青空を染めあげるのを仰ぎ見ることができるまでになった。

同じ志向をもつ人々と一緒に、その時、その場でしか味わえない盛り上がりを共有することを楽しむ消費行動を「トキ消費」と佐渡島では言っている（トキ新体制準備委員会 二〇一一）。トキ消費は、三つの大きな特徴をもっている。一つ目は、時間や場所が限定されていて同じ体験が二度とできないという「非再現性」、二つ目が、傍観者としてコンテンツを消費するだけではなく、主体的に参加することが目的の運動体であるという「参加性」、そして三つ目が、参加した成果が目にみえてわかり、貢献していることが実感できるという「貢献性」である。

モノもコトも溢れかえっている現在の時代では、「非再現性」「参加性」「貢献性」という三つの要素を併せもった仕組みによって、今この瞬間にしか享受することのできない楽しみに価値を置く「トキ消費」が立ち上がってきている。島外の若者は交流拠点に集い価値創出・育成にかかわっている事例が多くみられるが、そこへ佐渡の若者、佐渡出身者の若者とどのように協働していくかが今後の課題である。

「佐渡の魅力さがし」「佐渡の魅力づくり」だけでなく、海外ＧＩＡＨＳサイトとの交流、中国や韓国のトキ事業地とのかかわりに、研究者や専門家だけでなく、佐渡の若者、佐渡を応援する若者たちが参加することも、より一層多くの若者を惹きつけることに繋がるのではないだろうか。若者が継続的に佐渡での活動に参加するには、費用負担が阻害要因の一つになっている。例えば、中山間地直接支払制度や農地・水・環境保全などの交付金一％をボランティアの旅費補助などに活用する、新潟県や佐渡市のトキ関連募金、佐渡市のトキ指定活用のふるさと納税などさまざまな財政的支援策が考えられよう。あるいは、ふだんの生活において精神的、経済的な何かしらのプラスのインセンティブ、例えばエコマネーなどの仕組みを構築することにより、継続的に価値創出・育成の活動に参加できるのではないだろうか。そして「トキと共生する佐渡の里山」での価値創出・育成のために協働することで、鴇色に染まった佐渡で、多くの人々が素敵な「ひとトキ」を過ごせる自分の居場所として思えるように、筆者も引き続き努力を傾注していく所存である。

参考文献

市川健夫編（一九九七）『青潮文化―日本海をめぐる新文化論』古今書院

犬井　正（二〇一五）「世界農業遺産」認定による三富地域の農業振興、星野昭吉編著『グローバル化時代における政治・法・経済・環境・言語文化』テイハン

犬井　正（二〇一七）『エコツーリズム　こころ躍る里山の旅―飯能エコツアーに学ぶ』丸善出版

大竹伸郎（二〇〇九）トキとの共生を目指す農業の取り組み、「月刊地理」五四―六

小林照幸（二〇〇二）『朱鷺の遺言』中公文庫

小学館編（二〇〇二）『週刊日本の天然記念物　動物編　トキ』小学館

武内和彦（二〇一三）『世界農業遺産―注目される日本の里地里山』祥伝社新書

中島明夫（一九八八）東京西郊におけるうど栽培の生産形態、「駒澤大学大学院地理学研究」一八
中島明夫（二〇〇九）地元学と地誌、中村和郎・高橋伸夫・谷内 達・犬井 正編『地理教育講座第Ⅲ巻　地理教育と地図・地誌』古今書院
中島明夫（二〇一七）金銀山とトキでつながる佐渡の世界農業遺産、「農業と経済」八三—八
トキ新体制準備委員会（二〇一一）『平成二二年度　人・トキやすらぎの島推進事業報告書』佐渡市
佐藤春雄（一九七八）『はばたけ朱鷺』研成社
風間辰夫（一九八〇）『新潟・鳥のことわざと方言』野島出版
渡辺富美雄・松沢秀介・原田　滋（一九七四）『新潟県における鳥追い歌—その言語地理学—』野島出版
新潟大学（二〇一九）「新潟大学季刊広報誌　ＲＩＫＫＡ」二八

第11章

日本農村の変化とまちおこし

小原 規宏

日欧の農村のとらえ方

筆者の研究フィールドの一つであるドイツには、"Unser Dorf soll schöner werden Unser Dorf hat Zukunft"（わが村は美しく―わが村には未来がある）という農村の美しさを競うコンクールがある。コンクールのドイツ語の「募集要項」を訳出すると、Dorfは以下のようにとらえられている。

農村空間は多様性と独自性に特徴があり、そこは経済空間および文化空間である。伝統的に農林業によって利用され、居住と仕事と休養の重要な場所となってきた。さらに、そこは自然と環境の重要な調整機能を備えた成長する人文景観ともなってきた。

ここで重要となるのが「自然と環境の重要な調整機能を備えた成長する人文景観」という箇所の「成長する」である。日本においても、とくに一九九〇年代から農村を多面的にとらえようとする傾向が強まってきたものの、農村を「成長する人文景観」というとらえ方は定着しておらず、また農林業の技術や生産物を対象としたコンクールは伝統的に多数あるものの、農村を「成長する人文景観」という観点から評価する全国規模のコンクールはみられない（武内 一九八七）。本章のテーマである「日本農村の変化とまちおこし」を論じるうえでの難しさがここにある。それは日本では成熟社会(1)を迎えた現在でも、農村を「成長する人文景観」どころか「衰退し続ける空間」としてとらえており、農村の自立性や公共性を評価しようという機運がなかなか高まらないからである。筆者が日本農村を舞台にフィールドワークをしていると、いまだに農村内からは「衰退していくだけの空間、若い人には（暮らしの空間として）おススメできない空間」という声を聞くし、メディアの取材を受ける際にも話の前提となるのが「なぜ日本の農村はダメな（衰退している）のですか？」という質問になってしまう。また、日本農村を一般論的に論じるとすれば、「歯止めのかからない過疎化や農林業における高齢化、グローバル化が主要因である農林業という産業の長引く停滞と技術革新の停滞、そしてそれらが複合的な要因となる農村における次世代の担い手不足と農村環境の荒廃」となるだろう。歯止めのかからない人口の少子高齢化を根本的な要因として発生している地域の衰退は、いまでは何も農村だけでなく日本中の、とくに地方といわれる多くの地域の都市にも共通する問題であるにもかかわらず、まるで農村だけが破滅的な道を歩んでいるような人々の認識がいまだに根強いのである。

　本章のテーマは「日本農村の変化とまちおこし」である。日本中で地域の衰退とその対策が叫ばれている現在、農村における取り組みをまちおこし(2)の観点から検

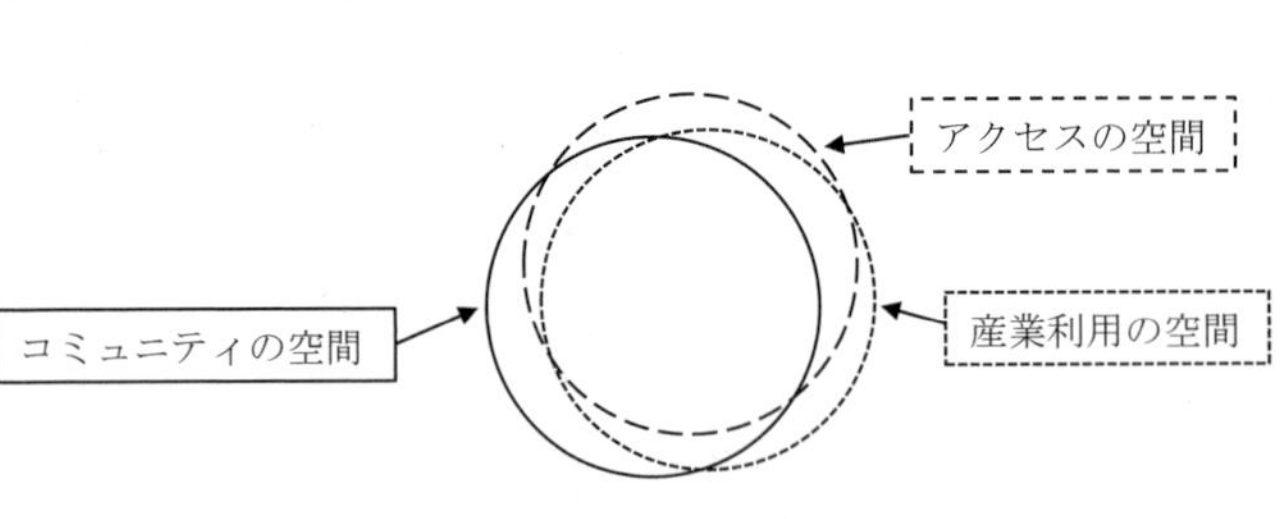

図1　日本とヨーロッパの農村空間の構造
生源寺（2011）を参考に作成.

（1）ここではガボール（一九七三）による「量的拡大のみを追求する経済成長が終息に向かうなかで精神的豊かさや生活の質の向上を重視する平和で自由な社会」とする。

（2）まちおこしはまちづくりという言葉と同じような意味で使われることが多いが、先行研究を整理するとまちづくりに比べてまちの外をより強く意識した取組みを指すことが多い（上田 二〇一三、大羽 二〇一八、隅田 二〇一八、牧瀬 二〇一八、横手 二〇一五）。

討することは意義あることである。日本農村は先に触れたドイツをはじめとする欧州の農村と同じように、「伝統的に農林業によって利用されてきたものの、同時に居住と仕事と休養の重要な場所でもあり」、つまり「自然の産業的利用の空間であるとともにアクセス可能で人々が楽しむことのできる自然空間であり、さらには非農家住民も含んだコミュニティを支える居住環境としての空間が重なり合う構造」(生源寺 二〇一一)である(図1)。本章では農村変化とまちおこしを農林業とともに、成熟社会を迎えた日本という枠組みで環境や余暇といった観点も加味して検討していきたい。

日本農村の変化

日本農村の変化は長らく食のグローバル化とそれにともなう農産物価格の低迷や日本農業の構造改革の遅れによる経営環境の悪化などを根本的な原因とする後継者・担い手不足に特徴づけられてきた。農村といっても都市的地域の農村から山間農業地域の農村まで多岐にわたるが(表1)、とりわけ農村という言葉が政策的にクローズアップされたのが一九九〇年代以降の新しい農政下においてである(日本村落研究学会編 二〇〇一、戦後日本の食料農業農村編集委員会編集 二〇〇五)。それまでも農業が有する多面的機能や農村が創り上げてきた文化的な価値や社会的な意義はたびたび指摘されてはいたが、政策としてそれらや農村コミュニティがクローズアップされたのが一九九〇年代の新農政下においてであった。戦後、長らく日本農業の根幹を成してきた米作は日本人の食生活の変化と、その変化への農政の対応の遅れによって大きく崩れた米の需給バランスによってその経営的な地位を大きく低下させた(暉峻 二〇〇三)。この対策として一九八〇年代まで

表1　農業地域類型別の人口の推移

	2000年		2010年		増減(率)	
	実数	構成比	実数	構成比		
都市的地域	9,759	76.9	10,077	78.7	318	(3.3)
平地農業地域	1,306	10.3	1,260	9.8	46	(-3.5)
中間農業地域	1,177	9.3	1,086	8.5	-91	(-7.7)
山間農業地域	451	3.6	384	3	-67	(-14.9)
計	12,693	100	12,806	100	113	(0.9)

単位：万人，%．国勢調査より作成.

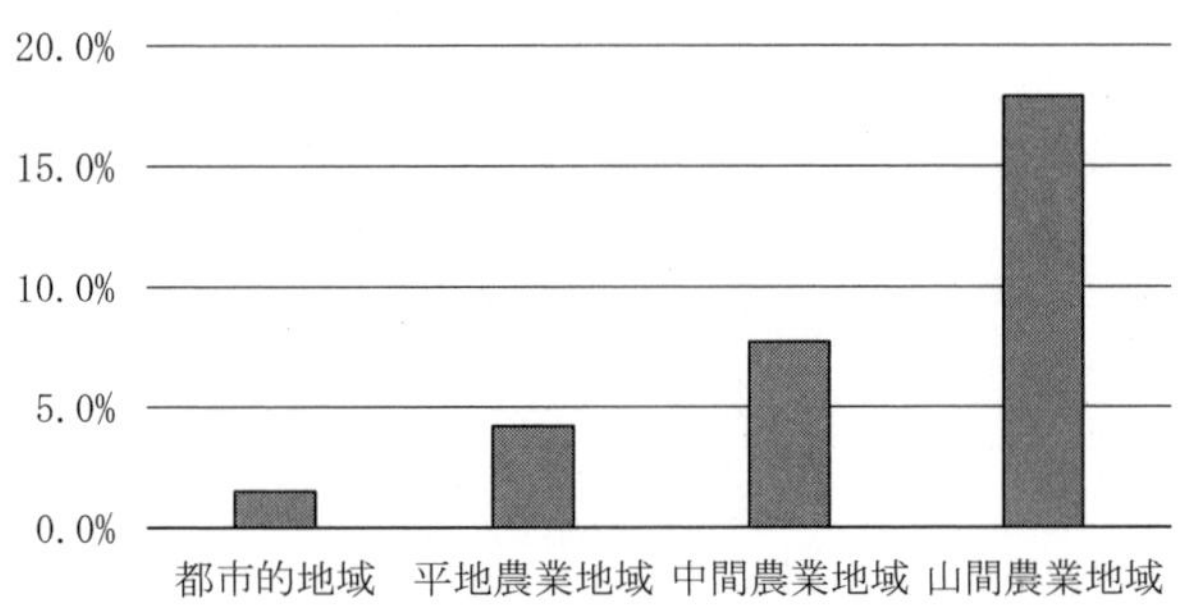

図 2　総戸数が 9 戸以下の農業集落の割合（2015 年）
農林業センサスより作成.

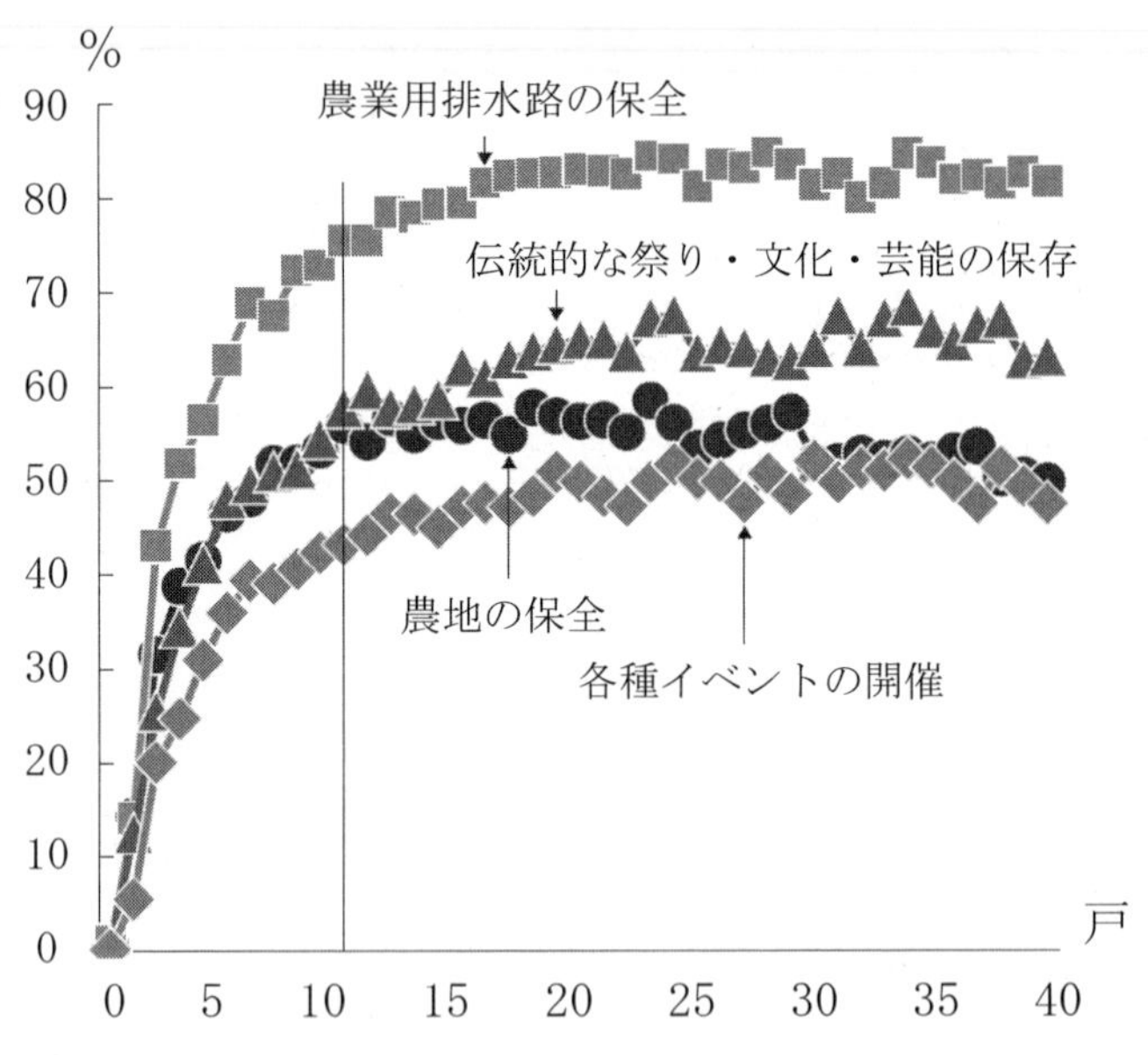

図 3　集落活動の実施率と総戸数の関係（2015 年）
農林水産省農林水産政策研究所編（2018）を加筆・修正.

は米作に代わる成長分野としての野菜部門や畜産部門の振興が熱心に取り組まれたものの、その成長も一九九〇年代初頭には頭打ちとなり、規模拡大や企業的な経営の拡大といった当時目指された農業構造改革が農業分野における後継者・担い手不足を根本的に解消するには至らなかった。

農村という言葉が農政において大きくクローズアップされた一九九〇年代には、農業や農村が有する多様な機能や価値を再評価しようという機運が高まり、環境や生態系、そして余暇をキーワードに環境保全型農業に取り組む農家や持続性という観点から兼業農家や複合経営という経営スタイルを再評価する見方、そしてとくに都市部において直売を重視した少量多品目の農業経営や農業と不動産業を組み合わせた経営の事例が数多く報告されるようになった（大竹 二〇〇三、小原 二〇〇四、菊地 二〇〇八）。

二〇〇〇年代以降になると、農村だけでなく日本の多くの地域が人口の減少局面を迎えるとともにその人口構造も他国には類をみないほどの超少子高齢化という構造なっている。高品質の農産物を生産することで海外市場を開拓することで収益をあげたり、農地を集約し企業的な経営を実現するように経営戦略の量から質への転換をより鮮明にすることで経営的な持続性を高めることに成功した農家や農村もあるが、日本の多くの農村では「限界集落」という言葉に象徴されるように農業だけではなく農村自体の存続が危ぶまれるようになり、耕作放棄地が拡大したり農村コミュニティが機能不全に陥ったりすることで農業が有してきた多面的機能が発揮できなくなったり、農村が創出し維持してきた文化的価値や社会的価値が喪失する危機に瀕している（図2、図3）。

一方で農村に向けられる外部の目を再評価しようという研究や報告が増えたのもこの時期である(3)。実際に、農村の問題を社会全体の問題としてとらえようという機運が高まり、社会全体で農村の持続性を高めようという動きは活発化しており、これは農村におけるポスト生産主義的特徴と解釈されるようになった現象で、従来の生産主義的な価値観で農村をとらえ農村開発を進めようというものからの変化である。表2が示すように、とりわけ外部との関係の再構築を重視するまちおこしという観点からはこのポスト生産主義的な諸相を帯びた農村の変化が重要となってくる。以下では前記の観点から茨城県におけるいくつかの農村変化の事例をみていく。

（3）日本村落研究学会編（二〇〇五）や田林（二〇一三）、田林（二〇一五）などが参考となる。

表2　ポスト生産主義の諸相

	生産主義	ポスト生産主義
農業	画一化・大量生産・効率性	少量多品目・環境保全・持続性
農村	生産性型の観点	消費からの観点
影響要因	価格・生産性・土地条件	表象・シンボル・アイデンティティ
商品化	農業生産物	農村空間
政府の役割	中央政府の役割	地方政府の役割
関係主体	地域内の生産者・行政・経済団体	地域外の関係主体
統合原理	市場	ネットワーク

日本村落研究学会編（2005）を参考に作成.

「生産主義大県」茨城県の農村におけるまちおこしの事例

（1）主産地におけるまちおこしの取り組み―行方市の事例

最初の事例として取り上げるのが茨城県のなかでも農業生産の中心地の一つとして成長してきた行方（なめがた）市の事例である。茨城県の東南部に位置し、霞ケ浦に隣接する行方市ではその自然的条件と地理的条件を活かして東京市場向けの多様な農産物を生産してきた。とくに市域の大部分が水はけの良い「赤ノッポ」と呼ばれる火山灰土壌に覆われており、行方市ではかんしょ（甘薯、さつまいも）をはじめとしたいも類や野菜類の生産が盛んである。実際に、農業産出額は県内三位の二六二・一億（二〇一五年）で、そのうちの約四五％を野菜類が占め、近年はとくにかんしょをはじめいも類の生産が伸びており（図4）、二〇〇六年から二〇一五年の一〇年間にいも類の産出額は三九・七億円から六七・六億円と倍増した。産業別の就業者割合をみても農業・林業の就業者の割合が全体の二二・二％と最も高くなっており、次いで製造業が一九・二％、卸売・小売業が一一・五％となっている。

このような農業分野の成長が今でも続いている行方市における農村のまちおこしが、農村の観光化への取り組みである。その取り組みを最も特徴づけるものが二〇一五年に開園した「なめがたファーマーズヴィレッジ」

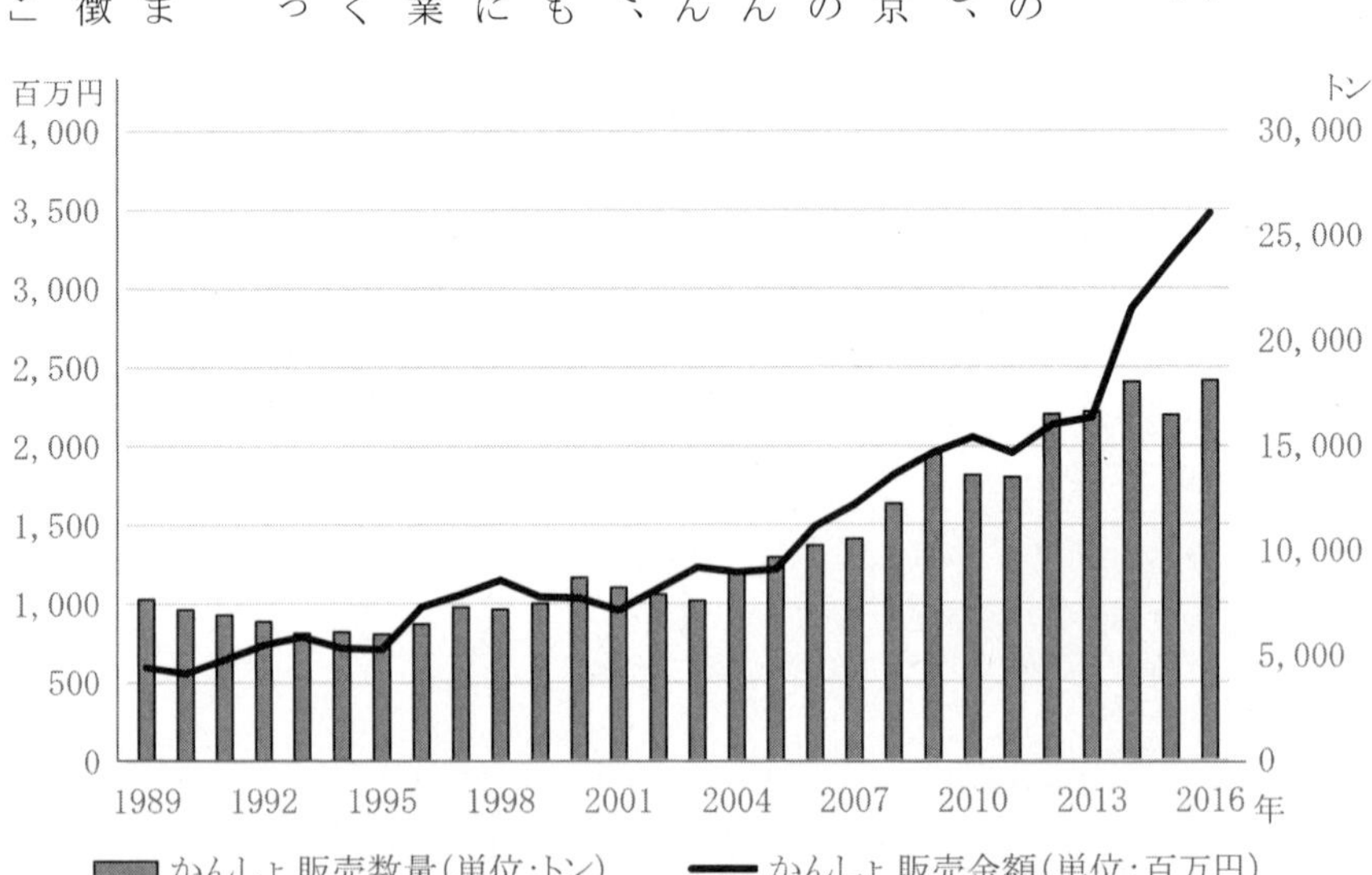

図4　JAなめがたにおけるかんしょの販売金額と販売数量の推移

JAなめがたの資料より作成.

という施設である。「なめがたファーマーズヴィレッジ」はかんしょをテーマとした「体験型農業テーマパーク」と位置づけられており、施設内にはかんしょ栽培や加工に関する情報が紹介された「やきいもファクトリーミュージアム」をはじめ、さまざまな品種のかんしょやその加工品を購入することができるコーナーや主に行方市で生産された農産物を食材として使用するレストラン、そしてかんしょの栽培体験ができる約三万三千平方メートルの耕作放棄地を活用した体験農園などが併設されており、開園以来、毎年二〇万人ほどの集客を達成している(4)。

「なめがたファーマーズヴィレッジ」には国内でも数少ない農業・農産物をテーマとした観光施設であるという特徴のほかにいくつかの特徴的な取り組みがみられる。まず施設が廃校を再利用して設置されたことである。行方市における人口は三万五九四〇人で（二〇一七年四月一日）であるが、行方市も人口減少という問題に直面しており、とくに若年層の減少が深刻で小中学校の廃校が大きな問題となっている(5)。そこで「なめがたファーマーズヴィレッジ」は二〇一三年に廃校になった小学校の校舎および校庭を再利用して設置された（写真1）。従業員を雇用する際にも行方市民の採用を重視しており、とくに廃校となった小学校の学区内の市民を採用することを重視している。これは地域外の企業が主体となった観光開発に対する市民の理解と共感を高めることで経営の持続性を高めることを目的としているからである。

次に「なめがたファーマーズヴィレッジ」がもともと不動産業や観光業を専門とする企業ではなく食品加工業を経営の主とする企業との協働で設置されたことである。「なめがたファーマーズヴィレッジ」の

写真1　なめがたファーマーズヴィレッジの外観

(4) 一年目の来訪者数が約二一・五万人で二年目の来訪者数が約二三万人であった。二〇一六年一一月からは定休日（月曜日）を設けたため、営業日が年間四〇日減少したものの、来場客数は増加している。

(5) 行方市では二〇一二年から二〇一六年の四年間で一八校（中学校一校、小学校一七校）が廃校となった。

運営会社である白ハト食品工業株式会社は本社を大阪府守口市に置く食品会社であり(6)、白ハト食品工業株式会社とＪＡなめがたの取引が始まったのは二〇〇三年まで遡る。もともとＪＡなめがたは食用としては出荷できない規格外のかんしょを澱粉用として出荷していたが、澱粉の輸入量の増加などから管内の農家の経営状況が悪化し、その状況を打開するためにかんしょを原料とした食品を生産している会社に提供することで畑から収穫したかんしょを売り切ることを目指した。そこでＪＡなめがたが注目したのが白ハト食品工業株式会社であった。二〇〇三年から焼き芋や加工原料としてのかんしょの試験的な取引を開始し、二〇〇八年からは本格的な取引が開始された。さらに二〇一一年に発生した東日本大震災をきっかけに白ハト食品工業が計画していた関東への工場建設場所を行方市に決定した。

次に行方市における取り組みを促した要因とまちおこしという点からの影響について考察する。まず取り組みを促した要因であるが、ここでは地域と地域外の企業の協働を実現した信頼関係を醸成したかんしょ栽培における変革を指摘しておく。ＪＡなめがたは行方市全域と潮来市の一部を管内とし、年間約六〇種類以上の野菜を生産しており、そのうち一七品目が一億円以上を売り上げている。そのなかで最も大きな割合を占めるのがかんしょであり、かんしょの販売金額は三四・七億円、販売数量は一万八一〇四トンと全体の約三五％を占めている。一九九八年度以前はかんしょを食用以外に澱粉用としても生産・出荷していたが、海外から澱粉の輸入量増加により澱粉用かんしょの需要が下落し、管内の農家の経営悪化につながった。そこでＪＡは基幹作物であるかんしょの需要喚起を図るため「焼き芋」に着目し、現在では見慣れたものとなっているスーパーなどの店舗内での焼き芋の販売を二〇〇三年に全国に先駆けて開始した。販売一年目は消費者や実需者から高い評価を得たが、二年目

(6) 一九四七年に白ハト商店として創業し、グループ企業に日本食品開発促進株式会社、株式会社グレースデベロッパー、農業生産法人株式会社しろはとファーム、農業生産法人株式会社なめがたしろはとファームなど、国内外合わせ八社がある。従業員数は二〇一六年一二月現在、正社員九二名、資本金四五〇〇万円で、二〇一六年度実績で年間売上高六〇・一億円、グループ会社計一二〇億円となっている。生産工場は宮崎工場(一三〇〇坪)となめがた工場(九〇〇〇坪)を運用している。白ハト食品工業の事業内容は主にかんしょを使用した洋菓子を製造・販売する「らぽっぽ」、たこ焼きや明石焼きの専門店「くくる」である。市販流通している大学芋は白ハト食品工業による生産がシェアの九五％を占めている。白ハト食品工業株式会社が観光施設を展開する事業は「なめがたファーマーズヴィレッジ」が初めてとなる。

は味のばらつきや焼き加減という問題が表面化し消費者や実需者からの評価を大きく下げてしまった。この反省からＪＡなめがたは「焼き芋を軸としたカンショの周年安定良食味出荷産地の育成」というスローガンを新たに掲げ、かんしょ生産の変革に乗り出した。具体的な取り組みとして、「澱粉含量に応じた食味安定化の推進」、「定温貯蔵庫の整備による周年安定供給」、そして「定温貯蔵のメリットを活かした商品化」の三点があげられる。一点目の「澱粉含量に応じた食味安定化の推進」については、紅こがねの焼き芋で発生した味のばらつきという問題を研究機関と共同で原因を究明し、「食味のばらつきは澱粉含量のばらつきである」ということと「澱粉含量は圃場ごとに差がある」という二つの要因を解明し、ＧＩＳ（地理情報システム）を活用しかんしょを栽培する圃場ごとの澱粉含量を地図化することで問題を解決した。二点目の「低温貯蔵庫の整備による周年安定供給」については、従来のハウス簡易貯蔵やスーパーマーケットなどの売場による保管では腐敗が発生し品質が安定しないという問題を解決するために二〇〇五年からキュアリング定温貯蔵庫の建設に着手し、これによって安定した品質での周年計画出荷を可能とし価格の安定と規模拡大を実現した。二〇一七年三月現在、ＪＡなめがたが管理しているキュアリング貯蔵庫は一四庫、貯蔵可能数量は約二五万コンテナとなっている。三点目の「定温熟成のメリットを活かした商品化」については、キュアリング処理によって貯蔵性が向上したことで定温管理により品質維持・長期貯蔵が可能となり、これを活かした夏期限定の商品の開発を行い、その結果、年間を通じて焼き芋を出荷できる品種リレー出荷体系を確立することに成功した。このかんしょ栽培における一連の変革は農業経営者の所得増加と就農者数増加にもつながっている。先に触れたように行方市でも農業の担い手不足が課題となっているが、栽培における変革は担い手不足という課題への対策となるとともに、地域外の企業との協働を実現させ「なめがたファーマーズヴィレッジ」という農業の新たな可能性を示すシンボルの創出にもつながったのである(7)。

（7） ＪＡなめがた甘藷部会連絡会はこれらの功績を認められ二〇一七年に第四六回日本農業賞 大賞と第五六回農林水産祭天皇杯（多角化経営部門）を受賞している。

次にまちおこしという点からの影響については、地域における新たな人材の流入ということが指摘できる。白ハト食品工業株式会社は「なめがたファーマーズヴィレッジ」の従業員として現在五〇人の正社員と一五〇人のパート・アルバイトを雇用しているが、とくに正社員については行方市への移住と「なめがたファーマーズヴィレッジ」への配属を希望する社員を優先的に配属している。「なめがたファーマーズヴィレッジ」の社員は行方市に住民票を移すことになっており、新卒採用者のなかにも「なめがたファーマーズヴィレッジ」への勤務を希望する人が非常に多い。これは白ハト食品工業株式会社が「なめがたファーマーズヴィレッジ」を舞台として実現させたいと考えている「生産×加工×販売（＝六次産業化）＋教育＋子育て＋交流＋地域観光＋ＩＴ＋観光」という「産業の一二次産業化」の一環である。

以上のように、行方市におけるかんしょの生産は「なめがたファーマーズヴィレッジ」の進出を契機に「消費」という視点も重視したものへと変化している。この変化をもたらしたものはグローバル化にともなうかんしょ生産の危機とその対応としての生産における変革によるものであった。ここではＪＡをどのように位置づけるかという課題は残るものの、「生産の空間」に「消費の空間」という性格を帯び始めた本事例はまさにポスト生産主義的性格を帯び始めたと解釈することができ、農業・農村のポスト生産主義的特徴を活かしたまちおこしとしても解釈することができる。

（2）加工原料供給地における取り組み―笠間市の事例

次の事例として取り上げるのがこれまでブランド化した農産物加工品を有する地域への原料供給地として成長してきた笠間市の事例である。笠間焼や笠間稲荷神社を観光資源として有する笠間市自体も観光地として認知されているが、一方でクリの加工品向けの原料供給地としても発展してきた。笠間市は茨城県の中央部に位置し、首都圏から約一〇〇キロメートル、県都水戸市に隣接している。市の北西部は丘陵地帯で北西部から東南部にかけおおむね平坦な台地が広がり、これまで米やソバの他に市の東部の岩間地区を中心にクリの産地として成長してきた。全国のクリの収穫量の二一%を占め収穫量（約四一五〇トン）、栽培面積（約三五二〇ヘクタール）ともに全国一位を誇る茨城県のなかでも笠間市は県内一位の栽培面積をもつクリの産地として成長してきた。しかし、長らく笠間市で生産されたクリは加工品の原料として長野県の小布施町をはじめとした他の地域へ出荷され、「笠間のクリ」として認知されることは少なかった（山屋 二〇一四）。しかし、笠間市でも近年、まちおこしの一環としてクリのブランド化が取り組まれている。

具体的には、笠間市におけるクリのブランド化への取り組みは加工前のクリの高品質出荷の確立と販売戦略の見直しを中心に取り組まれている。高品質出荷の確立については粒の大きさを振り分ける重量式選果の導入を中心とする「品種別出荷の強化」と矮化栽培を用いた「新品種の導入」が取り組まれている。とくに、矮化栽培を用いた新品種として「愛樹マロン」の生産が開始されており、クリ栽培における矮化栽培はきわめて珍しい取り組みとなっている。矮化栽培では樹高を一七〇センチメートル程度にすることで脚立などを使わず安全に作業を行えることから、クリの大規模生産者や高齢者・女性にも手軽に管理作業ができる。果樹類のなかでナシやリンゴなどの摘果作業では、果実の肥大と品質向上を図り商品価値を高める重要な作業であるが、高木性果樹のクリの栽培においては手作業での摘果は難しく毬果（きゅうか）を摘果することは少ない。しかし笠間市ではこの作業を可能とする矮化栽培を用いた生産を確立することができたため、品質向上はもちろん、収量も慣行栽培のおよそ二倍とすることに成功した(8)。このように矮化栽培で生産された高品質な果実は、危惧されている担い手不足によるクリ栽培の縮小という課題の解決と六次産業化を目指した地域特産物の開発に有利と考えられ、実際に笠間市ではクリの栽培規模は年々拡大しており、市内の業者との連携によるクリの加工品の開発も

（8）品種別出荷を目的とした特選クリには丹沢、大峰、筑波、神峰、石鎚、銀寄、岸根、利平、ポロタンの九品種が指定されている。二〇一五年度のJA常陸のクリの市場出荷状況については、丹沢七九一〇キログラム、大峰一万一二一七キログラム、筑波九一〇六キログラム、岸根四七八五キログラム、石鎚三四五五キログラム、利平六六一二六キログラム、ポロタン四四〇〇キログラムとなっている。

進んでいる（表3）（山屋 二〇一四）。

次に販売戦略の見直しについては、品種とは別に販売目的に応じたクリ販売の階層構造の確立が取り組まれている。具体的には、贈答用の栗商品「極み」の開発、大手量販店と契約している「貯蔵栗」、品種別に集荷する付加価値をつけた「品種別出荷栗」、これまでと同様に出荷する「一般栗」のように差別化を図り、階層構造の確立を目指している。これは笠間市のクリに対する消費者ニーズの大きな変化が背景としてあり、市内の農家への聞取り調査によると、インターネットを介した一般消費者の少量購入のニーズが高まっているという。これを受けて笠間市では二〇〇八年から品種別出荷された栗の一部を貯蔵し、高付加価値商品「貯蔵栗」の開発にも取り組まれている。

次に笠間市における取り組みを促した要因とまちおこしという点からの影響について考察する。まず取り組みを促した要因であるが、笠間市における取り組みは（1）でみた行方市における取り組みとは逆にまちおこしが農業や農村の変化につながった事例であると考察でき、具体的にはまち全体の取り組みがクリの生産に変化を促したと指摘できる。笠間市は「交流都市」をスローガンに観光振興に力を入れており、笠間市を訪れる来訪者数は年々増加しており、この来訪者の増加にはこれまで笠間市の観光資源となってきた笠間焼や笠間稲荷神社に加えて、新たにクリも貢献しているという。具体的には、笠間市ではこれまで笠間焼をテーマとしたイベントを毎年開催してきたが、これに加えて二〇〇七年からはクリをテーマにしたイベントである「かさま新栗まつり」を開催している。「かさま新栗まつり」は生産者が中心となった「笠間の栗を考える会」が主催し、笠間市やＪＡ茨城中央会、笠間地域農業改良普及センターが共催となり、笠間市内の菓子店がクリ菓子を販売、生栗販売や試食会などを行っている。笠間市のクリ栽培はまちおこしにクリを位置づけるという取り組みの過程において生産の変化が生じたと解釈できる。

表 3　年度別の補助苗木本数

年度	2009	2010	2011	2012	2013	2014	2015	2016	2017	合計
栗苗木（本）	7,076	7,813	9,989	13,193	10,797	10,129	9,529	11,652	13,846	94,024

笠間市農政課の資料より作成.
2009 度から優良な品種の栗苗木の購入費に対し，一部助成を行い，栗産地の拡大を図っている．一本につき 150 円を補助し，2017 度までの補助苗木本数累計は 9 万 4,024 本，面積換算では 147 ha となっている．

まちおこしという点からの影響については、笠間市のまちおこしが「場の価値」をも重視したまちおこしへと発展したということが指摘できる。近年のまちおこしにおいては地域独自の価値を構築するためにはものづくりだけでなくその地域独自の「場の価値」のブランド化を視野に入れた取り組みが重要だと指摘される。これはいわゆる「地域ブランド論」として解釈されていることであり、地域ブランドによるまちおこしを推進するためには地域固有のもののブランド化に加えて地域独自の「場の価値」のブランドの構築が不可欠になると指摘されている（濱田 二〇一〇）。これまで他地域の加工品の原材料としての生産が中心であった笠間市におけるクリの生産が「場の価値」を強く意識した生産へと移行していることは今後同じように東京市場や他産地の加工品市場を強く意識してきた茨城県のさまざまな農産物の産地に影響を与えていく可能性がある。このような点でも笠間市におけるクリのブランド化が農業・農村のポスト生産主義への移行の表れとして解釈できる。

（3）中山間地域における取り組み―常陸大宮市の事例

最後の事例として取り上げるのが日本農村の変化とまちおこしという点では最も大きな変化を経験している常陸大宮市の中山間地域の事例である。常陸大宮市は茨城県の県北地域に位置し、二〇〇四年に旧・大宮町が、旧・山方町、旧・美和村、旧・緒川村、旧・御前山村を編入合併し市制を施行して常陸大宮市となったが、旧・大宮町の市街地を除いて農業的土地利用が卓越した地域となっている。ピーク時には五万人を超えていた人口も現在では四万一六三七人まで減少し、少子高齢化と過疎化が進展している。主要な産業は農業と工業であり、市内にはかつて造成された大規模な工業団地があるが、年々企業が撤退しており自治体内には閉塞感が漂っている。農村変化とまちおこしとして取り上げるのは旧・緒川村における枝物栽培である。旧・緒川村で枝物栽培に取り組むのがＪＡ常陸大宮地区枝物部会である。旧・緒川村では、ＪＡ常陸大宮地区枝物部会が中心となって花の消費が低迷した平成期に枝物栽培が数々の実績を残しながら急成長を遂げている（表4）。

ＪＡ常陸大宮地区枝物部会は二〇〇五年に設立され、二〇一八年現在の部会員数一〇九名、栽培面積五七・八ヘクタールにのぼる。栽培品目は花桃と柳類を中心に約二五〇品目に及ぶ枝物で、売上は一・二億円にのぼる。ＪＡ常陸大宮地区枝物部会は、もともとＪＡ茨城県中央会の常務理事で農協の組織・運営指導をしていたＩ氏が中心となって「耕作放棄地解消による地域農業の活性化」と「年金生活者の遣い稼ぎ」を通じたまちおこしを目的に設立された。まず、「耕作放棄地解消による地域農業の活性化」であるが、茨城県は現在、耕作放棄地面積が全国で二位であり、とりわけ常陸大宮市を含む茨城県北地域の通称、奥久慈地域は茨城県のなかでも耕作放棄地が多い（表5）。茨城県四四市町村のうち上位に奥久慈地域の三つがランクインしており、奥久慈地域で茨城県全体の耕作放棄地の一五％を占めている。奥久

表4　JA 常陸大宮地区枝物部会における部会員数，栽培面積，および販売金額の推移

	2005年	2006年	2007年	2008年	2009年	2010年	2011年
部会員数	9	11	17	25	36	44	53
栽培面積	3.8	5.4	8.2	11.0	13.2	16.0	18.2
販売金額	0	89	367	637	1,187	1,695	2,086
	2012年	2013年	2014年	2015年	2016年	2017年	2018年
部会員数	33	39	62	72	79	109	109
栽培面積	19	25	32	35	42.6	45.8	57.8
販売金額	2,668	3,348	4,595	6,092	7,600	9,216	11,557

単位：部会員数（人），栽培面積（ha），販売金額（万円）．
茨城県県北農林事務所の資料より作成．

表5　奥久慈地域における耕作放棄地面積と比率（2010年）

順位		耕作放棄地の面積（a）	比率（%）	
	茨城県	2,111,988	100	
1	常陸大宮市＊	137,621	7	本章で取り上げた事例（3）
2	つくば市	132,183	6	
3	石岡市	114,213	5	
4	常陸太田市＊	100,834	5	
5	水戸市	91,251	4	
6	行方市	82,946	4	本章で取り上げた事例（1）
7	大子町＊	78,764	4	
8	笠間市	76,905	4	本章で取り上げた事例（2）
	奥久慈地域	317,219	15	

＊：奥久慈地域．奥久慈地域とは，常陸大宮市，常陸太田市，大子町を合わせた地域の総称．
茨城県統計課の資料より作成．

慈地域は、以前は水稲と葉タバコ生産が盛んであったが、葉タバコの生産量減少とともに耕作放棄地が増えていった。I氏らが耕作放棄地を利用した枝物栽培を始めた結果、現在では常陸大宮市のなかでも旧・緒川村の那賀地区では耕作放棄地は解消されたという（図5）。確かに、二〇一五年度茨城県統計課のデータによると、耕作放棄地は全体で増えているものの、奥久慈地域のシェアは二〇一〇年度の一五％から二〇一五年度の一四％と若干であるものの小さくなっている。次に「年金生活者の小遣い稼ぎ」であるが、奥久慈地域は耕作放棄地とならんで人口の少子高齢化が茨城県でもとくに深刻な問題となっている地域である。農業が長らく産業の中心であり、現在でも農村的土地利用が卓越する奥久慈地域において少子高齢化問題は農業問題に直結しており、高齢者を巻き込んだ農業で農村を維持しようと考えたI氏らは二〇〇五年に九人で農協の部会を設立し花桃栽培を開始した。その後、I氏らは「定年を迎える年に出荷」というスローガンのもと某大手の企業から公務員まで定年を数年後に控えた住民に声をかけ、部会一〇〇名、一〇〇ヘクタール、一億円（売上）を目標に部会員を増やしていった。現在ではその目標もすでにクリアしており、さらに当初は高齢者のためのビジネスモデルのはずが現在では若手経営者も参入し県外からも新規就農者が移住してくるようになった。

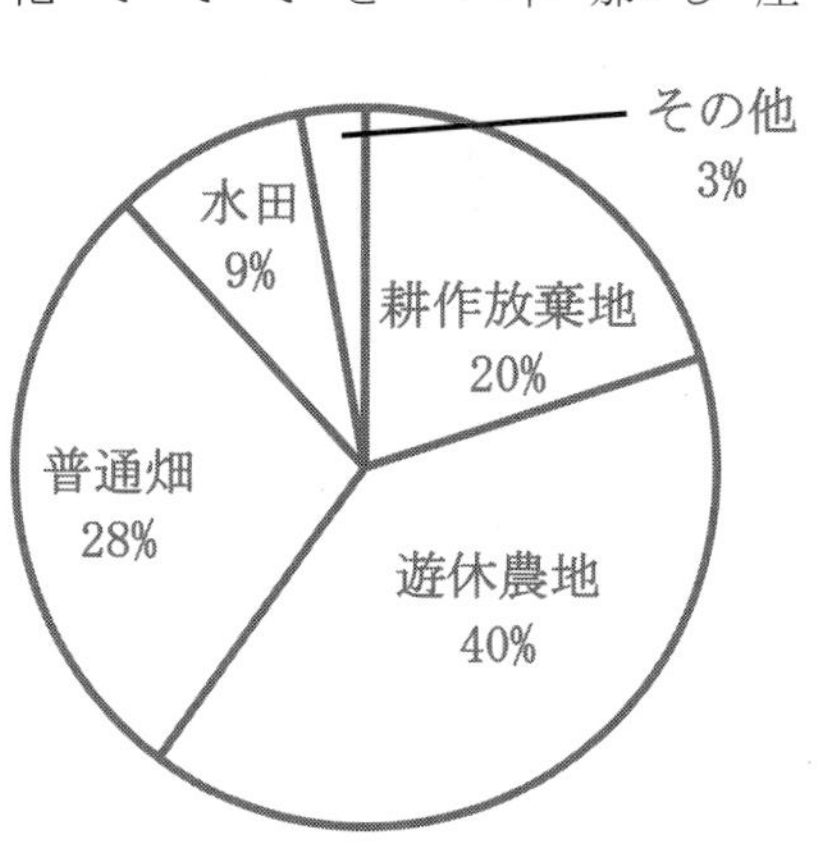

図5　JA常陸大宮地区枝物部会が枝物畑として利用する土地の利用前の地目別面積割合（2018年）

出荷については、JA常陸大宮枝物部会は二〇一四年に稼働させた促成施設を利用して出荷の工夫をしている(9)（表6）。この促成施設は現在では奥久慈の枝物の出荷拠点とおり、花桃の出荷で共同の促成出荷場があるのは全国でも奥久慈地域だけということである。促成が必要なのは、花桃の需要のピークとなる現在の桃の節句である

(9) 出荷先は取引先一七社のなかから生産者が指定する。

新暦の三月三日頃には花桃が屋外ではツボミの状態ではあっても開花に至っておらず、そこでツボミの固い状態で収穫して温度と湿度を調整しツボミが大きく色づいた状態で出荷するためである。生産者たちはモモを促成施設に持ち寄り、I氏らが中心となって毎日三回、生産の合間を縫ってこの集荷所に通い、花桃生産者六〇名分の花桃全てを「管理」している。「管理」というのは、開花具合を見ながらツボミの固いものと出荷が可能なものを段階的に見極めながら同じ開花ステージのものをまとめるために水槽を入れ替えたり、管理する促成室の部屋を変えたり、水槽の水の交換をしたりする。さらにこの促成施設は暖房のダクトを排水溝に通すことで施設全体の温度と湿度と均一にして花桃の咲き具合にムラが出ないようになっている。施設ができる以前は個々の小さい作業場では労働力がかかったが、共同の促成室を作ることによって増産出荷が可能になり、また四号棟まである促成室は今後七棟までに増設予定で、完成すれば約一七万束の花桃を出荷できる予定である。さらにJA常陸大宮枝物部会は出荷時に独自のひと手間を施して規格化しており、即販売できるようスリーブに入れて出荷している（写真2）。スリーブに入れて出荷することにより小売の際の加工の過程や量販店におけるリパックの手間が省け、スリーブ入り花桃は大田市場の仲買人の間で評判となりいまやブランドとなっているという。

表6　枝物の旬別栽培カレンダー（2018年度）

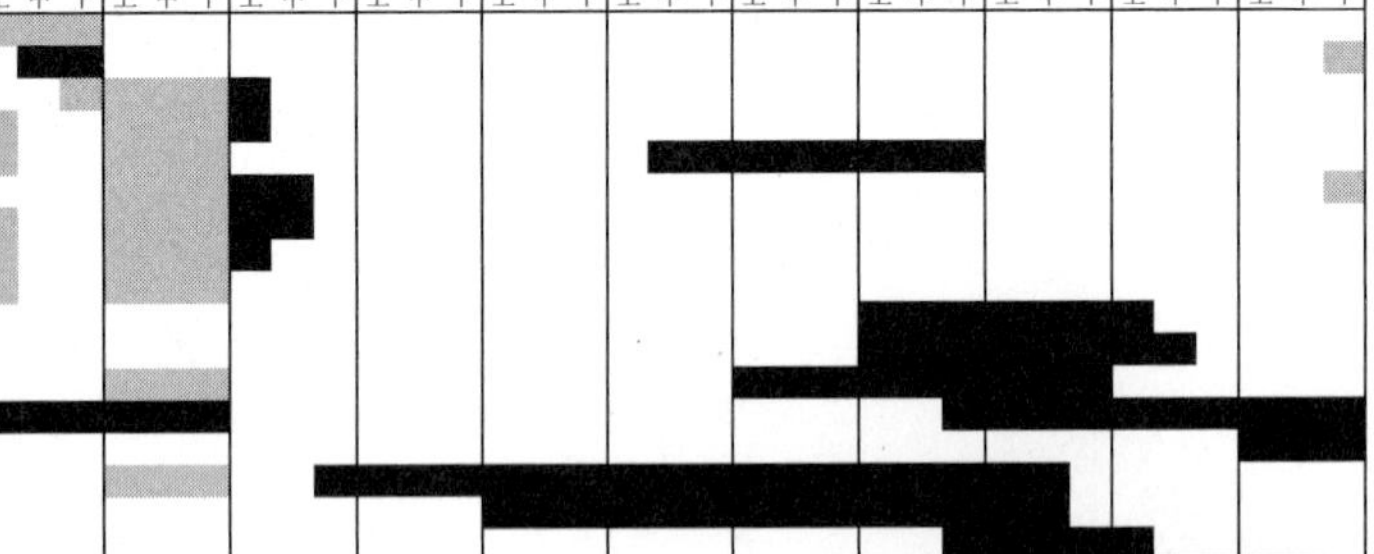

茨城県県北農林事務所の資料より作成.

次に常陸大宮市における取り組みを促した要因とまちおこしという点からの影響について考察する。まず取り組みを促した要因であるが、ここでは枝物を栽培作物として選択したことを指摘する。枝物栽培は他の作物に比べて担い手が高齢化する中山間地域の耕作放棄地を利用した農業には次の点で適している。まず、やせた土壌や荒れた土壌でもすぐに定植することができることである。一般的に耕作放棄地は土地が荒れて栄養が少なく、根が丈夫な笹竹が生い茂っていて整地には大変手間がかかる。枝物は土壌栄養素が少なくても比較的生産しやすく、また多少足元に雑草などが生えていても栽培が可能なである。次に枝物は野菜類の栽培などに比べて手間がかからないという点である。枝物は毎日朝晩収穫する必要はないため、平日は他の作物を栽培したり、他産業に従事していても生産が可能である。同時に多少の雑草にもそれほど神経質に対策を施す必要もなく、栽培品種の少ない導入初期や小規模経営の場合には苗代がかからないためそれまで農業の経験がない人にとっても生産が可能である。つまり、複合経営農家や兼業農家でも導入しやすい部門なのである。

写真2　スリーブに入れて出荷される花桃

まちおこしという点からの影響については、外のまなざしとの関係を前提としたまちおこしという観点とポスト生産主義的という観点では（1）の行方市の事例と（2）の笠間市の事例に比べると解釈が難しい。耕作放棄地の解消という目標を共通の目標として枝物を結節点として集落の多くの住民が関係しているという点では自立して集落を維持しようという現代的なまちおこしの事例として解釈することができるし、需要の変化を的確にとらえて高品質の農産物を少量多品目で生産するという点ではポスト生産主義的な農業として解釈することができる。さらに少数の生産者が栽培面積を拡大するのではなく、多数の生産者が栽培をすることで耕作放棄地の解消を第一の目的として栽培面積を拡大するという点では生産者も生産主義的ではなくポスト生産主義的な認識で生産に取り組んでいると解釈することができる。

まちおこしからみた農村変化を読み解く見方

以上みてきたように、その自然的環境と地理的環境を活かし、日本国内では比較的、経営規模の拡大に成功し日本最大の市場である東京市場との強力な関係を構築することで生産主義的には農業大県として成長してきた茨城県においても現在ではポスト生産主義的な特徴を帯びた農村が出現している。比較的早い時期から後継者不足や担い手不足の問題を抱えてきた常陸大宮市の枝物栽培の事例にみた中山間地域における取り組みだけでなく、これまでは市場向けの生産一辺倒であった行方市や笠間市といった地域の農村でもポスト生産主義的な特徴がみられ始めている。これは何より農村と農村外との関係に大きな変化が生じているためであるが、同時に従来の生産主義的な価値観だけでは農業や農村の持続性は担保できず次世代に農村を引き継ぐためには価値観の転換が必要であるという強い危機感に裏打ちされたものである。先に述べたように、現在の日本農村はその存在すら危ぶまれる状況に陥っており、農村の見方を大きく転換する必要がある。先にみた三地域の事例に共通するのは農村における担い手の確保という点であり、担い手自体の属性は三者三様であるが、今後の農業スタイルをも示すものである。以上をまとめると表7のようになる。

本章で事例としてみた三地域における取り組みは始まったばかりであり、持続性という点でま

表 7　本章の事例からみるまちおこしのアプローチと農村の持続性を高める手法

事例	まちおこしの アプローチ	農村の持続性を 高める手法	ネットワークと その関係性
行方市	外部（企業） との協働	・協働 → 六次産業化	・広域のネットワーク ・新たな観光施設を経営するという強固な関係性
笠間市	場の価値の 再構築	・協働 → 六次産業化	・市内のネットワーク ・市内の農商工連携という関係性
常陸 太田市	自立した まちおこし	・地域営農や法人化 →規模拡大・複合経営 →新規就農者確保	・集落内のネットワーク ・プラスアルファの収入源の創出という緩い関係性

だまだ持続性が高められたとはいえない。外部とのネットワークと関係性を強く意識したまちおこしに取り組む（1）行方市においては農村側の動きに自立性が欠けていると指摘することができるし（山下 二〇一八）、（2）笠間市においては場の価値を創出するために重要な地域のストーリー化とシンボル化への取り組みが遅れている。（3）の常陸大宮市においては（1）の行方市の事例と逆に外部とのネットワークと関係性に対する意識が希薄であり、外部との関係を重視するまちおこしという点では新たな取り組みが求められる。産業がまちを作り上げてきたという点では茨城県はその傾向が最も強い地域であるが、産業がまちを作る時期を過ぎた現在はまちや地域、そして農村の再構築が急務である。まちおこしという観点とポスト生産主義への移行という観点にたつと、場の価値を創造する地域の再構築とストーリー化がきわめて重要である。これは長らく地理学や地誌学が得意としてきた分野であり、グローバル化した世界における日本農村の生き残りのための一手法として位置づけることができる。質的なデータを重視してきた地理学・地誌学のフィールドワークの伝統を再評価しつつ、「景観維持をはじめとした多面的機能評価」だけでなく、「内外との関係性の度合」や「暮らすという観点やライフスタイルという観点」からの農村の価値を現代的に再評価するフィールドワークがますます重要であり、それがまちおこしからみた日本農村の変化を正確に評価し日本農村の持続性を高める一手法となるであろう。

参考文献

上田道明（二〇一三）「食のまちおこし」が示唆する地域活性化のヒント：地域資源の活用と複数セクター間の連携、「社会学部論集」五六
大竹伸郎（二〇〇三）水稲直播の導入と地域営農の形成：福島県原町市高地区・会津高田町八木沢地区を例として、「新地理」五一―三
大羽昭仁（二〇一八）『地域が稼ぐ観光』宣伝会議

小原規宏（二〇〇四）東京大都市圏さいたま市東部高畑集落における専業農家の持続性とその存立条件、「地理学評論」七七―八
菊地俊夫（二〇〇八）地理学におけるルーラルツーリズム研究の展開と可能性：フードツーリズムのフレームワークを援用するために、「地理空間」一―一
生源寺眞一（二〇一一）『日本農業の真実』筑摩書房
隅田　孝（二〇一八）函館市における地域ブランド・マーケティングに関する研究、「四天王寺大学紀要」二〇一八年度―一
戦後日本の食料農業農村編集委員会編集（二〇〇五）『農村社会史（戦後日本の食料・農業・農村）』農林統計協会
田林　明編（二〇一三）『商品化する日本の農村空間』農林統計協会
田林　明編（二〇一五）『地域振興としての農村空間の商品化』農林統計協会
武内和彦（一九八七）「わが村は美しく」コンクールにみる集落景観の保全・創出を評価する視点、「造園雑誌」五一―五
デニス・ガボール（一九七三）『成熟社会―新しい文明の選択』講談社
暉峻衆三編集（二〇〇三）『日本の農業一五〇年―一八五〇～二〇〇〇年』有斐閣
日本村落研究学会編（二〇〇二）『日本農業・農村の史的展開と農政―第二次大戦後を中心に』農山漁村文化協会
日本村落研究学会編（二〇〇五）『消費される農村―ポスト生産主義下の「新たな農村問題」』農山漁村文化協会
農林水産省農林水産政策研究所編（二〇一八）『日本農業・農村構造の展開過程―二〇一五年農林業センサスの総合分析―』農林水産省農林水産政策研究所
濱田恵三（二〇一〇）地域ブランドによる観光まちづくりの一考察、「流通科学大学論集　流通・経営編」二三―二
牧瀬　稔（二〇一八）『地域ブランドとシティプロモーション』東京法令出版
山下祐介（二〇一八）『「都市の正義」が地方を壊す』ＰＨＰ研究所
山屋瑛美（二〇一四）笠間市におけるクリ栽培地域の構造―地域ブランド創出とのかかわりを通して―、「茨城地理」一五
横手新治郎（二〇一五）まちおこしと連携した耕作放棄地の再生利用：ギフチョウが舞う大江高山の里から、「農業および園芸」九〇―七

あとがき

犬井　正先生が獨協大学学長を二期八年の任期を満了し、退職される日が近づくと、獨協大学経済地理学研究室のなかから記念出版物刊行の声が起こった。犬井先生にも加わっていただいて検討したところ、退職記念出版物と言うと、執筆者が自由にテーマを決めて寄稿するものが多くみられるが、ばらばらの内容のものが多い。そうしたなかで、本書は、「時間的にも空間的にも多様な視角から日本列島の風土と文化の多様性を今後も考えていく必要性がある。また、フィールドワークを基調にして、風土と人間の関係を究明する市川地理学を将来にわたって継承すべきである」と考えている犬井先生の強い思いを受け止め、本書を編むことで意見の一致をみた。かねてから犬井先生が研究を進められてきた農山村や農林業を対象として『日本の農山村を識る─市川健夫と現代の地理学』がこの企画に最もふさわしい本書の題名として具体化した。この本は長年にわたってこのテーマを追求してこられた先生のご退職を記念するものにふさわしいものになったと考えている。

そして日本の農山村を理解するのに最もふさわしいサブテーマが選ばれ、獨協大学関係者だけでなくそれぞれに最も適任と考えられる執筆者に、寄稿をお願いするという形式となった。犬井先生より若い世代で、直接、間接に市川地理学の影響を受け、犬井先生との「学縁」をもつ十一人の方々に、執筆していただいた。執筆を快諾され、玉稿をお寄せいただいた方々に、深甚の謝意を表する次第である。

一人ひとりの研究領域がますます深くそして専門化していく一方で、視野がますます狭くなりつつある現代の学問研究の動向を考えるとき、風土と人間の関係性を重視しながら総合的、学際的な見方をすることは地理学にとっては避けて通る事ができない道なのではないだろうか。本書がこのような立場の一端を示すことができたとすれば、世話人として大きな喜びである。また、新しい風土と人間の関係の地理学を創造しようとする次代の研究者にとって、本書が役立つことができたならば、喜びこれに勝るものはない。

終りにあたって本書の出版を引き受けていただいた古今書院社長橋本寿資氏、編集に当たられた関　秀明氏には、衷心より厚く御礼申し上げる次第である。

二〇二〇年一月

世話人

秋本　弘章
北﨑　幸之助
大竹　伸郎

フィールドワークを終えた市川健夫先生
木曽路妻籠宿にて，1988 年 3 月撮影.

犬井　正　いぬい ただし　序章執筆
1947 年生まれ．獨協大学学長・経済学部国際環境経済学科教授．理学博士．

菊地 俊夫　きくち としお　第 1 章執筆
1955 年生まれ．首都大学東京大学院都市環境科学研究科教授．理学博士．

池　俊介　いけ しゅんすけ　第 2 章執筆
1959 年生まれ．早稲田大学教育・総合科学学術院教授．博士（学術）．

呉羽 正昭　くれは まさあき　第 3 章執筆
1964 年生まれ．筑波大学生命環境系教授．Dr. Phil.

北﨑 幸之助　きたさき こうのすけ　第 4 章執筆
1972 年生まれ．攻玉社中学・高等学校教諭．博士（経済学）．

山本　充　やまもと みつる　第 5 章執筆
1960 年生まれ．専修大学文学部環境地理学科教授．理学博士．

大竹 伸郎　おおたけ のぶお　第 6 章執筆
1974 年生まれ．獨協大学経済学部国際環境経済学科准教授．博士（経済学）．

高柳 長直　たかやなぎ ながただ　第 7 章執筆
1964 年生まれ，東京農業大学国際食料情報学部食料環境経済学科教授．
博士（農業経済学）．

宮地 忠幸　みやち ただゆき　第 8 章執筆
1971 年生まれ．日本大学経済学部准教授．博士（理学）．

秋本 弘章　あきもと ひろあき　第 9 章執筆
1962 年生まれ．獨協大学経済学部経済学科教授．

中島 明夫　なかじま あきお　第 10 章執筆
1963 年生まれ．NPO 法人トキの島事務局長．文学修士．

小原 規宏　おばら のりひろ　第 11 章執筆
1976 年生まれ．茨城大学人文社会科学部現代社会学科准教授．博士（理学）．

編者紹介

犬井　正　いぬい ただし

1947 年，東京都生まれ．東京学芸大学大学院教育学研究科修士課程修了．理学博士（筑波大学）．現在，獨協大学学長・経済学部国際環境経済学科教授．1992 ~ 94 年イギリスレスター大学 Honorary visiting fellow．専門は農業・農村地理学，地域生態論．主著に『関東平野の平地林』（古今書院），『里山と人の履歴』（新思索社），『人と緑の文化誌』（三芳町教育委員会），『森を知り森に学ぶ』（共編著，二宮書店）『エコツーリズム－こころ躍る里山の旅』（丸善出版），など．

書　名	**日本の農山村を識る** **— 市川健夫と現代の地理学 —**
コード	ISBN978-4-7722-6118-0
発行日	2020 年 2 月 16 日　初版 第 1 刷発行
編　者	**犬井　正**

発行者	株式会社 古今書院　橋本寿資
印刷所	株式会社 理想社
製本所	株式会社 理想社
発行所	**古今書院**　〒 113-0021 東京都文京区本駒込 5-16-3
TEL/FAX	03-5834-2874 / 03-5834-2875
振　替	00100-8-35340
ﾎｰﾑﾍﾟｰｼﾞ	http://www.kokon.co.jp/